KB215261

# 지구별 방랑자

지옥고를 떠나 지구 한 바퀴

지옥고를 떠나 지구 한 바퀴

# 지구별 방랑자

유최늘샘

인간사랑

# 세계 일주 여행 경로

GREENLAND
ICELAND
U. S. A.
CANADA
U. S. A.
NORWAY
DENMARK
NETHERLANDS
U.K.
IRELAND
GERMANY
FRANCE
SWISS
PORTUGAL
SPAIN
TUNISIA
MOROCCO
CANARY ISLANDS
ALGERIA
WESTERN SAHARA
MAURITANIA
MALI
NIGER
CAPE VERDE
SENEGAL
GAMBIA
GUINEA-BISSAU
GUINEA
SIERRA LEONE
LIBERIA
BURKINA FASSO
IVORY COAST
GHANA
TOGO
BENIN
NIGERIA
CAMEROON
EQUATORIAL GUINEA
GABON
SAO TOME AND PRINCIPE
NORTH ATLANTIC
BERMUDA
MEXICO
HAWAII
BAHAMAS
NASSAU
TURKS AND CAICOS ISLANDS
DOMINICAN REPUBLIC
CUBA
PUERTO RICO
JAMAICA
HAITI
BRITISH VIRGIN ISLANDS
ANTIGUA AND BARBUDA
GUADELOUPE
DOMINICA
MARTINIQUE
ST. VINCENT
ST. LUCIA
BARBADOS
GRENADA
TRINIDAD AND TOBAGO
BELIZE
HONDURAS
GUATEMALA
NICARAGUA
EL SALVADOR
COSTA RICA
PANAMA
KIRIBATI
VENEZUELA
GUYANA
SURINAME
GUYANE (FRENCH GUIANA)
COLOMBIA
GALAPAGOS ISLANDS
ECUADOR
BRAZIL
PERU
BOLIVIA
PARAGUAY
CHILE
SOUTH PACIFIC
URUGUAY
SOUTH ATLANTIC
ARGENTINA
FALKLAND ISLANDS
SOUTH GEORGIA AND THE SOUTH SANDWICH ISLANDS
N
W
E
S

**2011~2013 (24,081km)**

한국-중국-베트남-캄보디아-라오스-태국-말레이시아-인도-네팔

**2018~2019 (85,899km)**

미국-쿠바-멕시코-과테말라-엘살바도르-온두라스-니카라과-코스타리카-파나마-콜롬비아-에콰도르-페루-볼리비아-칠레-아르헨티나-브라질-포르투갈-스페인-모로코-헝가리-세르비아-코소보-마케도니아-그리스-터키-조지아-이집트-수단-에티오피아-케냐-탄자니아-잠비아-보츠와나-남아프리카공화국

Kia Ora Bro!
GRACIAS !!!
HAD A GREAT TIME
VAMOS ARGENTINA
THANK YOU FOR THE NICE TIME!!
SKOPJE ♥ VALENTIN
KOREA ♥ SEOUL
Thank You!!
Hostel Valentin
一期一会
SKOPJE

ERCI

NO KOBE

231840

USHUAIA

## 유치늘샘 이동 일차

| 나 라 | 일 차 |
|---|---|
| 미국 | 1~35일차 (2018.05.21.~2018.06.24.) |
| 쿠바 | 35~58일차 (2018.06.24.~2018.07.17.) |
| 멕시코 | 58~71일차 (2018.07.17.~2018.07.30.) |
| 과테말라 | 71~84일차 (2018.07.30.~2018.08.12.) |
| 엘살바도르 온두라스 | 84~85일차 (2018.08.12.~2018.08.13.) |
| 니카라과 | 85~87일차 (2018.08.13.~2018.08.15.) |
| 코스타리카 | 87~96일차 (2018.08.15.~2018.08.24.) |
| 파나마 | 96~98일차 (2018.08.24.~2018.08.26.) |
| 콜롬비아 | 98~112일차 (2018.08.26~2018.09.09.) |
| 에콰도르 | 112~122일차 (2018.09.09.~2018.09.19.) |
| 페루 | 122~167일차 (2018.09.19.~2018.11.03.) |
| 볼리비아 | 167~182일차 (2018.11.03.~2018.11.18.) |
| 칠레 | 182~199일차 (2018.11.18.~2018.12.05.) |
| 아르헨티나 | 199~234일차 (2018.12.05.~2019.01.09.) |
| 브라질 | 234~249일차 (2019.01.09.~2019.01.24.) |
| 포르투갈 | 249~253일차 (2019.01.24.~2019.01.28.) |
| 스페인 | 253~263일차 (2019.01.28.~2019.02.07.) |
| 모로코 | 263~280일차 (2019.02.07.~2019.02.24.) |
| 헝가리 | 280~294일차 (2019.02.24.~2019.03.10.) |
| 세르비아 | 294~298일차 (2019.03.10.~2019.03.14.) |
| 코소보 | 298~306일차 (2019.03.14.~2019.03.22.) |
| 마케도니아 | 306~323일차 (2019.03.22~2019.04.08.) |
| 그리스 | 323~326일차 (2019.04.08~2019.04.11.) |
| 터키 | 326~341일차 (2019.04.11.~2019.04.26.) |
| 조지아 | 341~350일차 (2019.04.26.~2019.05.05.) |
| 터키 | 350~353일차 (2019.05.05.~2019.05.08.) |
| 이집트 | 353~420일차 (2019.05.08.~2019.07.14.) |
| 수단 | 420~429일차 (2019.07.14.~2019.07.23.) |
| 에티오피아 | 429~447일차 (2019.07.23.~2019.08.10.) |
| 케냐 | 447~456일차 (2019.08.10.~2019.08.19.) |
| 탄자니아 | 456~511일차 (2019.08.19.~2019.10.13.) |
| 잠비아 | 511~520일차 (2019.10.13.~2019.10.22.) |
| 보츠와나 | 520~521일차 (2019.10.22.~2019.10.23.) |
| 남아프리카공화국 | 521~535일차 (2019.10.23.~2019.11.06.) |

## 차례

SPE
WE
TRUS

## 3부 우리의 주머니는 가볍지만 갈 길은 끝이 없다네 · 105

JURASSIC PARK

### 스페인



### 모로코

## 5부 누구도 불법이 아니다 · 237

### 헝가리

### 세르비아

# 프롤로그

## 사직서를 던지고 세계 일주를 떠나다

2018년, 4년간의 직장 생활을 그만두고 세계 여행을 준비했다. 세계지도와 지구본을 유심히 보던 어린 시절부터 꿈꿨지만, 돈이 없고 시간이 없다는 이유로 미루고 미뤄온 여행. 2011년 38일 동안의 한국 일주를 시작으로, 2012년 10개월 동안 중국에서 인도까지 아시아 여덟 개 나라를 여행했고, 이번이 세 번째 배낭여행. 아메리카, 아프리카, 아라비아로, 되도록 육로를 통해서 많은 나라를 가로지르며 내 나름의 지구 한 바퀴를 다 돌고 싶다.

예산은 800만 원, 열두 달이 걸린다면 한 달에 66만 원. 물가와 이동 거리에 따라 더 쓰는 나라도 덜 쓰는 나라도 있겠지. 그동안 조금씩 모은 돈을 털어 떠나는 여행이니 중간에 여비가 모자라지 않도록 최대한 아껴 쓰며 다녀야겠다. 자본주의 지구촌 사회에서 자유는 공짜가 아니니까. 러시아의 도스토옙스키가 '돈은 주조된 자유'라고 했다던데. 돈에 얽매이기 싫어서 되도록 적게 소비하고 적은 임금 노동을 하며, 좋아하는 일을 더 많이 하고 싶다는 생각으로 살아왔다. 일상에서와 마찬가지로 여행에서도 자유로운 시간을 위해 여비를 줄여 보려 한다.

1.8킬로그램 소형 텐트와 텐트 밑에 깔 김장용 비닐 2미터, 침낭을 챙겼다. 여차하면 노숙이다. 나는 체력이 좋지는 않아서 텐트를 챙긴 대신 다른 짐을 줄였다. 바지 두 개, 셔츠 두 개, 한 벌은 입고 한 벌은 손으로 빨아서 말리면 된다.

나라 하나를 지날 때마다 한 편의 여행기를 쓰고, 길 위에서 만나는 사람들의 이야기를 모아 여행 다큐멘터리 영화를 만들 계획이다. 카메라, 삼각대, 마이크까지 넣은 배낭 무게는 13킬로그램. 옷가지와 팬티 두 장에 붙은 상표 하나하나까지 잘라냈으니 이게 최소한이지만 그래도 무겁다.

5월 21일, 기다리고 기다리던 출발일.

달동네 산비탈고개를 떠나 인천공항으로 간다.

"겨울에는 얼어붙고 여름에는 찜통인 정든 옥탑방아, 안녕.

서울의 미세먼지와 지옥철도 당분간 안녕히.

나는 세계로 떠난다!"

# 1

# 부에나 수에르떼,
# 당신의 길 위에 행운이 있기를

# 미국

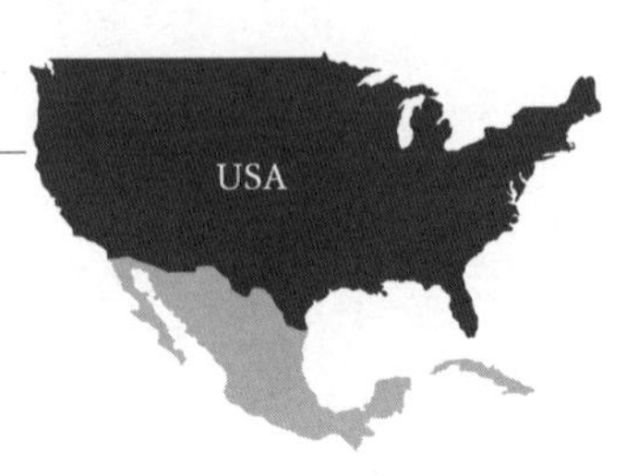


## 아메리카는 미국 땅? 노노해

태평양을 건너 미국으로 가는 중국 저가 항공사의 비행기 가격은 35만 원이었다. 한미 자유무역협정(FTA) 이후로 까다로웠던 미국 입국 절차가 수월해졌다고 들었는데 인천공항에서부터 뜻밖의 문제가 생겼다. 미국 입국 시 왕복 항공권 또는 '제3국'으로 가는 비행기 티켓을 소지해야 한다는 규정이 있다. 그래서 34일 후에 쿠바로 가는 비행기 티켓과 이후 멕시코로 가는 티켓도 준비해두었다. 하지만 이게 웬일인가.

"미국 애들이 인근 국가나 남미 국가들은 '제3국'으로 인정을 안 해요. 아예 다른 대륙으로 가는 티켓이 필요해요. 쿠바랑 멕시코 티켓은 소용없네요."

항공사 직원의 설명에 엄청나게 당황했다. 비행기를 못 타거나 미국까지 갔다가 바로 송환될지도 모르는 상황. 아메리카 대륙 전체가 자기네 땅이라는 건지, 여행자의 방문을 왜 그렇게 까다롭게 규제하는지, 강대국이랍시고 벌이는 깡패짓이라고 생각되어 화가 치밀었지만 딱히 무슨 방법이 있겠는가. 오래 준비한 여행을 취소할 수는 없기에 남미에서 아프리카 방면으로 가는, 날짜 변경이 가능한 저가 항공 티켓을 급하게 구입했다.

코카콜라와 맥도날드의 나라, 세계대전 이후 줄곧 '초강대국'으로 불리는 미국은 사실 별로 가고 싶었던 나라는 아니었다. 돈 없으면 비자 받기도 어렵다는 얘기를 자주 들었고, 비싸고, 세계 곳곳에서 수많은 전쟁을 벌인 나라이며, 총기 사고도 잦고 빈부격차도 심한 나라라는 반감이 있었기 때문이다. 하지만 오래전부터 가고 싶었던 중미나 남미로 가는 비행기들은 미국행 비행기보다 훨씬 비쌌다. 별 수 없이 아메리카 대륙으로 가는 비행기가 가장 저렴한 미국 서부부터 동부로, 미대륙 횡단부터 시작해 보자고 마음먹었다. 히치하이킹으로 미국을 횡단한 『길 위에서』(1957)를 쓴 잭 케루악처럼, 사랑과 자유를 찾아 방랑했다는 꽃을 든 히피들처럼.

## 샌프란시스코의 낮과 밤

8,341킬로미터 태평양을 건너, 미국에서 1인당 소득 수준이 가장 높다는 동네 샌프란시스코에 도착했다. 8달러 요금의 도시철도와 리무진 버스 말고 시내로 가는 저렴한 방법이 어딘가 분명 있을 것 같았다. 걸어서 공항을 나와 두 시간 넘게 인근 공단 지역과 마을을 헤맸고 마침내 일반 버스를 찾았다. 버스 노선과 대중교통 시스템을 몰라서 몇 번이나 차비를 내고 갈아타며 애면글면 겨우겨우 샌프란시스코 시내에 들어섰다. 소중한 8달러는 아끼지도 못한 채.

웅장한 건물들, 세련된 거리 곳곳에는 수많은 홈리스들이 있었다. 구걸을 하는 사람, 쓰러져 잠든 사람, 술이나 마약에 취한 사람, 혼잣말을 하는 사람, 마주치는 사람에게 욕을 퍼붓거나 위협하는 사람도 있었다. 배고프고 다리가 아프고 오줌이 마려웠는데, 홈리스가 많아서 그런지 버스 터미널의 화장실도 티켓 소지자만 입장이 가능했다. 참다 참다 호텔 로비로 뛰어 들어가 화장실을 사용하고 피어Pier 1번부터 47번까지 번호가 붙여진 항구를 걸어 샌프란시스코의 랜드마크인 금문교로 향했다. 걸어도 걸어도 금문교는 나오지 않고 어느새 밤이 왔다. 어두워지니 거리에서 마주치는 홈리스들이 더 무서워졌다.

"유 퍽 디스 You fuck this!"

청바지를 반쯤 내리고 마주 걸어오는 거대한 덩치의 홈리스가 말했다. 나는 영어를 잘하지 못해서 정확한 뜻은 모르지만 행여 구타를 당하거나 성폭행을 당할까 봐 매우 공포스러웠다. 다행히 무서운 거인은 스쳐 지나갔다. 어찌어찌 인적 드문 작은 공원 한구석에 자리를 잡았고 조심조심 여행의 첫날밤을 지낼 1.8킬로그램짜리 텐트를 쳤다. 잊을 만하면 괴성을 지르는 사이렌 소리, 취해서 휘청이는 발자국 소리, '퍼킹 미 Fucking me!' 어쩌고저쩌고 소리치며 지나가는 사람들이 있어 도저히 잠들기가 어려웠다. 후두두둑, 장대비까지 쏟아지는 줄 알았는데, 다행히 공원 잔디밭을 적시는 스프링쿨러의 물줄기였다.

기나긴 새벽이 지나고 힘겹게 몇 시간을 자고 일어났다. 부슬비가 내렸지만 공포의 밤은 지나갔다. 구름 너머 떠오른 태양에게 감사함을 느꼈다. 다시 금문교를 향해 걷기 시작했다. 막상 가보면 그냥 평범한 다리일 텐데, 오랜 시간 걸은 걸음이 아까워서라도 그 빨간 다리를 눈으로 확인하고 싶었다. 깨끗하게 정비된 해안도로에는 조깅을 하고 자전거를 타고, 반려견과 산책을 하는 사람들이 산뜻한 아침을 맞이하고 있었다. 고급 주택과 멋진 차를 가진 세련된 사람들과 수많은 홈리스들이 낮과 밤, 담장과 울타리로 나뉘어서 공존하는 곳. 하루 만에 느낀 강렬한 미국의 첫인상이었다.

수많은 할리우드 영화의 촬영지. 1937년에 개통된 높이 67미터, 길이 2.7킬로미터의 붉은 금문교를 이쪽저쪽으로 걸어서 건너는 내내 태평양의 세찬 바람이 몰아닥쳤다. 어제 종일 헤매는 사이 조금 익숙해진 샌프란시스코 시내버스를 잡아타고 도심 터미널로 돌아가, 요세미티행 '그레이하운드' 장거리 버스의 티켓을 끊었다. 샌프란시스코의 숙소는 내가 머물기에 너무 비쌌다. 여행 이틀째 밤, 요세미티의 관문 도시 머세드Merced 버스 정류장 한구석에 다시 텐트를 쳤다. 인구 78,000명의 이 소도시에도 홈리스와 넝마주이들이 많았다.

이 손 저 손 짐을 잔뜩 든 한 여성이 텐트를 향해 성큼성큼 다가오길래 무서워하다가 텐트 입구를 살짝 열고 "헬로"라고 먼저 인사를 했더니 대답이 돌아왔다. 지금 뭘 찾아다니냐고, 머세드에 사느냐고 물어보니 "I charging my boogies. 나는 코딱지들을 모으고 있어."라고 대답하고는 곧 어둠 속으로 사라져 갔다. 그가 누구인지, 무엇을 찾아 냉랭하고 위험한 밤거리를 헤매는지 나는 영영 알 수 없으리라. 미국에는 큰 도시에나 작은 도시에나 쓰레기통을 뒤지는 사람들이 정말 많다.

새벽 두 시, 술집 문을 닫을 시간이 되자 이번에는 귀가하던 취객들이 텐트로 다가와 욕을 해댔다. 한국과 마찬가지로 미국에도, 집이 없는 처량한 노숙인을 혐오하고 폭력적으로 대하는 사람들이 있었다. 다행히 취객들은 욕설만 내뱉고 텐트를 부수지는 않았다. 두 번째 밤이 지나갔다.

##  아름다운 요세미티 계곡의 빈부격차

매년 400만 명이 방문한다는 요세미티 계곡에서 머무는 가장 저렴한 방법은 텐트를 치고 야영을 하는 것이다. 화장실, 수도, 전기 시설에 따라 캠핑장 비용도 달라진다. 가장 저렴한 '4번 캠프'는 하룻밤에 6달러. 사람은 많고 자리는 좁아서 선착순으로만 입장이 가능하다. 새벽 두 시부터 기다려 새벽 여섯 시경 첫 번째로 입장할 수 있었다.

요세미티에서의 야영은 도시에서의 폭력 위험과는 또 다른 위험이 있다. 굶주린 곰과 재빠른 라쿤(북아메리카 너구리), 커다란 사슴이 음식을 찾느라 텐트를 찢거나 사람을 해칠 수 있기에, 음식은 물론 비누나 치약 따위 냄새가 나는 모든 물건을 강철보관함에 넣어야 한다. 천 미터가 넘는 고지대라 밤에는 기온이 영하 3도까지 떨어졌지만 도시에서의 폭력 위험보다는 추위와 곰의 위험이 훨씬 낫다고 느껴졌다.

'요세미티 빌리지'는 이름처럼 작은 '마을'이지만 숙박의 형태는 천차만별이다. 길 건너 고급 호텔에는 야외수영장이 있고 24시간 온수가 펄펄 나오는데, 6달러짜리 캠핑장을 사용하는 수백 명의 사람들은 화장실에 있는 전기 콘센트 하나를 차례로 나눠 써야 하고 쓰레기 한 조각을 버릴 때에도 60미터를 걸어가야 한다. 자연을 보호하고 탄소 발자국을 줄이는 건 바람직한 일이지만, 숙박 비용에 따른 차이가 너무 확연했다.

나라의 경우에도 마찬가지일 것이다. 부자 나라와 가난한 나라는 환경에 끼치는 영향이 크게 다르다. 미국은 등록된 차량만 2억6천만 대가 넘는, 1인당 탄소 발자국 양이 가장 높은 나라다. 돈을 많이 벌고, 소비를 많이 하는 사람들과 나라는 물과 전기, 기름 등 자원을 더 많이 쓰고 있는 한편, 자연의 파괴로 인한 재난이나 고통을 겪는 것은 주로 가난한 나라와 사람들이다. 전 지구적 범위의 불공평이다. 그게 자본주의 세계가 굴러가는 법칙이지만, 놀랍고 아름다운 요세미티의 대자연 속에서 그 법칙은 더욱더 슬프게 다가왔다.

## 천사의 도시 LA 해변의 히피들

요세미티에서 내려와 '물푸레나무'라는 이름의 도시 프레즈노를 거쳐 로스앤젤레스에 도착했다. 라라랜드, 천사의 도시, 꿈의 공장 할리우드 땅. 영화를 좋아하는 시네마키드인 나로서는 그냥 지나칠 수 없었다. 지인에게 소개받은 스님의 도움으로 코리아타운 인근에 있는 작은 절에서 며칠 소소한 일들을 거들며 묵어갈 수 있었다.

기나긴 해안선을 따라 펼쳐진 평평하고 날씨 좋은 땅. 휘황찬란한 할리우드 거리에서 가짜 음악 시디를 판매하는 가짜 아티스트들에게 강매를 당할 뻔했다. 스타들의 손바닥과 발자국이 찍힌 유서 깊은 극장가는 영화 캐릭터 옷을 차려입은 호객꾼과 관광객들로 북적거렸다.

할리우드 지하철역에서 전자 피아노를 연주하는 스물네 살 홈리스 청년 크리스티안 씨를 만났다. 멋진 피아노 선율이 발길을 잡아끌어서 조심스레 말을 걸었다. 그의 음악 이야기와 나의 여행 이야기, 우리의 노숙 이야기를 한참 나누다 헤어질 때 크리스티안 씨가 소리쳐 인사했다.

"돈트 워크 하드 Don't work hard! 너무 열심히 일만하고 살지는 마!"

전자 피아노에 넣을 배터리를 살 돈도, 한 끼 또 한 끼 끼니를 해결할 돈도 없는 거리의 생활이 안쓰러워 보였지만, 크리스티안은 그런 건 그리 큰 문제가 아니며 자신은 음악을 연주할 때 가장 행복하다고 말했다. 미국의 홈리스들에게 거리감이 느껴지고 무서움을 느낄 때도 있었는데 막상 이야기를 나누어 보니 나와 비슷한 고민과 생각과 감정이 있다는 것을 알게 됐다. 갑작스러운 만남을 통해서 거리감이 줄어들었다.

로스앤젤레스의 대표적 휴양지 '베니스 해변'에서도 노숙을 하는 한 무리의 히피들을 만났다. 버스킹을 하고 수공예품을 팔고 마리화나를 피우고 음식을 나눠먹으며 바닷바람을 즐기는 낭만적인 히피들이었다. 한참 그들의 노래를 듣다가 기타를 빌려 내가 만든 노래도 불러주었다. 언어가 통하지 않아도 음악은 흥겨웠다.

말리부 해변에서 노숙 생활을 하면서도 바람이 좋을 때면 파도를 탄다는 전직 군인 마이클 씨, 나무가 좋아서 나무 의상을 입고 다니는 나무인간 '트리맨Tree Man', 어머니 지구Mama Earth를 마음속 깊이 느끼고 보호하며 살고 싶다는 섀넌 니콜Shannon Nycol Paterka 씨와 두런두런 이야기를 나눴다. 섀넌 씨가 엄마 잃은 까만 새끼 고양이에게 지어준 이름은 '닌자 프린세스'였다.

▲Los Angeles, Shannon Nycol Paterka
"나는 베니스 해변에서 노숙 생활을 하고 있어. 이 작은 고양이 이름은 닌자 프린세스야."
▼Newyork, Dilcia Shaniz Lopez & Family
"우리는 온두라스에서 왔어요. 과테말라, 멕시코, 텍사스를 지나서, 오늘 새언니와 아기가 뉴욕에 도착할 거예요!"

내가 만난 LA에는 천사가 없었고, 할리우드에는 꿈이 없었지만, 사회의 밑바닥에서도 햇살과 자유를 누리며 평화를 꿈꾸는 집 없는 히피 친구들 덕에 마음이 한결 따듯해졌다.

## 나는야 애리조나 히치하이커

미국은 자가용 사용률이 세계에서 가장 높고, 그래서인지 대중 버스 운행이 많지 않은 나라다. 미국의 대표적인 장거리 버스 회사 이름은 '그레이하운드'로 미국 대부분의 대도시를 연결한다.

미국에서 버스는 중하위 계층, 흑인, 히스패닉, 인디오들이 많이 이용하고 중산층, 상류층, 백인들은 비행기나 자가용 이용률이 높다고 한다. 실제로 내가 탄 그레이하운드 버스들에는 승객, 기사, 매표원, 보안요원, 짐 나르는 노동자들까지도 백인 비율이 낮았다.

그랜드 캐니언으로 가는 대중 버스가 없어서 우선 로스앤젤레스에서 라스베이거스로 이동했다. 사막에 세워진 카지노 도시 라스베이거스. 카지노에서 게임을 할 돈은 없고, 그저 유명 호텔 앞에서 시간마다 펼쳐지는 분수쇼와 화산쇼, 번화가에서 흥청대는 사람들의 열띤 분위기를 구경했다.

라스베이거스에서 그랜드 캐니언까지는 500킬로미터의 거리로, 100달러 상당의 당일치기 왕복 투어가 있을 뿐 대중 버스가 운영되지 않는다. 지도를 보고 골똘히 히치하이킹 계획을 세웠다. 먼저 2달러짜리 시내버스를 타고 라스베이거스 동쪽 끝 볼더시티Boulder

City로 이동한 다음 모래가 펼쳐진 길을 무작정 걷기 시작했다. 동쪽으로 가다 보면 언젠가 그랜드 캐니언이 나오겠지. 더워서 소매 없는 셔츠에 반바지를 입었는데 한두 시간도 되지 않아 벌겋게 화상을 입어 화끈거렸다.

"나는 바람의 딸 한비야도 아니고, 오지 모험가 베어 그릴스도 아니고, 세상 모든 나라를 여행한 로버트 포델도 아니지만, 나는 이 길을 걸을 거야."

끝없이 펼쳐진 길을 보며 다짐했지만 닥쳐오는 현실은 나의 상상과는 아주 달랐다. 알고 보니 애리조나 주의 상징은 타오르는 태양이며, 내가 서있는 곳은 모하비 사막이었다. 길가에는 그늘 한 점 없어서 곧 쓰러질 것만 같았다. 용기를 내어 엄지손가락을 번쩍 들고 히치하이킹을 시작했다.

"동쪽으로 가는 여행자입니다. 저 좀 태워주세요!
Please! Help me! Pick me up!"

수많은 스포츠카와 캠핑카, 대형트럭들이 나에게는 일말의 관심도 두지 않은 채 쌩쌩 지나가기만 해서 의기소침해졌으나 가만히 있을 수도 없어서 걷다가 손을 흔들고 또 걷다가 차 잡기를 반복했다. 마침내, 드디어, 기적적으로, 낡은 트럭 한 대가 멈춰 섰다. 두 번의 히치하이크, 두 사람의 도움으로 무사히 그랜드 캐니언까지 갈 수 있었다.

우연히도 두 운전사 모두 평생 건설 노동을 하다가 퇴직한 사람들이었다. 2011년 남한 일주 여행을 할 때도 건설노동자의 차를 몇 번이고 얻어 탔었다. 의성에서 만난 한 노동자의 이야기에 따르면 '노가다 하는 사람들은 차에 먼지도 많고, 겁도 좀 없어서 사람들을 잘 태운다'고 했다. 국경을 넘어도 건설노동자들의 마음은 통하는 게 있는 걸까. 만국의 건설노동자, 고마운 은인들에게 감사를.

애리조나의 털보 천사 더그 히프너 씨는 그랜드 캐니언에서 160킬로미터 거리에 자리한 프레스콧Prescott에 살고 있다. 차를 타고 가는 동안 저녁이 오자 자신의 집에 기꺼이 나를 초대하여 하룻밤을 머물게 해주었다. 자신도 젊은 시절 수천 마일을 히치하이킹 했던 경험이 있다고 했다. 더그 씨의 딸은 인도와 태국 등 아시아를 여행했다는데, 길 위의 나를 보고 딸을 떠올렸는지도 모르겠다.

> "딸아, 내가 남한에서 온 여행자를 태웠는데 히치하이킹하고 그레이하운드버스 타고 굽이굽이 캘리포니아에서 뉴욕까지 가는 중이래."
>
> "세상에! 왜 그런대? 비행기 타면 네다섯 시간이면 가는데! 미친 거 아냐?"

그러게, 나는 무엇을 위해 버스도 잘 다니지 않고 걷기도 어려운 미대륙 횡단을 하고자 했는지. 숲과 인디언 문화를 좋아하는 더그 씨가 알려준 방법대로 그랜드 캐니언의 값비싼 캠핑장이 아닌, 인근의 사람 없는 숲속에 텐트를 쳤다. 다행히 요세미티와 달리 굶주린 곰과 너구리에 대한 경고문은 없었고 엘크와 사슴, 키 큰 말을 종종 마주쳤으나 위험하지는 않았다. 생성되는데 600만 년, 바위가 노출되는 데 20억 년이 걸렸다는 세계 최대의 협곡 그랜드 캐니언은 과연 거대하고 아름다웠다. 뜨고 지는 해와 별을 따라 5일 내내 그랜드 캐니언 이쪽저쪽을 하염없이 바라보다 다시 동쪽으로 길을 나섰다.

##  미국의 밑바닥, 그레이하운드 버스에서의 56시간

애리조나에서 시작한 히치하이킹 모험을 좀 더 해보고 싶었으나 계속되는 야영으로 몸이 많이 지쳤다. 걱정하고 만류하는 사람들이 많았고, 심지어 '어떤 주(州)에서는 히치하이킹이 불법'이라고 주의를 주는 미국인도 있었다. 상상과 모험의 꿈을 잠시 접고, 플래그스태프에서 워싱턴 D.C.까지 가는 장거리 버스 티켓을 끊었다. 6월 12일 새벽 두 시부터 14일 오전 열 시까지 무려 56시간의 버스 여행. 누울 수 있는 슬리핑 버스가 아닌 딱딱하고 약간은 지저분하기도 한 그레이하운드 최저가 일반 버스다. 몇 시간에 한 번씩 꼭꼭 도시와 교통 중심지들에 정차하는 그야말로 완행버스. 그 딱딱함과 불편함과 분주함이 점점 익숙해졌다.

그랜드 캐니언 인근 도시 플래그스태프는 미국 중산층 가족 시트

콤에 나올 듯이 깨끗하고 풀밭이 많고 노숙인이 보이지 않는 마을이었지만, 중심가에서 조금 떨어진 조그마한 그레이하운드 터미널에는 넝마주이와 떠돌이, 혼잣말을 중얼대는 사람, 땀 냄새가 나는 초췌한 사람들이 한데 모여 있었다.

터미널의 밤을 지키는 매표원 조시 워커Josh Walker 씨는 무인 감시카메라 아래서 매표와 스낵 판매, 수하물 처리, 화장실 청소까지 모두 혼자 담당하고 있었다. 일주일에 사흘씩 밤을 새우며 일한다고 했다. 편의점 야간 아르바이트를 하며 밤낮이 바뀌어 힘들어했던 나의 학창 시절이 떠올랐다. 대학에서 사회학을 전공하고 얼마 전 졸업한 조시 씨는 쉬는 날에는 밴드에서 기타를 치며 좋은 뮤지션이 되고 싶다는 꿈을 키우고 있다.

"그레이하운드는 미국의 하위 계층 사람들이 많이 이용해. 나는 여기서 6개월 계약직으로 일하고 있어. 밤을 새우는 건 피곤하지만 다양한 사람들을 만나고 그들을 도울 수 있는 건 재밌고 보람 있는 일이야."

소위 저개발국가로 불리는 인도의 기차가 연착이 심하다고들 한다. 미국 버스의 연착에 대해서는 한 번도 들어본 적이 없다. 2013년 인도와 2018년 미국 여행에서 내가 경험한 바로는, 인도 기차보다 미국 장거리 버스의 연착과 일정 변경이 훨씬 더 심했다. 플래그스태프 터미널에서 예약한 노선을 확인하자 조시 씨는 해당 버스의 엔진이 고장나 언제 올지 알 수 없다며 전체 경로를 변경한 새로운 티켓을 끊어주었다. 56시간 동안 여섯 번, 버스를 갈아탈 때마다 이런 식의 연착과 노선 변경이 계속되어 매우 힘들고 피곤했다. 게다가 그 누구도 미안하다거나 양해를 구한다는 말을 하지 않았다. 잘못하면 하루가 꼬박 늦어져 예약해 둔 호스텔 비용을 날려야 할 판이었다. 터미널 와이파이존에서 호스텔에 인터넷 전화를 걸었지만 한 번도 받지 않았다. 설상가상. 때로는 엎친 데 덮치는 게 여행이다.

플래그스태프, 앨버커키, 오클라호마시티, 멤피스, 내슈빌, 샬러츠빌에서 연착된 버스에 대해 항의하고, 승객 한 명 한 명 긴 줄을 서서 경로와 시간을 변경하는 과정을 거쳐 겨우겨우 미국 동부의 끝 워싱턴 D.C.에 도착할 수 있었다. 동승한 승객 중 누구도 크게 항의 한 번 하지 않고 그러려니 하는 분위기라, 미국 사람들 인내심이 대단하다 싶었다. 한편으로는 가난해서 비행기 대신에 좌석 상태와 서비스가 최악인 장거리 버스를 탈 수밖에 없는, 하위 계층의 만연한 체념처럼 느껴져 서글프기도 했다.

내슈빌에서 갈아탄 심야버스에서 머나먼 볼리비아 수크레에서 온 이주노동자 청년 모리셔스 씨와 그의 동생을 만났다. 핸드폰도 손목시계도 없고 영어를 전혀 모르는 그들은 연착되고 변경되는 버스 때문에 나보다 더 불안해하며 자꾸 시간을 물었다. 이방인으로서의 동질감이 느껴져서 휴게소에서 산 1달러짜리 바나나 두 개를 나누어 먹었다. 대체 몇 시간 만에 섭취한 음식이었는지 모른다. 모리셔스 씨와 그의 동생은 버지니아주 스프링필드에서 하차했다. 그들에게 일자리를 알선해 줄 브로커가 터미널에 마중을 나와 있었다. 수많은 이주민들에게 미국은 여전히 기회의 땅, 아메리칸드림의 현장일 것이다. 대부분의 이주노동자들이 최저임금이나 그 이하의 임금을 받고, 자국민들이 기피하는 열악한 조건에서 일하고 있다는 것은 세계인들 모두가 알고 있는 지구촌 전체의 불평등이며 슬픈 진실이다.

스프링필드Spring field, 봄의 들판, 볼리비아에서 버스를 타고 온 모리셔스 형제에게 부디 미국이 희망의 들판이 되기를.

"부에나 수에르떼 Buena suerte! 당신의 길에 행운이 있기를!"

스마트폰 오프라인 사전으로 급하게 검색해서 볼리비아 청년에게 건넨, 나의 첫 스페인어 인사다.

##  긍정은 행복! 29,800km 오토바이 여행자

미국의 수도 워싱턴 D.C. 중심지 내셔널 몰에는 세계적인 규모의 스미소니언 박물관들이 무료로 운영되고 있다. 그동안 노숙을 많이 했으니 워싱턴 D.C.에서는 밀린 빨래도 하고 쉬엄쉬엄 박물관들을 구경하자는 생각으로 다인실 도미토리 숙소에서 나흘을 지냈다. 흑인 세 명과 함께 쓰던 방에 국적이 모호해 보이는 여행자가 새로 들어왔다. 긴 수염과 곱슬머리, 구릿빛 피부를 보고 멕시코 사람이 아닐까 짐작했는데 웬걸, 그는 엄청난 아시아인 모터바이크 라이더였다. '미친 여행자! 괴물여행자!'라는 감탄이 절로 나왔다.

스물네 살 일본인 미즈키 도키타 씨. 스물두 살에 두 달 동안 바이크로 일본을 일주했고, 이후 이 년 동안 아르바이트를 해서 모은 여행비로 미국 50개 주를 모두 횡단하는 29,800킬로미터 18,000마일에 달하는 여행을 하는 중이었다. 나는 버스를 타고 4,500킬로미터 미대륙을 서쪽에서 동쪽으로 겨우 한 번 횡단했을 뿐이다. 미즈키 씨의 계획은 미국 전 지역을 누비며 두 달 동안 미국을 동서로 다섯 번 횡단하는 것이었다. 3주 동안 아직 한 번의 횡단을 했을 뿐인데 그의 팔은 이미 심각하게 그을려 화상을 입은 상태였다.

"어제 뉴욕의 도미토리에서 신용카드를 도둑맞았어. 여행을 중단해야 할지도 몰라. 월요일에 일본 은행에 전화를 해봐야 해. 걱정되지만 나는 긍정적인 사람이야! 하하하! 내 생각에 긍정은 행복이고, 인생은 즐기는 거야. 만약에 해결이 안 되면 일본으로 돌아가야겠지. 하지만 또 돈을 벌어서 다시 올 거고 계획한 여행을 이어나갈 거야. 누가 뭐래도 이건 내 꿈이니까!"

'지금은 비트 세대들이 유랑하던 1950년대도, 히피들이 자유를 노래하던 70년대도 아니야. 낭만은 줄어들고 위험은 많아졌지. 시대가 달라졌어.' 씁쓸하게 주의를 주는 사람들이 많았지만, 육로 횡단 여행의 꿈과 낭만은 아직 사라지지 않았다. 아마도 인류에게, 가보지 못한 길에 대한 호기심과 도전은 영원히 사라지지 않을지도 모른다.

그러길 바란다.

> "이 오토바이는 야마하 V-star 1100모델이야. 샌프란시스코에서 3,500달러에 중고로 구입했어. 추위나 더위에 강하고 엔진이 튼튼해서 오토바이는 아무런 문제가 없어. 단지 내 몸이 가끔 문제가 생기지. 호또 호또, 태양이 너무 뜨거워. 고등학교 때 영화 〈이지라이더〉(1969, 데니스 호퍼)를 보고 미국 횡단에 대한 꿈을 꾸게 됐어. 50개 주를 다 횡단한 다음, 마지막 경로는 라이더들에게 '어머니의 길'로 불리는 '루트Route 66' 길로 할 거야. 시카고에서 로스앤젤레스까지 이어지는 세계 모든 라이더들의 로망이지. 바이크에서 맞는 바람은 '자유 그 자체'야. 다음에는 남미랑 유라시아도 횡단하고 싶고, 언젠가 이스터섬에 가서 모아이 석상을 보는 게 소원이야. 모아이…!"
>
> "중학교 때 어머니가 돌아가셨어. 많이 힘들었지만 인생을 다르게 사는 계기가 됐어. 슬픈 일이었지만 한편으로는 나한테 좋은 영향을 줬지. 남들처럼 평범하게 일만 하면서 살고 싶지는 않아. 내 형은 내가 사는 걸 보고 답답해하지. 이렇게 아르바이트를 하고 여행을 다니면서 사는 게 쉽지는 않지만 자유롭게 살 방법을 꼭 찾을 거야."

열정이 넘치는 여행자 미즈키 씨가 앞으로 나의 여행길에서 자주 생각날 것 같다. 나도 2012년 중국부터 인도까지 아시아로 첫 배낭여행을 떠나기 전에, 먼저 내 나라를 돌아보고 싶어 대한민국을 한 바퀴 여행했는데, 서로의 생각이 비슷했다는 것이 반갑고도 신기했다.

월요일 새벽, 일본 은행이 문을 여는 시간에 맞춰 전화를 걸어 비상용으로 챙겨온 여분의 카드 한도를 변경하는 데 성공한 미즈키 씨는 남은 기간 동안 계획했던 여행을 이어갈 수 있게 되었다고 고함을 지르며 행복해했다. 다음 날 아침 그는 다시 오토바이를 타고 수도 워싱턴 D.C.를 떠나 웨스트버지니아주를 향해 떠나갔다. '테이크 미 홈, 컨츄리 로드 Take me home, country road' 노래를 흥얼거리며.

안녕 이지라이더. 무사히 각자의 여행을 마치고 언젠가 다시 만나자.

###  나는 뉴욕의 일주일 홈리스

워싱턴 D.C.에서 버스를 타고 뉴욕에 도착한 새벽부터 다시 노숙여행을 시작했다. 호텔이든 도미토리든 숙소 가격이 세계에서 제일 비싼 곳이 아마 이곳 뉴욕의 중심 맨해튼이 아닐까. 브루클린의 6인실 도미토리가 최소 40달러부터 시작된다. 숙소 구하기를 포기했다.

안전한 노숙 장소를 찾기 위해 인터넷으로 '뉴욕 노숙'을 검색하니 한국 청년 두 명의 노숙 기록을 찾을 수 있었다. 자유의 여신상 앞을 지나며 맨해튼과 스태튼섬을 오가는 '사우스 페리'는 한 자산가의 기부로 24시간 무료로 운영된다는 것, 뉴욕 중심 버스 터미널 포트 오소리티Port Authority에서 비교적 안전한 노숙이 가능하다는 중요한 정보를 얻었다. 라이더 미즈키 씨에게 낭만의 기운을 얻은 것처럼, 인터넷에서 검색한 여행자들의 기록에서도 정보 뿐 아니라 동료 의식과 우정을 느끼곤 한다. 감사한 일이다.

월요일, 터미널에서의 첫 번째 뉴욕 노숙이 별 탈 없이 끝났다. 두 번째부터는 무서움이 줄어든다. 노숙을 하다가 옆에 있는 다른 노숙자나 여행자와 눈이 마주치면 누가 먼저랄 것도 없이 서로 웃음을 주고받곤 했다. 시끌벅적 분주한 터미널 한구석에 몸을 누인 피로한 새벽, 이 동질감과 말 없는 공감은 커다란 안심과 위안이 된다. 안전하고 깨끗한 숙소에서는 느낄 수 없는 밑바닥의 느낌이다.

둘째 날은 브루클린 다리와 사우스 페리 선착장 사이, 이스턴 강변 한적한 벤치 옆에 텐트를 쳤다. 사우스 페리 선착장과 배 안에서는 경비원들이 잠드는 사람들을 계속 깨워 쫓아냈고, 역 앞 벤치에서는 모기의 집요한 공격 때문에 잠을 이룰 수가 없었다.

'에라 모르겠다. 일단 텐트를 쳐 보자. 건달이든 경찰이든 동료 홈리스든, 누구든 깨울 테면 깨우시오!'

요세미티, 그랜드 캐니언 이후 오랜만의 텐트 야영이다. 13킬로그램 가방을 메고 맨해튼을 동서남북으로 걸어 다니자니 가장 무거운 짐 1.8킬로그램 텐트를 몇 번이고 던져 버리고 싶었는데, 이럴 땐 또다시 참 고마운 나의 집이 되어준다. '모기로부터의 자유! 홈 스위트 홈!' 새벽 내내 지나는 사람 하나 없었던 나만의 뉴욕 리버 사이드 뷰 텐트 하우스. 럭키, 행운의 밤이었다. 아침에 일어나 텐트를 접고 텐트 대신 다른 물건들을 줄였다. 수건, 긴바지 하나, 민 소매 셔츠를 가방에서 빼내어 다른 노숙인 가까이에 놓아두었다. 500그램 정도는 줄인 것 같다. 수건이 없어도 손수건이 있으니까, 걱정은 없다, 노 프라블럼.

펜실베이니아역 귀퉁이에 깔개를 깔고 잘 때는 새벽 세 시에 나를 발견한 경비원이 잠을 깨웠다. 다행히 몸에 손을 대거나 하진 않았고 조용하고 강한 말투로 "써Sir!" 하고 불러 신사적으로 쫓아냈다. 맥도날드로 대표되는 타임스퀘어 주변의 수많은 24시간 패스트푸드점에서는 수많은 노숙인들이 테이블에 엎드리거나 의자에 기대어 선잠을 청하고 있었지만, 관리인들은 계속해서 그들의 잠을 깨우고 밖으로 몰아냈다.

뉴욕에는 깨끗하고 멋지고 커다랗고 텅 빈, 마천루(摩天樓)라 불리는 빌딩들이 세상에서 가장 많았으나 홈리스들은 그곳으로 한 발짝도 들어갈 수 없다. 모든 건물 입구를 덩치 큰 경비원들이 지키고 있었고, 무슨 규칙이 있는 것도 아닐 텐데 경비원들은 대부분 흑인이었다.

멀끔한 빌딩들 밖에서야 어느 누가 어느 구석에 박스를 깔고 자든 말든, 아무도 신경 쓰지 않는다. 투명하고 창백한 유리 한 장을 사이에 두고, 빌딩들 내부는 얼룩 한 점 없이 깨끗이 단장되어 있고, 한 발짝 밖의 거리는 오줌 냄새와 쓰레기, 쥐와 노숙인들로 가득했다.

아마도 버스 터미널이, 새벽에 바닥에 누워있는 신체를 제재하지 않는 뉴욕에서 유일한 공공건물일 것이다. 그나마 새벽에는 티켓이 있는 사람만 출입이 가능하다. 총을 든 경비원들이 철저히 출입을 통제한다. 차량 안내 방송과 청소 시간이 종종 잠을 깨우지만 그 정도는 별 일이 아니다. 시멘트 바닥에서 올라오는 한기야 내 정든 깔개 한 장이면 거뜬히 막을 수 있다. 화장실과 식수대가 있고 클래식 음악까지 틀어 준다. 네다섯 시간 눈을 붙이고 일어나면 어느 정도 피로가 가신다. 해가 뜨면, 오늘도 무사히 하루를 시작할 수 있다는 생각에 저절로 행복해진다.

## 부자 나라 최강대국 미국의 빛과 그늘

숙소비 한 푼 들이지 않고 이래저래 충분히 뉴욕을 둘러보았다. 첫 배낭여행 당시 캄보디아 씨엠립의 다인실 숙소에서 만난 재미교포 2세 뉴요커 친구 마크를 6년 만에 다시 만났다. 그의 환대 덕분에 혼자서는 구경도 하지 못했을 리틀이태리와 차이나타운의 맛집들을 경험했다.

"터미널 옆 '두 형제 피자2Bros Pizza' 집에서 1달러 피자를 주식으로 삼던 나에게도 20달러짜리 밥을 먹은 날이 오다니. 1달러짜리 밥을 먹을 때가 있으면 20달러짜리 밥을 먹을 때도 있네요. 이게 인생인가 봐요. 고마워요, 마크 씨."

뉴욕에서 태어나 평생을 살았고 한국말을 전혀 못 하는 마크 씨는 맨해튼 중심지에 자리한 건축회사에서 회계 사무직 노동자로 일하고 있다.

"미국에서 가장 큰 문제는 여전히 '인종주의'야. 노예제 시대와 지금이 얼마나 다를까? 학교에서는 인종 간의 평등과 화합에 대해서 교육하지만, 졸업하면 끝이야. 이탈리아인, 흑인, 히스패닉, 아시아인, 다들 자기들끼리만 뭉쳐서 살아. 서로 섞이고 좋은 친구가 되기 어려워. 서로를 안 좋아해. 무시하고 질투하고 싫어하지. 안타깝지만 그게 이곳의 현실이야."

그야말로 '인종의 용광로' 뉴욕에 살면서도 인종에 대한 고정관념을 가지고 있다는 점이 슬펐으나, 그건 평생 동안 다양한 인종들과 부딪히며 만들어진 생각이리라. 한국계 뉴요커로서 마크 씨도 수많은 차별과 편견 속에서 살아왔을지도 모른다. 나도 이번 미국 여행 중에 인종 차별과 불평등을 자주 느꼈다. 그의 말대로 인종 차별과 구별은 가까운 현실이고 공존과 화합은 멀리 있는 이상처럼 보인다. 그렇다면 더욱더, 우리는 계속 공존과 평화를 교육하고 실천하고 시도하고, 또 반복해야 하는 게 아닐까.

6월 22일, 뉴욕에서의 다섯 번째 노숙의 밤. 이제 내일 뉴욕 뉴왁Newark 공항 노숙만 지나면 34일간의 미국 여행이 끝나고 쿠바로 이동한다. 서부에서 동부로 횡단한 미국은, 거대하고 다양하고 비싸고 빈부격차가 심했다. 그리 새로울 건 없었지만, 미디어와 소문으로만 보고 듣던 것들을 실제로 만날 수 있었다.

샌프란시스코의 밤에 욕을 하던 무서운 홈리스들, 요세미티의 새벽에 캠핑장 순번을 기다리던 젊은 해군들, 로스앤젤레스 베니스 해변의 히피 버스커들, 애리조나 사막에서 나를 살려준 은인들, 연착되는 완행버스를 함께 기다리던 가난한 사람들, 이지라이더 미즈키와 배낭여행자들, 뉴욕 터미널에서 쪽잠을 자며 서로를 지켜주던 노숙인들, 그 사람들을 기억한다.

지구 최고 부자 나라, 최강대국, 이름도 '아름다울 미(美)' 자가 붙은 미국. 지구에서 제일 분주하고 비싸고 번쩍대는 뉴욕, 타임스퀘어, 이곳에서 밑바닥 인생들은 더욱 궁핍해 보인다. 부자들의 빌딩과 호텔에도, 홈리스가 깔고 덮은 박스와 담요 위에도, '내일은 내일의 태양이 뜬다.' 뜰 것이다. 빈부격차와 인종문제, '현실'이라는 슬픔과 고통의 벽은 거대하지만 내가 만난 미국에는 나쁜 사람보다 좋은 사람들이 훨씬 더 많았다. 미국이, 세계가, 더 나은 미래를 향해 나아가기를, 이곳 뉴욕 터미널 밑바닥 동료들과 함께, 뜨겁게 기원해 본다.

# 쿠바

## 카리브해의 붉은 섬

샌프란시스코에서 뉴욕까지 미국 횡단을 마치고 아바나로 가는 비행기에 올랐다.

쿠바. 플로리다주 키웨스트에서 불과 144킬로미터 떨어진 아메리카 대륙의 유일한 사회주의 국가. 그래서 '카리브해의 붉은 섬'이라 불리는 땅. 1492년 콜럼버스의 침략 후 1898년까지 약 400년 동안 스페인의 식민지였고, 1959년 사회주의 혁명 때까지는 미국의 식민지였던 슬픈 열대의 섬. 한편으로 쿠바는 싱그러운 푸른 빛 바다와 개성적인 음악으로 세계인들의 호기심을 끄는 동경의 섬이기도 하다.

1959년 쿠바 사회주의 혁명 이후 미국은 쿠바에 대한 통상 금지

조치 엠바고embargo를 단행했다. 2014년 버락 오바마 정부 당시 국교 정상화가 선언되었으나 아직 두 나라의 국민들은 가족 방문, 비즈니스 등 특수 목적이 없으면 상대 국가를 방문할 수 없다. 미국에서 쿠바로 가는 교통편을 이용하는 제3세계 여행자에게도 이 조건이 적용된다. 어쩔 수 없이 '교육 목적'으로 쿠바에 간다고 체크를 하고 출입국 심사에서 마음을 졸였다. 다행히 누가 봐도 여행자인 한국인에게는 별다른 질문을 하지 않았다. 아바나 호세 마르티 공항에 도착했다. 호세 마르티는 '쿠바의 국부', '쿠바의 호치민'이라 불리는 인물로 스페인 식민지에 대항해 쿠바혁명당을 만들고 전투의 선두에서 목숨을 잃은 독립운동가이자 시인이다. 쿠바의 유명한 노래 '관타나메라'의 가사는 그의 시에서 따온 것이다.

'야자수 자라는 마을에서 태어난 진실한 사람
나 죽기 전 이 가슴에 맺힌 시를 노래하리
이 땅의 가난한 사람들과 함께 이 한 몸 바치리'

후렴구 '과히라 관타나메라'는 '관타나모 지방 출신 여성 농부'를 뜻하는 말로, 관타나모는 지금까지도 쿠바인들에게 자주와 독립의 정신을 일깨우는 땅이다. 1898년 스페인과의 전쟁에서 승리한 미국은 스페인의 뒤를 이어 쿠바를 식민지화했고 쿠바 사회주의 혁명 후 쿠바 정부의 지속적인 요청에도 불구하고 여전히 관타나모 미군기지를 반환하지 않고 있다.

국외에는 체 게바라와 피델 카스트로가 많이 알려졌지만, 쿠바 국내에서는 호세 마르티를 기리는 상징물들이 더 많다. 그가 세운 혁명 전략은 반세기 후 카스트로와 게바라에 의해 실현된다. 아바나 중심에 자리한 혁명광장 가운데는 호세 마르티의 동상이 있고 양옆으로 체 게바라와 동료 혁명가 카밀로 시엔푸에고스의 기념물이 자리해 있다. 게바라의 얼굴 아래에는 '아스타 라 빅토리아 시엠프레 Hasta la victoria siempre(영원한 승리의 그날까지)'라는 문장이, 시엔푸에고스의 얼굴 아래에는 '바스 비엔, 피델 Vas bien, Fidel(잘하고 있어, 피델)'이라는 문장이 새겨져 있다.

##  엉덩이로 느낀 궁핍의 기운

쿠바 화폐를 인출하고 현지 버스를 찾기 위해 난생처음으로 스페인어를 발음해 보았다.

> "Donde local bus 돈 데 로깔 부스? 현지 버스 어디예요?"
>
> "Local bus? Are you crazy? You can't! Come on. 현지 버스? 너 제정신이야? 너는 못 타! 이리 와."

택시 기사들이 손사래를 치며 외쳤지만 '이거 왜 이러셔, 이미 다 알아보고 왔어요' 하고 웃어넘겼다.

보통 공항에서 도심까지 가는 교통편은 일반 교통 보다 가격이 비싸다. 나는 되도록 현지인들이 이용하는 저렴한 교통편을 찾으려고 한다. 여행 초반 샌프란시스코 공항에서 시내까지 가는 길에 몇 시간이나 걷고 헤매다 돈은 돈대로 쓰며 고생한 적이 있어서 이번에는 미리 잘 검색해두었다.

흔히 여행자들은 공항에서 아바나 시내까지 25달러 금액의 택시를 이용한다. 1킬로미터 걸어 나와 도로에서 탈 수 있는 P12번 일반 버스 요금은 태환 화폐로 0.40쿡(한화 440원)이다. 현지인 요금은 불태환 화폐로 1모네다(한화 44원)로 더 저렴하다. 서울의 출근길 만원버스보다 사람이 훨씬 많고 에어컨이 없어 땀이 줄 줄 줄 흘렀지만 덕분에 시내에 도착해 버스에서 내렸을 때는 무척 상쾌했다.

쿠바는 세계에서 유일하게 이중 통화 제도를 사용하고 있다. 쎄우쎄CUC, 보통 쿡이라고 부르는 태환 화폐와 쎄우뻬CUP, 모네다라고 부르는 불태환 화폐가 동시에 통용된다. 현지인들이 주로 사용하는 불태환 화폐는 외국 돈과 바꿀 수가 없고 태환 화폐에 비해 가치가 낮다. 1쿡은 25모네다와 교환된다.

2013년 쿠바 공산당 기관지 〈그란마〉가 이 이중 화폐 제도의 점진적 폐지 결정을 보도한 적이 있으나 2018년 현재까지 이 제도는 유지되고 있다. 1991년 소비에트연방 붕괴 후 급격히 경제가 어려워진 쿠바는 달러와 유로화를 모으기 위해 1994년 이 제도를 시행했다. 그러나 애초에 달러와 1대 1로 맞춘 모네다는 급격히 가치가 낮아졌고 외국인을 상대하는 관광업 종사자의 임금이 급격히 높아지는 사회문제를 일으키고 있다.

쿠바 정부의 달러, 유로 증대에는 도움이 되는지 모르겠으나 사용하는 사람들에게는 분명 계산이 어렵고 불편한 방식이다. 쿠바 화폐가 낯선 외국인 여행자들에게는 특히 더 그렇다.

흔히 시내 공원이나 현지인 터미널 화장실 이용료가 1모네다(44원)인 반면, 외국인들이 주로 이용하는 휴게소 화장실 요금은 1쿡(1100원)까지 받곤 한다. 똑같은 서비스를 사용해도, 같은 물건을 사더라도 여행자들은 현지인들보다 훨씬 많은 돈을 내게 되는 경우가 잦다. 처음에는 이 제도로 인해 억울하고 화가 나는 경우도 있었지만 점차 적응하여 현지인 가격으로 소비하는 방법과 장소를 찾을 수 있었다.

공항에서 도심으로 가는 한 시간 동안 마주한 쿠바의 첫인상은 한산했고, 또 조금은 슬펐다. 커다란 광장에는 사람이 없고 분수들은 더 이상 물을 뿜지 않았다. 라스베이거스 호텔의 거대한 분수쇼가 떠올랐다. 화려한 자본주의 국가와 이웃한, 고립되어 정체된 사회주의 국가. 미국과 쿠바는 가까이 있지만 그 거리는 너무도 멀었다. 운영을 멈춘 공장들은 군데군데 자재가 뜯긴 채 허물어져 갔다.

거리를 달리는 많지 않은 차들은 1960년대에 추방된 미국인들이 두고 간 알록달록한 올드카와 낡은 중국산 버스들이다. '코코택시'라고 불리는 노란 오토바이 택시와 '비씨택시'라고 불리는 인력 자전거 택시도 보인다.

국회의사당 '까삐똘리오'도 오랜 공사 중인 듯 먼지 쌓인 천막으로 덮여 있었다. 광장의 녹색 벤치에 앉은 순간, 엉덩이의 느낌이 미묘

▲Camagüey, Yoenys Rodríguez Muñoz
"쿠바는 가난해. 하지만 즐거워. 함께니까."
▼Havana
호세 마르티 공항에서 아바나 시내까지. P12번 시내버스의 승차 요금은 1모네다, 44원.

하고도 확실하게 이상했다. 고장 난 벤치인가 하고 다른 벤치에 앉아 봐도 똑같았고 이후에 본 이후에 본 다른 도시의 벤치들도 마찬가지였다. 쿠바의 벤치는 내가 알던 벤치와는 조금 다르게 생겼다. 나무들이 듬성듬성 성기게 짜여있다. 나무를 아끼기 위한 쿠바의 제작 방식일까. 쿠바를 소개한 책에서 읽었던 '궁핍의 기운'이 엉덩이를 통해 전해져 왔다.

아바나 구도심 비에하Vieja 골목들은 개똥과 쓰레기가 널려있어 발길을 조심해야 했고 소박한 간판의 상점들에는 몇 종류의 물건만이 고요하게 진열되어 있었다.

그러나 이 가난한 땅은 오히려 가난하기 때문에 지구에서 환경을 가장 덜 오염시키는 곳이다. 쿠바는 1인당 탄소 발자국이 적고, 복지를 토대로 산정하는 인간개발지수가 높아 2006년 세계자연기금에 의해 '지속 가능한 나라' 1위로 꼽혔다. 한편 미국의 정치인들은 지속적으로 쿠바 정부의 인권침해에 대해 비판해왔다.

세계적 자본주의 체제에서 배제되어 고립된 가난한 나라. 이제는 도리 없이 서서히 개혁 개방을 추진하고 있는 사회주의 국가. 그러나 무상 의료, 무상교육의 이상을 정말로 실현한 나라. 모두가 고르게 가난하지만 모두가 일을 하기에 거지가 없다는 나라. 아이들과 노인들에게는 무료로 우유를 주는 나라. 지난한 배고픔을 음악과 열정으로 이겨낸다는 나라, 쿠바 혁명의 가장 유명한 아이콘, 체 게바라가 꿈꾸었던 세상은 쿠바에서 실현되었을까. 반세기 동안 쿠바를 통치한 카스트로는 과연 좋은 독재자였을까. 쿠바의 인권 상황은 정말 좋지 않은 걸까. 길지 않은 여행으로 많은 것을 이해할 수는 없겠지만, 쿠바의 현재를 만나러 왔다.

## 무상 의료의 나라에서

쿠바 여행은 한국에서 온 친구와 함께했다. 까사Casa라고 불리는 민박 숙소, 비아술Viazul이라 불리는 여행자 전용 버스를 친구가 미리 예약해 두어서, 정처 없이 미국을 횡단할 때보다는 한결 수월하게 여행할 수 있었다. 친구가 아바나에 며칠 먼저 도착했는데 그래서인지 생존 스페인어를 익히는 속도가 나보다 훨씬 빨랐다. 특히 물건을 계산할 때, 파는 사람이 기다리고 있으니 수첩에 적어둔 단어를 찾아볼 여유가 없어 자꾸 친구에게 의존하게 됐다. 그러다 보니 나는 숫자를 외우는 게 점점 더 늦어졌다.

우노, 도스, 뜨레스, 꽈뜨로, 1, 2, 3, 4… 온세, 도세, 뜨레세, 까또르세, 11, 12, 13, 14… 길찾기, 검색, 예약하기, 외국어 대화, 물건 계산, 예산관리, 요리 등등 여행에서 필요한 갖가지 일들이 있다. 여행을 함께하는 서로가 여러 가지 경험을 해보기 위해서 역할을 고정하지 않고 나누어야 한다는 걸 아는데, 상황이 급하니 생각대로 실천하기가 쉽지 않았다. 가족이든 연인이든 친구든, 종일, 긴 기간 함께 여행을 하다 보면 부딪치는 일이 많다는데, 부디 크게 다투지 않고 여행을 끝까지 할 수 있기를 바랐다. 따로 또 같이.

수도 아바나 구도심과 신도심, 북쪽 대서양 휴양지 바라데로, 스페인령 서인도의 수도였던 중부 내륙도시 카마구에이, 사탕수수 노예무역의 중심지였던 트리니다드, 남쪽 카스피해의 작은 마을 히론. 쿠바의 동서남북 다섯 군데 지역으로 23일 동안의 여행 경로를 정했다.

쿠바 어느 지역에 가든 생수와 탄산음료, 맥주는 한두 가지 회사의 상품뿐이었다. 길거리 음식도 마찬가지로 몇 가지 종류로 단출하다. 샌드위치와 피자, 아이스크림과 케이크, '후고 내추랄레스Jugo Naturales'라는 이름의 천연주스. 외국인 대상 고급 식당의 음식 가격은 한국과 별 차이가 없지만 거리 음식들은 한화로 몇백 원일 정도로 저렴하다.

이 길거리 음식과 간식을 많이 먹은 우리는 번갈아 가며 설사병과 변비에 시달렸다. 6월, 7월의 쿠바는 몹시 덥고 습도까지 높았다. '집 나오면 고생'이라는 말이 자주 와닿았다. 낯선 곳에서는 마려운 오줌 한 번 누는 것도, 더러워진 손 한 번 씻기도 쉽지가 않다.

아픈 배를 참을 수 없어 휴교 중인 초등학교의 관리인에게 도움을 청했다. 변기 커버도 없고 물도 나오지 않는, 좀처럼 편안해지지 않는 쿠바 스타일 화장실에서 가까스로 속을 비우고 나오는데, 들어갈 때는 세상없이 친절했던 관리인의 분위기가 싹 달라져 있었다. "원 달러! 원 쿡!" 원하는 돈을 내지 않으면 비켜 주지 않을 기세로 나오는 문을 거칠게 막아섰다. 이미 익숙해진 쿠바식 흥정을 거쳐 600원 정도를 내고 탈출할 수 있었다.

청결한 음식을 골라 먹고 가공식품보다는 야채와 과일을 많이 먹어도 배탈은 낫지를 않았다. 쿠바 거리에는 약국이 많고 이용하는 현지인도 많았다. 하지만 다른 상점들처럼 진열된 약의 종류는 매우 적었다. 지사제를 사기 위해 아바나, 바라데로, 카마구에이, 세 군데 지역에서 약국을 찾았는데 약사들은 한결같이 없다는 대답만 하며 고개를 저었다. 쿠바는 지사제를 생산하지 않는 건지, 외국인에게만 판매를 하지 않는 건지 알 수가 없었다.

우리의 아픔에는 관심조차 보이지 않았다. 설사병은 병도 아니란 말인가. 조금 서러워졌다. 냄새가 고약해 배낭에서 빼놓고 온 정로환이 생각났다. 지사제와 두통약, 멀미약 정도야 필요할 때 언제든 어디서든 살 수 있을 거라고 생각했지만, 무상 의료의 나라 쿠바에서는 의외로 약을 구할 수가 없었다.

트리니다드에 머물던 어느 날, 며칠 동안 복통을 참던 친구의 상황이 심각해졌다. 쿠바에는 대한민국 대사관이 없다. 쿠바 대사 업무를 대신하고 있는 인근 국가 멕시코 대사관에 응급 전화를 걸었다. 담당자가 쿠바는 외국인에게도 병원비가 공짜라며 어서 응급실로 가보라고 권했다. 자고 있는 까사 숙소 주인 샤이리 씨를 깨워 함께 병원으로 향했다. 다행히 몸에 큰 이상이 생긴 건 아니었고 의사의 치료를 받고 고비를 넘길 수 있었다.

몸을 추슬러 병실에서 나오는 길, 그 유명하다는 쿠바의 무상 의료를 체험하는 건가, 기대했는데 그렇지 않았다. 스무 가지 이상의 긴 항목이 적힌 청구서에는 약을 먹을 때 마신 생수값 오백 원까지 적혀 있었다. 한국의 응급실에 비하면 훨씬 저렴한 팔만 원 정도 비용이었으니 그만하기 다행이다 싶었다. 쿠바 무상 의료는 외국인에게는 적용되지 않는다는 걸 깨닫는 순간이었다.

병원을 나와, 택시도 인적도 없는 까만 골목길을 걸어 숙소로 돌아가는 길. 치료가 끝날 때까지 기다려 준 고마운 샤이리 씨는 조심스레 병원비가 얼마인지 묻더니 무척 놀라는 눈치였다.

"근데 샤이리, 쿠바 사람들은 정말 병원비가 모두 무료에요?"

"씨 씨! Si si! 물론이죠!"

일 초의 망설임도 없이 대답하는 샤이리에게서 쿠바 무상 의료 제도에 대한 자부심이 느껴졌다.

## 나는 치노가 아니에요

"어이, 치노! Hey, Chino!"

쿠바의 길거리를 걷다가 가장 많이 들은 말이다.

"치노가 아니고 꼬레아노예요. 꼬레아 데 수르. 남한에서 왔어요!"

처음에는 꼬박꼬박 중국인이 아니고 한국인이라고 대답했지만, 대부분의 쿠바 사람들이 한국인이든 일본이든 베트남이든 상관없이 모든 아시아 사람들을 '치노'로 통칭한다는 걸 알고는 그냥 그러려니 하고 넘기게 됐다. 신기해서, 호기심에 한마디 나누고 싶어서 부르는 경우가 많지만 불러놓고 자기네들끼리 수근거리거나 히죽거리는 경우도 잦아서 기분이 나빴다. "'어이, 거기 쿠바노!'라 부르면 기분이 좋겠습니까?"라고 따지고 싶었다.

쿠바의 국부 호세 마르티는 반(反)인종주의자였다고 한다. 그의 사상을 따랐던 피델 카스트로는 반인종주의 교육과 정책을 시행했고 쿠바는 비교적 인종 차별이 적은 나라로 알려지게 되었다. 흑인, 인디헤나, 백인 등 쿠바의 다수를 구성하는 익숙한 인종 간 차별은 적은지 모르겠으나 황인종에 대한 손가락질과 구별짓기는 반인종주의와는 거리가 멀었다. 직접적인 차별, 피해를 주지 않더라도 특정 인종을 가리키고, 호명하고, 놀리는 것은 인종 차별과 다름이 없다.

궁금하고 신기하다면 그저 밝게 인사를 건네면 서로가 반가울 텐데, 왜 특정 인종으로 사람을 지칭하는 걸까. 쿠바가 자랑하는 반인종주의는, 모두 같은 인간으로서의 평등과 평화를 지향하는 정신일 것이다. 피부색이 낯선 아시아의 이방인과 여행자들에게도 이제 그만 '치노'라는 구별 없이, 그저 같은 사람을 대하는 평화로운 인사를 건네주기를.

### 종이 줍는 오르페 씨

중부 내륙 도시 카마구에이 도심에는 상점이 많고 이용하는 사람들도 많았다. 골고루 가난하다는 쿠바에도 잘 사는 동네와 가난한 동네의 모습은 확연히 달랐다. 영화의 거리에서 때마침 스페인어 영화제가 열려 우리는 운 좋게 개막작과 개막공연까지 볼 수 있었다.

입장료는 2쿡CUC(한화 2200원)이었다. 이후에 아바나 신도시의 야라Yara 극장에서 한 번 더 개봉 영화를 봤는데 그곳의 입장료는 2모네다(한화 88원)였다. 비슷한 시설의 극장인데 왜 그렇게 금액 차이가 나는 걸까. 아바나의 극장은 의아할 정도로 저렴한 대신 관객이 많아 줄을 길게 서야 했다.

또 한 군데 매우 저렴하고 사람이 많은 곳은 '코펠리아Copelia'라는 아이스크림 가게였다. 쿠바에는 맥도날드와 스타벅스 등 다국적 기업의 프랜차이즈가 없다. 하지만 쿠바의 작은 도시마다 이 코펠리아가 있어, 많은 주민들의 디저트와 군것질을 담당하고 있었다. 동그란 아이스크림 다섯 개가 담긴 한 접시에 5모네다(220원). 꽤 많은 양인데도 쿠바 사람들은 보통 두세 접시를 먹었고, 통을 가져와 담아 가는 사람도 많았다. 음료처럼 아이스크림도 독점 생산인지, 주변의 카페들에서는 똑같은 코펠리아 아이스크림을 좀 더 좋은 그릇에 담아 비싸게 팔았다. 비싼 대신 줄은 짧다. 소도시에서는 보통 십 분 정도 줄을 서면 먹을 수 있었지만 아바나의 코펠리아는 한 시간은 기다려야 할 정도로 사람이 많아서 입장을 포기했다.

극장 앞에서 개막작 상영 시간을 기다리는데 손수레를 끄는 건장하고 당당한 중년의 흑인 남성 오르페 씨가 다가와 악수를 하며 말을 걸었다.

"너희 영화 볼 거야? 저기서 티켓 사야 하는데 샀어? 나는 종이 줍는 사람이야. 이게 내 직업이야. 나는 혼자 영어를 배우고 있어. 이렇게 너희 같은 외국인들이랑 대화하면서 조금씩 영어를 연습하고 있어."

상영 시간이 다가오자 거리는 정장을 차려입은 사람들로 가득해졌고, 종이 줍는 오르페 씨는 발걸음을 떼지 못한 채 수레를 들었다 놓았다 하며 부러운 듯 그들을 지켜보았다. 오르페 씨는 영화를 매우 좋아하지만 그에게는 티켓을 살 2쿡 혹은 2모네다가 없었다. 골고루 가난하다는 쿠바에도 잘 사는 사람과 가난한 사람의 차이는 확연히 달랐다.

## 쿠바식 사회주의 그 이후

쿠바에는 무료 와이파이가 없다. 통신 카드를 구입한 만큼만, 특정 장소에서만 인터넷을 사용할 수 있다. 중국을 여행할 때는 페이스북이나 인스타그램 접속이 금지되어 있어 답답했는데, 쿠바는 통제 정도가 더 심했다. 도시마다 소위 '와이파이 공원'이라고 부르는 공원에서 현지인들과 여행자들이 옹기종기 모여 앉아 스마트폰과 노트북을 켜고 쿠바 외부 세계와 소통하고 있었다. 사회주의 국가들은 무엇이 두려워 인터넷을 통한 외부와의 소통을 제한하는 걸까.

카마구에이의 와이파이존, 아그라몬떼 공원에서 그라시엘라 판디

뇨 할머니를 만났다. 그라시엘라 씨는 젊은 시절 아바나의 스페인 신문사에서 일했는데, 쿠바 정부의 언론 탄압으로 인해 신문사가 문을 닫아 직장을 잃은 후 카마구에이로 이사 왔다고 한다. 자신은 쿠바 정부를 좋아하지 않고 쿠바에는 자유가 없다고, 입을 가린 채 낮은 목소리로 속삭였다. 지금은 성당 수도원에서 허드렛일을 도우며 어렵게 생활하고 있다. 성당 사진 엽서에 이름과 주소를 써주면서, 한국에 가면 휴대폰을 보내 달라고 부탁을 했다.

"내 카시오 손목시계는 네덜란드 친구가 준 거야. 이 신발은 영국 친구가 보내 줬고, 이 스웨터는 오스트레일리아 친구한테 받았어. 한국에는 휴대폰이 많지? 쿠바는 휴대폰이 비싸. 나도 휴대폰이 필요한데 나중에 한국 가서 보내주면 안 될까? 나는 너희를 잊지 못할 거야. 나를 잊지 마."

같은 공원에서 낮에 만난 힙합 댄서 청년 요하네스 무노즈 씨는 정부와 카스트로, 체 게바라를 무척 자랑스러워하며 쿠바의 열정과 평등에 관해 이야기했는데, 같은 쿠바 사람이라도 입장에 따라 생각이 완전히 다르다는 것을 느낄 수 있었다.

2008년, 반세기 동안 쿠바를 통치하던 피델 카스트로가 물러나고 동생이자 동료 혁명가인 라울 카스트로가 뒤를 이어 국가평의회 의장에 선출되었다. 동생 카스트로는 쿠바식 사회주의는 끝났다고 말하며 중국과 같은 개혁 개방 노선을 선언했다. 2014년에는 가장 막강한 적이었던 미국과의 국교 정상화도 이루어졌다.

자본주의 착취가 없는 사회시스템, 구성원 모두 같이 잘 살자는 사회주의의 이상은 아름다웠으나 현실 사회주의 국가들은 그 이상을 실현하지 못한 채 세계 곳곳에서 침몰하고 말았다. 카리브해의 붉은 섬, 혁명의 나라 쿠바에서도 이상의 실험은 실패로 끝나가는 걸까. 앞으로의 쿠바가 어떻게 변해가든, 무상 의료와 무상 교육, 반인종주의와 평등의 이상과 실천은 부디 변하지 않고 더 나은 방향으로 발전해 가기를 조심스레 기원하며, 쿠바를 떠나는 비행기에 몸을 실었다.

# 멕시코

## 65세 세계 여행자 동 아저씨

아바나에서 비행기로 한 시간 이십 분을 날아 바다 건너 멕시코 유카탄 반도 칸쿤에 닿았다. 공항은 번듯한 유니폼을 입고 버스 요금을 두 배로 뻥튀기해서 파는 호객꾼들로 붐볐다. 국경을 건너 낯선 나라에 처음 도착할 때는 언제나 조금 긴장하게 되는데, 멕시코도 입구부터 만만치가 않았다. 발품을 팔아 공항을 헤맨 끝에 정상 가격에 표를 파는 매표소를 찾았다. 유명 휴양지 칸쿤을 피해 플라야 델 카르멘, 카르멘의 해변으로 이동했다. 한적한 바다를 찾아오긴 했지만 마야 후손들의 땅 유카탄 반도의 7월은 쿠바보다 열기가 더 강했다. 체감온도는 40도를 넘겼다. 저렴한 도미토리 숙소에는 에어컨은커녕 선풍기조차 제대로 돌아가지 않았다. 가는 날이 장날, 숙소는 때마침 하수도 청소 중이라 방에서도 악취가 진동했다.

옆방에는 65세의 중국인 여행자 청마오 동Chengmao Dong 씨가 장기 투숙 중이었다. 중남미를 1년 10개월째 여행하고 있는 동 씨는 몇 주 동안 이 무덥고 저렴한 숙소에 머물며 그동안의 여행 사진과 글을 정리하고 인터넷 블로그 연재를 시작하는 중이었다. 노트북으로 자신의 구글 지도를 보여주었는데, 그동안 여행한 곳에는 핑크색 하트 표시가, 앞으로 여행하고 싶은 곳은 초록색 팻말 표시가 되어 있었다. 아시아와 아메리카 지도가 핑크색 하트들로 빼곡했다. 이번 중남미 여행에서도 아름다운 곳이 많았지만, 그동안 가본 가장 경이로운 자연으로 티베트를 꼽으며 직접 찍은 멋진 사진들을 보여주었다. 동 씨와 나이가 비슷한, 한국에서 일하는 나의 아버지가 생각났다.

"나는 기술자예요. 원래 베이징 사람인데 젊은 시절 문화대혁명 기간에 동북 지역으로 하방(下放)된 걸 계기로 동북농업대학에서 공부했어요. 이후 수십 년 동안 베이징 슈강 공장에서 엔지니어로 일했지요. 지금은 제 딸이 같은 공장에서 일하고 있답니다. 몇 년 전 퇴직을 하고 세계 여행을 시작했어요. 공장 일을 하면서도 마음 한구석으로 줄곧 꿈꿔 오던 일이지요. 중국에 있는 내 아내는 다리가 불편해서 잘 걷을 수가 없어요. 중국 안에서는 항상 함께 승용차를 타고 여행했는데, 이곳 아메리카까지는 같이 오지 못했죠. 다음번에는 꼭 아내와 같이 외국을 여행할 수 있는 방법을 찾고 싶어요. 그게 남은 꿈이에요. 좋아하는 말은 'Don't rush!' 저는 서두르지 않아요. 늘 만만디, 천천히 여행한답니다. 중남미는 물가가 싼 곳도 많고, 친절한 사람들이 많아서 이렇게 오래 여행하고 있어요."

인터뷰를 부탁드리고 카메라를 꺼내 드니 더위에도 불구하고 말끔한 셔츠를 꺼내어 입으셨다. 다른 여행자들에게 항상 조심스럽고 예의 바르게 대해서 영어로 하시는 말씀도 세심한 존댓말로 들려왔다. '나이는 숫자에 불과하다'는 광고의 문장을 절로 떠오르게 하는 동 아저씨. 다음 여행은 그의 애틋한 꿈처럼 아주머니와 함께하실 수 있기를.

###  치첸이트사, 공포와 눈물의 밀림 호텔

쿠바의 카스피해에서 신나게 수영을 하다가 몇 시간 만에 살이 빨갛게 타서 일주일 내내 고생한 지 몇 주 지나지 않았기 때문에, 아쉽지만 멕시코 바다 수영을 포기했다. 더위와 습도를 피해 산악지대로 이동하자고 친구와 생각을 모았으나 그곳까지의 거리는 1천 킬로미터, 버스를 몇 번이나 갈아타고 이동해야 하는 거리였다.

멕시코에는 산적과 강도가 많아 매우 조심해야 한다는 경고를 많이 들었는데, 우리가 여행한 멕시코는 별로 위험해 보이지 않았다. 한적한 쿠바와는 달리 골목마다 다국적 기업의 프랜차이즈, 편의점과 현금인출기, 식당과 상점이 많았고, 광고와 간판들이 번쩍번쩍 손님을 끄는 익숙한 자본주의 사회의 거리였다.

버스 회사별로 관리하는 터미널들은 깨끗하고, 좌석 등급에 따라 가격이 다양했다. 13세기 마야 문명의 중심지였던 치첸이트사 유적지 인근 마을 피스테Piste로 가는 2등 버스를 탔다. 1등 버스가 아니어서일까, 아니 아마도 뜨거운 마야의 태양 때문이었으리라. 버스는 툴룸을 지나 바야돌리드로 향하던 중 밀림 한가운데 뚫린 고속도로 위에 조용히 멈춰서더니 더 이상 움직이지 않았다. 버스기사는 대수롭지 않은 일이라는 듯 태연했으나 휴대폰의 전파도 터지지 않자 당황하기 시작했다. 이런 상황이 대수롭지 않은 듯 승객의 절반 이상이 택시와 미니버스 콜렉티보를 잡아타고 저마다의 목적지를 향해 떠나갔다. 갈 길이 더 멀거나 버스비가 아까운 사람들 십여 명만이 땡볕의 고속도로 위에 서서, 버스 기사가 어서 빨리 해결 방법을 찾기를 기다렸다. 한 시간쯤 지난 후 마침내 같은 방향으로 가는 버스를 세워 합승했고 바야돌리드 터미널에서 또 한 시간을 넘게 기다려 다음 버스를 갈아탈 수 있었다.

무작정 도착한 피스테는 작은 시골 마을이었다. 부유한 관광객을 위한 고급 리조트는 언감생심 쳐다볼 수도 없었고, 그나마 저렴한 숙소는 두 곳뿐. 둘 다 매우 황량하고 낡았다. 다음 날 새벽 일찍 치첸이트사로 가야 해서 도리 없이 낡은 숙소에 발을 들였다. 일곱 개의 방에 투숙객은 아무도 없고 주인 노부부가 고양이 몇 마리와 살고 있었다. 언제 또 손님이 왔는지 모를 어두침침하고 퀴퀴한 방, 그래도 천장에 매달린 선풍기가 돌아가고 물은 나오는 듯 보였다. 열악한 시설에 비해 그리 저렴하지도 않았지만, 길가에 거대한, 1미터가 넘는 이구아나가 꿈뻑꿈뻑 활개치고 다니는 밀림 마을에서 섣불리 텐트를 칠 수도 없는 노릇이다. 우리는 오지 생존 전문가 베어 그릴스가 아니다. 비싼 입장료에도 불구하고 굳이 치첸이트사를 들렀다 가기로 결정한 게 조금 후회스러웠다. 부디 내일 볼 마야의 피라미드가, 텔레비전과 책에서 본 것보다 훨씬 더 멋지기를.

무덥고 지친데다 폐쇄된 놀이공원의 귀신의 집 같은 숙소 분위기에 충격을 받은 친구는 급기야 눈물을 흘렸다. 친구가 평생 만난 최악의 숙소라고 했다. 짐을 풀자 게릴라성 폭우가 쏟아져 숙소 복도까지 물이 흥건해졌다. 씻으려고 하니 욕실에 커다란 바퀴벌레가 나왔고 어두워지자 손바닥만한 나방들이 방으로 뛰어들었다. 작은 도마뱀은 쫓아내도 자꾸만 머리맡으로 다시 기어와 울어댔다.

"덥지만 않으면 이런 시설도 견딜만 할 텐데 여름 우기의 쿠바와 유카탄 반도는 진짜 힘드네요. 여기 주민들은 이 날씨가 익숙하잖아요. 사계절이 없고 일 년 내내 더운 건 어떤 느낌일까요."

무더위를 피해 고산지대로 자유롭게 이동할 수 있는 여행자인 우리는 이곳 현지인들의 삶과 계절의 느낌을 영영 알기 어려울 것이다.

겨우 잠이 들었다가 새벽녘 닭들이 우는 소리에 깨어났다. 치첸이트사 매표소가 문을 열기 전에 도착하기 위해 주인 할머니를 깨우러 가는데 지붕 위에 처음 보는 커다란 동물이 조용히 기어가고 있었다. 둥글둥글한 몸통과 긴 꼬리. 아르마딜로, 남미 천산갑이었다.

아르마딜로도 우리를 발견하고 잠시 멈칫하더니 고양이처럼 샤샤샥, 순식간에 지붕 너머로 모습을 감췄다. 새벽안개 속의 신기루 같았던 아르마딜로는, 밀림 호텔에서 무사히 하룻밤을 보내고 떠나는 우리를 배웅하러 나온 건 아니었을까.

배낭을 메고 걸어서는 한 시간이 훌쩍 넘을 거리라 합승 콜렉티보나 오토바이 택시를 타고 싶었지만 이른 아침이라 한 대도 보이지 않았다. 난감한 마음에 잡아야겠다는 생각도 없이 지나가는 트럭을 향해 손을 흔들었는데 신기하게도 트럭이 그 자리에 딱 멈춰섰다. 흔쾌히 우리를 태워준 사람들은 치첸이트사 유적지의 기념품 상인들이었다. 가득 실린 짐들 사이에 서서 바람을 맞으며 휘청대다 보니 금세 유적 입구에 다다랐다.

어린 시절, 봉지 과자에 하나씩 들어 있던 동그란 플라스틱 딱지를 모았던 기억이 있다. 딱지의 주제가 세계의 유적지였고 그중에는 '멕시코, 치첸이트사'의 그림도 있었다. 그 피라미드가 눈앞에 딱 나타났다. 서기 450년경 지금의 과테말라 지역에서 이주해 온 마야 족의 한 부족인 이트사 족이 처음 건설을 시작했고, 1000년경 멕시코 북부에서 이주한 톨텍 족이 200년에 걸쳐 완공했다는 세계적인 유적지. 2007년 '새로운 세계 7대 불가사의' 건축물 중 하나로 선정되기도 했다. 마야의 달력과 우주관을 형상화한 마야의 뱀신(神) 쿠쿨칸 피라미드를 중심으로, 여러 개의 신전, 천문대, 수녀원, 경기장, 기우제를 지내던 80미터 깊이의 우물 '세노테'를 둘러보았다. 또 치첸이트사는 인간의 심장을 올려놓았다는 재단 차크몰chac mool이 있는 곳이다. 해골 조각도 유난히 많다. 고리에 공을 넣는 경기에서 패배한 선수들도 산 재물이 되었고 세노테 우물에는 주로 여자아이들이 던져졌다고 한다. 인신공양이 이루어지던 종교와 정치, 사회, 문화란 어떤 모습과 감정이었을지, 지금으로서는 이해하기 어려운 먼 옛날의 이야기로 느껴졌다.

한 나라를 대표하는 유적지, 유네스코가 인정하는 세계문화유산, 미디어와 책에서 추천하고 사람들이 얘기하는 장소, 그 수많은 곳들 중 하나인 치첸이트사를 직접 보았다, 는 만족감은 있었지만 엄청나게 놀랍거나 감동을 받지는 못했다. 이트사 족의 땅이 세계 각국의 관광객들로 가득 찬 정오 무렵 우리는 메리다로 가는 버스를 잡아탔다.

##  여행자의 천국 산 크리스토발 거리의 아이들

16세기부터 유카탄 주의 중심지였던 메리다는 활기차고 고풍스러웠다. 20세기 초반에는 인구 대비 가장 많은 백만장자가 살았던 부자 도시였다고 한다. 광장과 시장을 실컷 구경하며 며칠을 지내고, 야간 버스로 열두 시간을 달려 2,200미터 산맥에 자리한 작은 도시 '산 크리스토발 데 라스 카사스'로 이동했다. 긴 지명을 제대로 발음하는 데 며칠이 걸렸다. 고도가 100미터씩 높아질 때마다 온도는 0.6도씩 떨어지니, 바닷가 유카탄과 이곳의 온도 차이는 약 13도. 이게 얼마만의 선선한 날씨인지, 하룻밤 사이에 세상이 변했다.

산 크리스토발은 식민지 시대 광산 개발을 위해 형성된 도시로 지금도 스페인식의 좁은 자갈길과 붉은 지붕들이 그대로 남아있다. 과테말라와 국경을 마주한 치아파스 주의 중심지이고 주민 대부분이 마야 족이다. 광산업이 주산업이지만 1974년 정부에 의해 역사 기념 도시로 지정된 후 관광업도 성장하고 있다. 숙박비와 식비가 저렴하고, 상쾌한 날씨에 볼거리도 많아서 장기간 머무는 여행자들이 많다. 나와 친구도 일정을 늦춰 일주일 동안 머물렀다. 매일 해 질 녘이 되면 중심가 차 없는 거리에는 멋스럽게 차려입은 온 세상 여행자들이 저마다 자리를 잡고 수공예품을 팔거나 거리 공연을 열었다.

치아파스 주는 멕시코에서 가장 가난한 지방으로 무장 혁명 단체 사파티스타 민족해방군(Ejército Zapatista de Liberación Nacional; EZLN)의 본거지이다. 사파티스타라는 명칭은 1910년대 멕시코 혁명 당시 농업 개혁을 주장했던 남부 해방군 사령관 에밀리아노 사파타에서 비롯했다. 사파티스타 민족해방군은 제도혁명당(PRI)의 일당독재와 신자유주의 세계화에 저항한다. 농민 생존권을 위한 정책인 옥수수 수입 제한, 커피 가격 보조금, 공동 토지 소유를 포기하며 체결된 북미자유무역협정 나프타NAFTA에 반대해 1994년 치아파스 다섯 지역을 점령하고 정부군과 전투를 벌였다. 1996년 정부는 원주민들의 자치권을 인정하겠다는 협정을 맺었지만 시행은 지지부진했다. 사파티스타 민족해방군의 활동에 대한 평가는 분분하다. 23개 지역의 협의에 의해서만 활동하는 민주적 자치 공동체에 가깝다고 보는 주장이 있는 반면, 사파티스타 역시 또 하나의 권위적인 권력이 되었다

▲San Cristobal de las Casas, D. Jef
"우리는 노래하는 방랑자. 말은 안 통해도 음악은 통한다네."
▼San Cristobal de las Casas
"씽코 페소! 씽코 페소! 저 어린아이들이 싱코 페소를 셈할 줄이나 알까요?"

고 보는 시각도 있다.

거리의 상점들에는 사파티스타 기념품이 가득했다. 화가 베아트리스 오로라Beatriz Aurora의 사파티스타 그림엽서에는 그들이 지향하는 가치들, '평화Paz, 자유Libertad, 민주주의Democracia, 독립Independencia, 건강Salud, 직업Trabajo, 토지Tierra, 빵Pan, 교육Educacion, 기술Techo, 문화Cultura' 등의 단어 팻말을 든 '여남 노소' 다인종의 사람들과 동물들이 어우러져 있었다. 그 이념과 상징들은 정의롭고 감동적이었다. 하지만 여행자의 '천국'이라 불리는 이곳에서 수많은 원주민 아이들은 거리의 생활을 하고 있었다. 학교에 가지 못하고 음식도 제대로 먹지 못한 채, 오전부터 밤까지 관광객들에게 손을 내밀어 장사를 하는 예닐곱 살 아이들. 기념품이 잔뜩 담긴 짐가방을 메고, 껌과 사탕이 진열된 좌판을 들고, 동전 몇 개를 벌어서 거리 음식으로 허기를 달래는 아이들. 물건을 파는 데 관심이 있는 건지 없는 건지 아무런 표정 없이 그저 하루종일 거리를 맴돌며 "싱코 페소, 싱코 페소(5페소)"를 되뇌는 아이들.

"저 아이들은 싱코 페소를 셈할 줄이나 알까요? 저 아이들 얼굴을, 눈을 못 쳐다보겠어요."

산 크리스토발 관광청이 자랑하는 '스페인 식민지풍 자갈길 도로'를 걷다가 친구가 말했다.

원주민, 빈민의 권리와 평화를 추구하는 사파티스타의 가치는 아직 이 땅에서 실현되지 않은 것 같았다. 한 가지 모습을 통해 그 사회를 판단할 수는 없지만, 너무나 가난한 거리의 아이들과 원주민의 삶이, 사파티스타의 주장처럼 나아지지 않는 한, '여행자의 천국'은 진정한 천국이 될 수는 없을 것이다. 캄보디아와 인도의 관광지에도 "원 달러"를 외치며 작은 손을 내미는 거리의 아이들이 많았다. 지구별 어디를 가든, 가난한 땅에 있는 '여행자의 천국'이란 이런 슬픈 모습일 것이다.

> "유럽인, 미국인들은 온 세계로 여행을 많이 다니잖아. 나랑 내 친구처럼. 그런데 가난한 나라의 가난한 사람들은 평생 단 한 번도 다른 나라로 여행을 갈 수가 없어. 나는 그게 아주 불공평하다고 느껴. 그래서 슬퍼. 그 사람들도 여행을 할 수 있는 세상이 되도록 무언가 내가 할 수 있는 일을 하고 싶어. 그게 내 꿈이야."

산 크리스토발 최저가 도미토리 숙소에서 만난 파란 눈의 프랑스인 피에르Pierre 씨가 말했다. 많은 여행자들이 거리의 아이들과 노점의 원주민들을 마주하며, 이런 불공평한 세상에 대해 슬픔을 느낄 것이다. 1492년 콜럼버스와 정복자들이 아메리카에 온 이후, 또 다른 침략자들이 아프리카에 간 이후, 이 불공평한 세계의 구조는 21세기 지금까지도 큰 변화 없이 견고하다. 수십 년 동안 급속한 경제성장을 이룬 남한 국민인 나는, 몇 년 동안 일하며 아껴 모은 돈으로 세계 여행을 떠날 수 있었다. 하지만 이곳 치아파스의 가난한 아이들은 평생을 일해도 세계 여행을 꿈꾸기 어려울 것이다. 세상은 정말로, 조금씩, 공평해지고 나아지고 있는 걸까. 짧은 마주침과 슬픔의 감정 이후에, '무언가' 변화를 위해 우리가 할 수 있는 일은 무엇일까.

# 2

# 국경을 건너 화산을 지나

## 악명 높은 치킨버스를 타다

멕시코 산 크리스토발에서 친구와 헤어져 다시 외톨이 여행자가 됐다. 친구는 멕시코 북부 아즈텍의 땅으로, 나는 멕시코 남쪽 국경 너머 과테말라로 방향을 정했다. 중미는 특히 위험하다는 이야기를 많이 들었지만 가능하다면 육로를 통해 남미의 끝까지 가보고 싶었다. 각자의 여행을 하다가 또 길이 이어진다면, 페루나 칠레, 남미 땅 어딘가에서 다시 만날 수 있기를 기약했다.

다시 혼자. 아데오ADO와 오리엔떼Oriente라는 대기업에서 운영하는 깨끗하고 안전한 버스를 포기하고 '콜렉티보'라 부르는 15인승 미니버스를 탔다. 운임이 대형 버스보다 조금 저렴했고 옆자리 승객과

거리가 가까워 허벅지가 붙었으며 빈자리 없이 가득히 봇짐과 닭장이 실렸다. 닭도 멀미가 나는지 차가 흔들릴 때마다 목청껏 울어댔다.

소도시 코미탄에서 콜렉티보를 갈아타고 멕시코 과테목Cuauhtemoc과 과테말라 라 메시아La Mesilla 국경에 닿았다. 이곳 국경에는 철조망도 담벼락도 없었다. 한반도의 휴전선과 달리 총을 든 군인이 없는 자유로운 국경이었다. 표지판과 작은 사무소만이 이곳이 두 나라의 경계임을 알려주고 있었다. 멕시코와 과테말라 마을 사람들은 여권과 비자 없이도 국경을 오가며 장사를 하고 친구를 만났다. 남은 멕시코 돈 3,016페소(한화 18만 원)를 과테말라 케찰로 환전했다. 환율은 멕시코 쪽이 훨씬 높았다. 과테말라 국경 사무소 직원이 10케찰(1500원)을 요구해 선선히 주었는데, 이게 공식 비용이 아니라는 것을 나중에야 알았다. 주의를 기울여 환전 사기는 면했으나 국경 공무원의 '웰컴 사기'는 꼼짝없이 당했다. 어쨌든 그때는 기쁘게 여권에 도장을 받고 과테말라 거리를 걷기 시작했다.

같은 중미 땅에서 국경이라는 선을 하나 넘었을 뿐인데 뭐가 많이 달라지려나 했는데, 조금씩 멕시코와는 다른 것들이 보여서 흥미로웠다. 같은 스페인어를 쓰지만 간판에 적힌 단어가 달랐고 음식이 달랐고 중고 옷을 파는 가게가 많았다. 십오 분을 걸어 도착한 버스 터미널은 멕시코 대기업에서 운영하는 터미널과 매우 달랐다. 매표소와 대합실 없이 주차장에 버스들만 모여 있는 터미널이었고 화장실도 없는 와중에 저기 담벼락에 서서 오줌을 누는 남성들이 몇 명 보였다. 딱히 타인의 시선을 피할 생각도 없는 위치 선정과 당당함이었다. 현지 스타일로 노상 방뇨를 해야 하나 고민했다.

버스의 생김새는 더 달랐다. 악명 높은 과테말라의 '치킨버스'였다. 닭장처럼 승객을 많이 태워서인지 승객의 짐 중에 닭들도 많아서인지, 이름의 유래는 확실치 않다. 하나같이 블루 버드Blue Bird라는 회사의 버스인데 미국에서 스쿨버스로 운영되다가 낡으면 헐값에 과테말라로 팔려 오는 버스라고 한다. 미국에서는 노란색이지만 과테말라에서는 온갖 색으로 화려하게 도색된다. '생존 스페인어'는 여기서도 통하니 수월했고, 버스 기사와 차장들은 대부분 무척 친절했다. 자신의 버스를 탈 승객이 아닌데도 기꺼이 내 목적지로 가는 버스와 담당 차장에게로 데려다주었다. 나는 정해진 일정도 목적지도 정보도 없었으므로 대충 지도를 보고 저녁에는 도착할 거리의 남쪽 도시 우에우에테낭고와 케찰테낭고 방향 버스를 탔다. 특이한 지명 '테낭고'는 '땅'을 의미한다.

'케찰'은 멸종위기의 비단날개새과 열대 조류로 과테말라의 국조(國鳥)이고, 화폐 단위 이름으로도 쓰인다. 멕시코 치아파스 주도 이천미터 고지대였는데 과테말라 북부는 산세가 훨씬 가파르고 험했다. 중앙차선도 없는 꼬부랑 산길을 알록달록 버스들은 곡예를 하듯 미끄러지며 달려갔다. 남미 인기 가요 칸초네를 크게 틀고 차장은 버스 입구 발판에 서서 목적지를 외치며 승객을 모았다. 마을마다 정차하고 길가에서 손을 흔드는 사람도 모두 태웠다. 곧 버스가 가득 찼다. 거대한 산맥에 구름이 걸려 비가 내렸다 그쳤다 했고 추위가 몰려왔다.

▲Antigua Guatemala
"우리도 언젠가 너처럼 다른 나라를 여행하고 싶어."

우에우에테낭고 주유소 공짜 화장실에서 참았던 오줌을 누고 긴 옷을 꺼내 갈아입었다. 완전히 어두워지고서야 케찰테낭고에 도착했다. 버스 종점은 주유소 주차장이었고 국경 터미널과 마찬가지로 부슬비를 피할 대합실이 없었다. '과테말라 전국에 대합실은 없겠구나' 하고 짐작했다. 낯선 나라에서의 첫 밤이 조금 무서웠지만 같이 내린 승객들이 인사를 건네주어 조금은 따듯했다. 도시의 보행로 곳곳은 비포장이라 질퍽질퍽했고 어둑한 시장 골목에는 장총을 든 경비원이 나를 쳐다보고 있었다. 아무래도 텐트를 칠 곳을 찾기는 무리라 근처의 낡은 호텔들 중 비교적 저렴한 '호텔 네바다'로 들어갔다. 70케찰(한화 10500원)은 나에게는 큰 숙박비였지만 다른 방법이 없었다. 무서운 과테말라도 와이파이는 똑같았다. 가족과 친구들에게 생존을 알리고 지도를 살펴본 뒤 곧 잠이 들었다.

아침이 밝았다. 지난밤 험악해 보이던 케찰테낭고 골목길은 그리 위험한 곳이 아니었다. 하루를 보냈다고 과테말라에도 조금 적응이 되었나 보다. 세상에서 가장 아름다운 호수라고 불린다는 아티틀란 호수의 중심지 파나하첼로 가는 버스를 탔다. 해발고도 1,562미터에 자리한 신비로운 호수. 8만4000년 전 화산이 폭발하며 커다란 구멍이 파여 생겨난 호수라고 한다. 과테말라에 오기 전에는 이름도 모르고 정보도 없었지만 남쪽으로 향하는 길과 멀지 않아 들렀다 가기로 했다. 3,000미터를 넘나드는 험난한 산맥, 그중에서도 산 페드로, 톨리만, 아티틀란 세 개의 화산 속에 감춰진 거대한 호수는 과연 경이로웠다. 호숫가 선착장 공원 한쪽에 지붕이 있는 작은 전망대가 있었다. 인적이 드물고 텐트를 치기에 안성맞춤이었다. 스페인어 사전을 검색해서 전망대 옆 음료수 가게 청년에게 물었다.

"호이 노체, 푸에데 깜빠냐 아끼? Hoy noche, Puede campana aqui?

오늘 밤 여기에 텐트를 쳐도 괜찮나요?"

"씨 씨 Si si! 괜찮아요 괜찮아!"

"그라시아스! 고마워요!"

그 청년에게 전망대에 대한 관리 권한이 있는 것 같진 않았지만 현지 사람이 괜찮다고 하니 위험한 곳은 아닐 거라는 용기가 생겼다. 마침 옆에 상인들이 이용하는 수돗가가 있어 대충 손발을 씻을 수도 있었다. 화산 너머로 지는 노을을 바라보고 일찍 텐트로 들어갔다. 깔개와 침낭을 펴고 누웠는데 텐트를 두드리는 작은 소리가 들려왔다. 불안한 마음으로 문을 열어보니 이런, 텐트 모서리에 노란 물에 묻어 있었다. 공원에 집 없는 개들이 많았는데 그중 하나가 기어이 내 작은 텐트에 오줌을 싼 것이다. 다행히 오줌의 양은 적었지만 휴지로 몇 번을 닦아내도 찝찝함이 남았다. 나그네에게 밤을 쉬어 갈 좋은 장소는, 집 없는 개들에게도 똑같이 좋은 장소였으리라. 내가 개들의 공간을 무례하게 침범한 것이다.

"하루만 자고 갈게, 개들아! 제발 내 텐트에 오줌 좀 싸지 마! 부탁이야!"

하지만 내가 잠든 깊은 새벽, 개들은 텐트 다른 쪽 모서리에도 오줌을 싸 두었다. 역시 노숙은 쉽지 않은 일이다. 때로는 사람을 때로는 동물을 조심해야 한다. 그래도 쏟아지는 소나기를 피해 하룻밤을 쉴 수 있었으니 얼마나 다행인지…

하나둘 주민들이 호숫가로 새벽 운동을 나왔다. 또 하루 노숙의 밤이 지나고 밝아오는 고마운 아침이다. 호수를 둘러싼 세 개의 화산 봉우리에 구름이 다 걷히기를 기다리다가 자리를 털고 일어났다. 다시 곡예하듯 쌩쌩 달리는 과테말라 치킨버스를 타고 안티구아 과테말라, 과테말라의 옛 수도로 이동했다.

## 얼마 전 폭발한 푸에고 화산 옆에서

지금의 여행 이야기를 인터넷 언론 〈오마이뉴스〉에 연재하고 있지만, 정작 나는 뉴스를 자주 챙겨 읽지는 않는다. 포털 사이트의 개인 메일함을 확인하다가 첫 페이지에 있는 수많은 기사 제목을 보게 되지만 대부분 그냥 지나치고 만다. 미국을 여행하던 6월, 친구가 SNS로 알려주어 과테말라에서 화산이 폭발했다는 소식은 들었지만 기사를 찾아보거나 큰 관심을 기울이지는 않았다. 나와 멀리 떨어져 있는 세상의 수많은 재난에 대해서, 혼자만 생각하고 사는 이기적인 나는 참 무관심하다.

폭발 후 두 달이 지난 8월 안티구아에 도착해서야, 바로 옆 마을이 2018년 6월 9일 화산 폭발로 수많은 사람이 생명을 잃은 곳이라는 것을 알게 됐다. 안티구아를 둘러싼 세 개의 화산, 아구아, 아카테낭고, 푸에고 화산 중 스페인어로 '불'을 뜻하는 푸에고 화산이 바로 얼마 전 폭발해 세계의 뉴스를 뜨겁게 달궜던 화산이었다. '재난으로 수많은 사람이 죽은 곳에 여행을 하러 와 있다니', 저절로 마음이 숙연해졌다.

안티구아는 1500년대 중반부터 1773년 지진으로 도시가 파괴될 때까지 200여 년간 스페인 식민 정부가 있던 곳으로 지금은 인구 3만5천 명이 사는 작은 도시다. 1979년 유네스코 세계유산에 등재되었고 오래된 성당과 광장, 좁은 골목들이 아름다워 많은 여행자들이 찾는 곳이다. 하루 25케찰(3700원)의 저렴한 숙소가 있어 나도 아흐레나 머물렀다.

'캠핑 앤 트래블' 숙소 옥탑에는 비만 겨우 피할 수 있게 만든 나무 지붕 아래 텐트들이 다닥다닥 붙어 있었다. 비록 얇은 텐트 천 한 장으로 나누어져 있지만 개인 공간이어서 도미토리보다 오히려 더 편안했다. 똑같은 텐트라도 거리에서 혼자 노숙할 때와는 큰 차이가 있다. 불안한 마음으로는 편한 잠을 이루기 어려운데 안전이 보장되니 텐트에서도 잘 잠들 수 있었다. 숙소에 지불하는 돈은, 시설과 서비스를 구매하는 것에 앞서 안전을 보장받는 비용이라는 생각이 들었다.

여행자들에게 스페인어 개인교습을 하며 여비를 보태는 온두라스 동갑내기 청년 아마데오 마타Amadeo Mata 씨, 체 게바라처럼 남쪽에서 북쪽으로 2년 동안 라틴 아메리카를 여행 중인 우루과이 여행자 알도Aldo 씨와 조금씩 친해져 거리 구경을 함께 다녔다.

안티구아 터미널 길목에서 여행자들에게 화산 투어 신청을 받는 관광 가이드 후안 씨는 마주칠 때마다 1박 2일 화산 투어를 권했다. 안티구아에 왔다면 꼭 가야 하는 곳이고 너무나 아름답다고 강조했다. 몇 번 안내를 들으니 가보고 싶은 생각도 조금 들었다. 세 번째 마주쳤을 때 조심스레 푸에고 화산 사고와 화산 아랫마을 사람들에 관해 물어보았다.

"관공서에서 대피 경보를 울렸는데, '설마 폭발할까' 예사로 생각하고 피하지 않은 주민들이 사고를 당했어. 한꺼번에 다 목숨을 잃은 가족들이 많지. 몇 주 동안은 화산 출입이 통제됐는데 얼마 전부터 다시 투어가 시작 됐어."

이건 후안 씨의 생업이고 또 다른 많은 현지 관광업 종사자들의 생활이 달린 일이니, 푸에고 화산 투어는 계속될 것이다. 번화가 횡단보도에는 화산 사고 후 복구를 하는 공공기관의 직원들이 모금을 받고 있었으나 가난한 여행자인 나는 많은 돈을 기부할 수가 없었고, 저멀리 푸에고 화산에 구름이 걸힐 때마다 돌아가신 분들의 명복을 비는 것밖에는 할 수 있는 일이 없었다.

정든 옥탑 텐트 숙소 친구들과 작별하고, 화산의 도시 안티구아를 떠났다. 수도 과테말라시티에서 사흘을 머물며 온두라스, 니카라과, 코스타리카로 이어질 여정을 계획하고, 엘살바도르 국경으로 가는 버스를 탔다.

# 엘살바도르, 온두라스, 니카라과

## 중앙아메리카 1일 1국경 넘기

중미는 위험한 남미보다 더 위험하다는 얘기를 많이 들었다. 멕시코에는 산적이 많고, 온두라스와 엘살바도르는 살인율이 세계에서 제일 높고, 니카라과는 미국이 지원한 잔인한 반군이 활동했고, 파나마에는 독한 모기가 많다는 얘기들. 하지만 직접 만난 멕시코에는 산적이 없었고, 과테말라 사람들은 참 친절했으며 수도 과테말라 시티에서는 외국인 여행자에게 시내버스 요금도 받지 않았다. 그래도 나는 겁이 많은 사람이라 엘살바도르, 온두라스, 니카라과를 되도록 빨리 이동하기로 마음먹었다.

특히 니카라과는 2018년 5월부터 정부의 사회보장제도 개악에 저항하며 전국적인 반정부 시위가 계속되고 있고 정부는 폭력 진압을 하고 있었다. 멕시코와 과테말라에서 만난 여행자들은 니카라과를 피해 비행기로 코스타리카나 콜롬비아로 이동한다고 했다. 모두가 니카라과행을 말렸다. 니카라과의 대한민국 대사관에 전화를 걸었다. 매우 위험하니 되도록 여행을 자제하라는 답변을 받았다. 하지만 비행기는 비싸고, 내 계획은 가능한 육로로 이동하는 것. 니카라과 입국 자체가 금지된 것은 아니니까 부딪혀 보기로 했다. 과테말라-엘살바도르 국경부터 온두라스를 지나 니카라과-코스타리카 국경까지는 최단 거리로 753킬로미터, 어디서 어떻게 몇 번의 버스를 타야 할지 알 수 없지만, 그래도 이틀이면 이동할 수 있으리라.

8월 12일 아침 일찍 과테말라시티를 떠나 국경 바예 누에보Valle Nuevo에 닿았다. 리오 파즈Rio Paz, '평화의 강'을 건너니 엘살바도르였다. 과테말라와 크게 다른 점은 버스가 천천히 달린다는 것이었다. '치킨버스'와의 이별이었다. 같이 국경을 넘은 모녀도 버스가 편안해져서 좋다는 엄지 '따봉' 제스처와 웃음을 보내왔다. 아우아차판을 지나 산타아나의 큰 슈퍼마켓에서 식량을 보충하고 수도 산살바도르로 가는 버스로 갈아탔다. 엘살바도르는 자국의 화폐가 없고 미국 달러를 사용한다. 슈퍼마켓의 빵과 과자들도 유난히 미국 제품이 많았다. '판아메리칸 하이웨이Pan-American Highway'를 타고 널리 퍼져있는 미국의 영향력이 느껴졌다. 산살바도르에서 온두라스 국경 방향 산타로사로 가는 버스로 갈아탔을 때는 해가 지고 있었고 어둠과 함께 비가 내렸다. 터미널 주변 현지인들에게 물어물어, 몇 번의 거절 끝에 노래방 이층 공사 중인 테라스에 텐트를 칠 수 있었다.

해가 뜨자마자 엘 아마티요El Amatillo 국경 마을로 이동했다. 온두라스 남부 도시 촐루테카를 거쳐 몇 시간 만에 과사울레Guasaule 니카라과 국경에 닿았다. 국경의 다리 니카라과쪽 표지판에는 일본 국기가 붙어 있었다. 2017년 일본으로부터 받은 경제 원조를 기념하기 위한 것이었다. 대규모 시위로 인해 입국이 금지되지는 않았지만 다른 국경들보다 직원이 요구하는 서류가 많았고 여러 차례 돈을 요구해서 조금 의심스러웠다.

과테말라, 엘살바도르, 온두라스, 니카라과, 코스타리카 다섯 개 나라는 1823년부터 1840년까지 중앙아메리카연방공화국이라는 한 나라였다. 중미에 크고 강한 국가가 들어서는 것을 원하지 않은 강대국 미국의 견제와 내전으로 인해 와해되었지만 이후에도 여러 번 연방 시도가 있었다고 한다. 코스타리카를 제외한 네 나라는 'CA4(Central America 4)'를 결성해 통합 국경을 설정했다. 네 나라를 모두 포함해 90일까지 체류할 수 있고 이 나라들 사이에서는 국경 도장도 찍어주지 않았다. 마주치는 니카라과 사람들에게 지금 이 나라를 여행하는 게 위험하냐고 물어봤는데 하나같이 그렇지 않다고 대답했다. 그래도 걱정이 아주 사라지지는 않았다. '위험'을 강조하는 미디어의 영향력은 강력해서 신경을 곤두세우지 않을 수 없었다.

▲Jinotepe
무사히 아침이 왔다.
여행자들이 모두 피해 가는 니카라과에까지 와서 노숙을 하다니, 왠지 모를 감격이 느껴졌다.

## 시위 중인 니카라과를 지나

니카라과 서부 모모톰보Momotombo 화산이 있는 솔로틀란 호수를 지나 수도 마나과에 도착했을 때는 다시 깜깜한 밤이 왔다. 바쁜 버스 차장들을 다급히 붙잡고 코스타리카 국경으로 가는 버스가 있냐고 물어보자 '히노테페Jinotepe'라는 이름을 알려주었다. 도심에 있는 다른 버스 터미널 이름인 줄 알았는데 버스는 점점 마나과에서 멀어지더니 굽이굽이 불빛 한 점 없고 안개가 가득 낀 높은 산으로 올라갔다. 갑자기 추위까지 닥쳐왔다. 앞자리 청년이 옷을 꺼내 입길래 나도 배낭을 뒤적였다. 깜깜해서 옷을 못 찾고 있는데 작은 불빛이 비쳤다. 청년이 켜 준 휴대폰 플래시였다. 내가 옷을 다 입을 때까지 기다려주고는 미소를 던졌다. 나도 “그라시아스!” 하고 엄지손가락을 내밀었다.

정해진 숙소가 없이 낯선 곳에서 밤이 올 때면 늘 무서운데, 현지인의 작은 친절은 정말 따듯하고 큰 힘이 된다. 이런 정겨운 사람들 덕분에 나는 여행을 계속할 수 있는 것이다. 히노테페 중앙 공원에는 인사를 건네도 받지 않는 약에 취한 듯한 사람들이 있어서 다시금 무서움과 불안을 느꼈다. 은행 주차장 옆에 비를 피할 공간이 있고 종종 경비원도 소변보러 가는 길에 순찰을 도는 듯해, 허락을 받고 텐트를 쳤다. 무사히 아침이 왔다. 여행자들이 모두 피해 가는 니카라과에까지 와서 노숙을 하다니, 왠지 모를 감격이 느껴졌다.

시위와 탄압으로 매우 불안정한 상황이라고 하지만 니카라과 여행자가 나만은 아니었다. 히노테페에서 남쪽 도시 리바스로 가는 길, 작은 마을 도로변에 주황색 텐트를 친 자전거 여행자를 스쳐지났다. 버스로야 하루면 지나갈 수 있지만 자전거로 니카라과를 가로지르려면 며칠이 걸릴까. 오로지 자신의 체력으로 페달을 저어 세상을 여행하는 자전거 여행자들이 존경스러웠다.

중앙아메리카 최대의 담수호 코시볼카 호수를 보기 위해서 리바스에서 라비르겐이라는 작은 마을로 가는 버스로 갈아탔다. 니카라과도 과테말라처럼 화산이 많지만 고도가 낮아 느낌이 또 달랐다. 마을에 내려 호숫가로 가니 바람이 강하게 불고 파도가 쳤다. 커다란 호수 한가운데 콘셉시온 화산과 마데라스 화산이 떠 있어 신비로웠다. 두 화산은 ‘오메테페’ 섬을 이루고 있는데, 나우아틀어로 ‘두 개ome의 산tepetl'을 뜻한다.

북쪽에서 남쪽으로 니카라과를 거의 다 종단하는 동안 시위대를 보거나 폭력적인 분위기를 느낀 적은 한 번도 없었다. 위험하지 않으니 호수를 바라보며 하루를 더 보낼까 고민하고 있는데 갑자기 풀숲에서 통통한 동물이 괴성을 지르며 달려왔다. 부딪혔다간 호수에 빠질 것 같은 위치였다. 화들짝 뒷걸음을 치며 피하고 보니 커다란 돼지였다. 내가 호수와 화산을 감상하며 서 있던 자리는 돼지의 구역이었던 것이다. 돼지는 만족스럽게 꿀꿀거리며 더 이상 쫓아오지는 않았다. 사육하는 돼지도 여차하면 사람을 공격할 수 있다는 걸 처음 알게 됐다.

무서운 돼지 핑계를 대며, 거친 바람 부는 호수에 더 머물지 않고 코스타리카로 넘어가기로 했다. 국경 페나스 블랑카스Penas Blancas까지 가는 길은 한적해서 아름다웠고 거대한 풍력발전기들만이 바쁘게 돌고 있었다. 버스가 잘 다니지 않는 길이라, 걷다가 손을 흔들어 히치하이킹을 했다. 차를 태워준 사람은 국경지대에서 일하는 건설 기술자 마르코스 곤살레스Marcos Gonzalez 씨였다.

"지금 지나는 이곳이 원래 국경이었는데 전쟁으로 국경이 조금 옮겨졌어요. 니카라과는 오래전부터 지금까지 정치가 항상 불안정하죠. 니카라과 국민들은 요즘 일어나는 시위와 폭력 진압 상황이 특별할 것도 없다고 생각해요. 권력자와 정치인들은 언제나 나빴지만, 니카라과 국민들은 대부분 선량하고 좋은 사람들이에요. 아름다운 자연은 더 말할 나위가 없지요."

# 코스타리카, 파나마

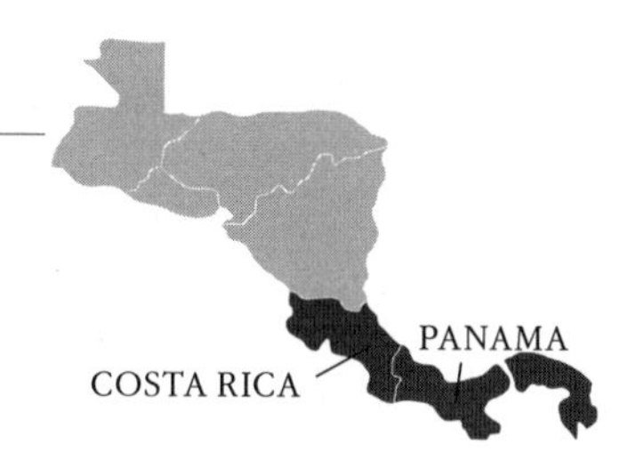


## 군대가 없는 나라, 마약이 많은 나라

'풍요로운 해안'이라는 뜻의 코스타리카Costa Rica. '푸라 비다Pura Vida, 순수한 삶'이라는 단어를 매일같이 인사말로 주고받는 나라. 중남미 이웃 국가들과 달리 정치 상황이 안정적이고 행복지수가 높으며, 1961년 무상 의료 제도를 시행한 나라. 코스타리카는 세계 지표 면적 0.1퍼센트의 땅에 지구 생물종 5퍼센트가 사는 종 다양성과 자연의 나라이기도 하다.

무엇보다 징병제 국가, 분단국가인 남한 국민으로서, '군대가 없는 나라'는 어떤 모습일지가 가장 궁금했다. 코스타리카는 1949년 법 개정을 통해 군대를 없앴다. 엘살바도르, 온두라스, 니카라과를 지날 때는 불안함에 서둘렀는데, 코스타리카에 입국할 때는 기대감이 컸다.

여행 비용의 많은 부분은 이동비와 숙박비다. 숙박비를 아끼고 교류도 할 수 있게 여행자와 현지인을 연결하는 몇 가지 인터넷 서비스가 있다. 몇 년 전 아시아를 여행할 때는 중국과 캄보디아에서 카우치서핑couchsurfing을 통해 잠자리를 해결하고 현지인들을 만났다. 우프wwoof, 헬프엑스helpx, 워크어웨이workaway는 여행지에서 자원활동을 하고 숙식이나 숙박을 제공받으며 교류할 수 있는 세계적인 인터넷 시스템이다. 중남미에서는 워크어웨이를 많이 사용한다고 해서 연회비 38달러를 내고 가입했다. 과테말라시티에 머물 때 코스타리카에 사는 이브 가르시아 베빌Eve Garcia Bevill 씨와 연락이 닿았다. 니카라과 국경과 많이 멀지 않은 곳이라 코스타리카에 입국하자마자 그의 집을 찾아 나섰다. 중간 기점 라이베리아 터미널에서 국제전화를 걸어 처음으로 목소리를 확인했다. 소도시 산타크루즈에서 버스를 타고 산후아디요 해변 옆 로사리오강에서 내리면 집이 보일 거라는 안내를 받았다. 정확한 주소를 알려주지 않아서 좀 이상했지만 워낙 오지라서 그러려니 생각했다.

산타크루즈에서 산후아니요로 가는 버스는 하루 두 대로, 오후 세 시가 막차였다. 꼼짝없이 하룻밤을 기다려야했다. 인적 드문 공터 주차장 지붕 아래 텐트를 치고 있는데 한 남성이 다가왔다.

"안녕, 너 어디서 왔어? 여기서 텐트 치고 자려고? 여기가 낮에는 괜찮아 보여도 밤 되면 아주 위험해. 밤마다 마약을 하는 사람들이 모이는 곳이

▲Santa Cruz
"여기는 밤이 되면 위험해. 우리 집 마당에 텐트를 치는 게 나을 거야."
▼San Juanillo, Eve Bevill & Sophie
"국가는 사람들을 옭아매지만 우리는 자유를 찾아 국경 밖으로 떠나지."

야. 네가 가진 물건들 다 빼앗아 갈 거야. 나는 저쪽 마을에 사는데, 우리 집 마당에 텐트를 치는 게 나을 거야. 오 분만 기다려봐, 내가 아내에게 물어보고 다시 올게. 그녀가 우리 집의 '보스'거든. 하하하!"

코스타리카는 안정적이고 아름다운 나라지만, 북미와 남미를 잇는 마약의 통로이고 중독자도 많다고 한다. 산타크루즈처럼 작은 마을에도 곳곳에 마약중독자들이 보였다. 도로에서 마주치는 경찰들은 장총을 들고 있고, 담과 철조망이 높은 집들이 많아서 기대만큼 평화로운 분위기는 아니었다.

잠시 후 그는 부인과 어린 막내딸, 초등학생 아들과 함께 다시 왔다. 말은 잘 안 통하지만 인사를 나누고 옹기종기 판잣집들이 모인 동네에 있는 가족의 집으로 갔다. 친척 가족과 고양이들이 함께 사는 작은 집이었다. 안전한 곳에서 비만 피할 수 있어도 좋은데, 텐트 칠 자리에 안 쓰는 매트를 깔아주고, 저녁밥을 챙겨주고, 텔레비전 리모컨까지 자꾸 손에 쥐여주며 극진한 손님 대접을 해주어서 너무나 감사하고 따듯했다. 이후에 버스 강도를 당하는 바람에, 사람들의 이름을 메모한 수첩까지 도둑맞아 이제는 이름조차 기억나지 않지만 그들의 친절은 오래도록 잊지 못할 것 같다.

### 푸라 비다! 정글의 이브와 소피

다음 날 아침 일찍 산타크루즈 가족이 알려 준대로 니코야로 가는 버스를 탔다. 하지만 니코야에는 로사리오강과 산후아니요 해변으로 가는 버스가 없었다. 지도상으로는 가까웠으나 워낙 시골이라 버스가 다니지 않았다. 다시 산타크루즈로 돌아가기는 싫어서 사마라를 거쳐 노사라까지 간 다음 15킬로미터는 걷거나 히치하이킹을 하기로 했다. 트럭, 승용차, 네발 오토바이, 두 발 오토바이를 차례로 얻어 타고 마침내 로사리오강에 닿았다. 태평양 긴 해변을 따라가는 비포장도로에서 만나는 모든 사람들이 친절했다. 100퍼센트 확률의 히치하이킹! 손을 드는 족족 차들이 멈췄다. 도시와 아스팔트에서 멀어질수록 사람들이 친절하다는 '아스팔트 이론'을 들은 적이 있는데, 코스타리카 시골 사람들이야말로 세상에서 가장 친절해 보였다.

오지까지 들어오니 좋다고 생각한 것도 잠시, 로사리오 다리 주변에는 세 채의 집이 있었는데, 그 어느 집도 이브 씨의 집이 아니었고 그곳에 사는 사람들 아무도 이브와 소피를 몰랐다. 휴대폰에 저장해둔 사진을 보여줘도 전혀 알아보지 못했다. 전화를 대여섯 번 걸어도 받지 않았다. 어떻게 찾아온 길인데. 설마 사기를 당한 걸까. 너무나 당황스러웠다. 또 다른 집에 물어보는 수밖에 다른 방법이 없었다. 다리를 건너 백 미터쯤 더 가니 정글 숲속에 숨은 또 다른 집이 보였고 문을 두드리며 사람을 부르자 사진에서 본 사람이 나오며 반갑게 인사를 했다. 이브 씨였다. 내가 산타크루즈에서 오후 버스를 타는 줄 알았고, 도착 시간에 맞춰 전화기를 켤 생각이었다고 한다. 이리저리 헤매고 엇갈렸지만 결국 만났다. 세 살 여자아이 소피와 강아지를 소개받고 널찍한 방도 안내받았다.

이브 씨는 문신을 해주는 타투이스트이고 예술과 신비주의에 관심이 많아 이곳에 '신비주의 예술과 문신 은신처 Mystic Art & Tattoo Retreat'라는 이름을 붙이고 '워크어웨이'를 통해 세계 여러 나라 여행자들을 초대하며 교류하고 있었다.

"소피를 낳기 전에 나는 미국의 홈리스였어. 이곳저곳 많이도 돌아다녔지. 소피를 낳고 내 삶은 완전히 달라졌어. 정착하게 됐지. 소피를 자연에서 키우고 싶어서 '에어비앤비'에서 이 장소를 찾았고 3년간 계약했어. 소피가 다섯 살이 될 때까지 여기서 살 거야. 소피는 자주 아빠를 보고 싶어 하지만 그와 나는 잘 안 맞아서 같이 살면 계속 싸우게 돼. 따로 사는 게 나아. 비자 때문에 석 달에 한 번씩 미국으로 가야 해. 그때 가족들도 만나고 타투 일을 해서 생활비를 마련하지. 코스타리카는 정말 아름답고 우리는 이곳을 사랑해. 집 앞에는 강이 흐르고, 차를 타고 십 분만 가면 굉장히 멋진 산후아니요 해변이 있어. 요즘 소피는 강이랑 바다에서 수영을 배우고 있지."

내가 그곳에서 한 일은 집 주변을 가꾸는 것과 소피를 함께 돌보는 것이었다. 커다란 칼, 마셰티를 휘둘러 야외 샤워장 주변의 나무를 베고, 청소와 설거지를 하고, 소피가 심심할 땐 베이비시터가 되어 같이 놀았다. 내 영어가 세 살 아이의 말을 다 이해하지 못하는 수준이라는 걸 톡톡히 알게 됐다. 화장실에서 볼일을 보다가 천장에 매달려 있는 주먹만 한 박쥐들과 눈이 마주쳐 깜짝 놀랐다. 밤에는 말 그대로 손바닥만 한 바퀴벌레들이 펄럭펄럭 주방이며 식탁으로 날아다녔다. 용감한 세 살 소피는 전혀 무서워하지 않았지만, 나는 화들짝 화들짝 놀라며 무서워했다.

"코스타리카는 정글이야. 브라질 아마존의 프리퀄prequel(예고편) 같은 곳이지. 코스타리카의 자연을 너무 좋아하지만 솔직히 나도 저 커다란 바퀴벌레만은 적응이 잘 안 돼."

중미는 위험하다는 고정관념이 있는데 실제로는 그렇지 않고 사람들도 친절하다는 여행 이야기를 나누다가 이브 씨가 말했다.

"정부와 권력자들, 대기업 자본가들은 사람들이 국경을 넘어 다니면서 자유롭게 여행하는 걸 싫어해. 미디어는 항상 위험을 강조하지. 그들은 대중들이 그냥 정해진 국가, 정해진 지역 안에서 평생 계속 일하고, 소비하고, 재생산하면서 살기를 바라는 거야."

국가는 국경과 국민을 유지하고 싶어 한다. 자본은 노동자가 더 많이 노동하고, 소비자가 더 많이 소비하게끔 작동할 수밖에 없을 것이다. 여행은 종종 국경 너머, 노동 너머, 소비 너머, 일상 너머의 무엇인가를 상상할 수 있게 할 것이다. 새로운 세상, 좀 더 행복한 삶을 상상하고 살아가고 싶다.

이브 씨와 소피의 오랜 친구가 미국에서 비자를 연장하고 돌아오는 날, 방을 비워주기 위해 나는 떠나기로 했다. 마당에 텐트를 칠 수 있으니 더 머물다 가라고 이브 씨가 말했지만, 주먹 박쥐와 초대형 바퀴벌레가 무섭기도 했고, 오지라 먹거리가 부족해 배가 고프기도 했다. 산타크루즈로 친구 마중을 가는 길, 이브 씨의 오래된 중고 픽업트럭이 고장나 차는 로사리오 강으로 돌아가야 했다. 나는 이곳에 왔던 것처럼 다시 여러 번 히치하이킹을 해서 산타크루즈에 도착할 수 있었다. 차를 태워준 사람들은 인테리어 공사를 하는 이십 대 청년 두 명이었다. 차에서 내리면서 페이스북 주소를 교환하고, 카메라를 꺼내며 물어보았다.

"꾸알 에스 수 수에뇨? Cual es su sueño? 당신의 꿈은 무엇인가요?"

"꿈? 딴 거 없어. 그냥, 언젠가 우리도 너처럼 자유롭게 세계로 여행을 가보고 싶어!"

쿵! 심장을 때리는 대답이었다. 마음이 먹먹해져서 오래도록 떠나는 그들에게 손을 흔들었다. 나의 여행이, 그들에게는 꿈이라니. 여행은 때로 많이 지치고 힘들지만, 좋은 여행을 해야겠다고, 이 길 위에서 만나는 사람들과 따듯함과 행복을 나누고 싶다고 다짐했다.

산타크루즈에서 오후 막차를 타고 밤에 도착한 코스타리카 수도 산호세 거리에는 과연 악명대로 마약중독자와 노숙자가 많아 위험이 느껴졌다. 슈퍼마켓에서 산 빵과 햄으로 대충 샌드위치를 만들어

허기를 달래고 서둘러 시내의 숙소를 찾아갔다. 다음 날에는 도시 변두리의 저렴한 숙소로 옮겨 며칠을 더 머물렀다. 얼마 전 과테말라 전국의 우체국들은 사기업에서 공기업으로 전환되면서 우편 업무가 마비된 상태였다. 안티구아도 과테말라시티도 마찬가지였다. 과테말라에서 쓴 엽서들을 코스타리카 중앙 우체국에 와서야 보낼 수 있었다.

군대가 없고 자연이 아름다운 나라. 그러나 마약과 범죄가 많고 집집마다 철조망이 높은 나라 코스타리카. 독특하고 살기 좋은 이 나라가 더욱 평화로워지기를 바랐다. 떠날 때가 다가왔다.

중미에서의 지난한 버스 여행에 지치기도 했고 국경까지만 가는 버스 가격이 비싸기도 해서, 처음으로 국경을 넘어 주요 도시로 가는 '티카 버스Tica Bus'를 탔다. 여행자들이 많이 이용하는 고급 버스로 코스타리카 산호세에서 파나마 수도 파나마시티까지 가는 직행 버스였다. 1,170미터 높이에 위치해 서늘한 산호세에서 하루를 달려 해발 0미터 파나마시티에 도착했다. 덥고 습하고 숙소가 비싸다는 별것 아닌 이유로, 파나마에 머물기를 포기하고 콜롬비아로 가기로 했다. 멕시코부터 과테말라, 엘살바도르, 온두라스, 니카라과, 코스타리카, 파나마까지 중미 일곱 개 나라를 육로로 지나왔다는 데 의의를 두기로 마음먹었다.

중미와 남미의 경계, 파나마와 콜롬비아 국경 다리엔 지역은, 미국부터 중미 전체를 가로지르는 판아메리카 고속도로가 뚝 끊기는 곳으로 국경을 넘는 육로가 없다. 마약으로도 유명한 무법 지대로 배나 비행기로 건너갈 수밖에 없는 미지의 땅이다. 뱀에 물려 죽는 사람도 많다고 한다. 인터넷을 오래 찾아봐도 별다른 방법이 없어 콜롬비아 수도 보고타행 비행기 티켓을 끊었다.

어린 시절 세계 여행을 꿈꾸며 가장 동경했던 곳이 인도와 남미였다. 여행을 꿈꾸는 많은 한국 사람들이 비슷한 마음을 가진 것 같다. 몇 년 전 배낭여행은 아시아 일곱 개 나라를 지나 인도로 가는 여행이었고, 이번에는 97일 동안 미국과 쿠바, 중미를 지나 드디어 남미의 바로 코앞에 다다랐다.

"마추픽추! 우유니! 이구아수! 파타고니아! 부에노스아이레스! 리우데자네이루! 남미여! 드디어 내가 왔다!"

파나마 공항에서 여행기를 정리하며 이틀을 보냈다. 공항 음식은 비싸니, 히치하이커 잭 케루악이 먹던 샌드위치를 떠올리며 준비해 간 식빵에 땅콩버터를 발라 먹으며 버텼다. 숱한 노숙의 밤과 부실한 끼니들. 그렇게 안 좋아진 건강과 면역력이, 콜롬비아에서 고산병과 대상포진, 그리고 인생 최악의 사고로 다가올 줄은, 그때는 전혀 알지 못했다.

# 3

# 우리의 주머니는 가볍지만 갈 길은 끝이 없다네

# 콜롬비아

## 콜롬비아 응급실에서 인생의 쓴맛을 마주하다

눈을 뜨니 병원이었다. 하얀 형광등, 들것에 실려 엑스레이를 찍고 새하얀 1인실로 옮겨졌다. 오른팔 정맥에 바늘이 들어가고 붉은 핏속으로 주사약이 들어간다. 응급실을 이용하는 건 평생 처음이다. 여기는 머나먼 콜롬비아, 내가 왜 병원에 있는지 알 수가 없다. 어디가 아파서 무슨 약을 주사하는지도 알 수가 없다.

2018년 8월 29일 수요일 정오, 세계 여행 101일째. 남미 콜롬비아 수도 보고타에서 소도시 포파얀으로 가는 16시간짜리 장거리 버스에 올랐다. 5일 전 해발 0미터 파나마시티에서 2,600미터 보고타로 이동한 뒤 하루하루 구토, 두통, 치통, 두드러기 증상이 차례로 나타났다. 아픈 상태에서 장거리 버스를 타는 게 부담스러웠지만, 고산병은 500미터만 내려가도 호전된다는 정보를 읽고 이동을 서둘렀다. 몇 군데 버스 회사 중 저렴한 버스를 골랐다. 승객은 모두 현지인, 배낭을 멘 외국인 여행자는 나 혼자였다.

서울에서 부산까지 450킬로미터는 고속도로로 네 시간이지만, 중남미의 고산지대에서 이동 시간은 꼬박 세 배가 넘게 걸린다. 어서 저지대로 이동해 몸이 좋아지길 바랐으나 버스는 2,000미터, 3,000미터의 거대한 산맥을 꼬불꼬불 오르락내리락, 좁은 좌석에 앉아 있는 시간이 길어질수록 몸 상태는 더욱 안 좋아졌다.

깎아지른 듯한 절벽에 위태하게 놓인 판아메리칸 하이웨이 2차선 도로 위를, 거대한 트레일러트럭들과 버스들이 줄을 지어 행진했다. 구름과 안개가 낀 거대한 산맥에는 듬성듬성 그러나 빠짐없이, 사람들이 살아가고 있었다. 산에서 바나나와 커피 농사를 짓고, 길가에서 장사하며 살아가는 콜롬비아 산맥의 사람들. 아이들과 어른들.

극심한 치통과 편도선의 아픔에도 불구하고 다섯 시간쯤 지나자 배가 고팠다. 챙겨온 토마토 두 개를 꺼내 먹는데 옆자리 콜롬비아 아저씨가 엄지손톱만 한 포장지에 담긴 소금을 건넸다. 나는 토마토를 설탕에 찍어 먹지 소금을 뿌려 먹어 본 적은 없지만 소금이 고산병 완화에 도움이 된다는 글을 본 것 같아 선뜻 소금을 받아 뿌려 먹었다. '단짠'이라던가. 촉촉한 토마토의 단맛과 짜디짠 생소금의 맛이 온몸에 퍼졌다.

"너 어디까지 가니? 어디에서 왔니? 포파얀은 아침 되어야 도착하겠네. 고산병 많이 괴롭지…"

얼굴에 울긋불긋 수포들이 돋아나서 다른 사람의 얼굴을 마주하기가 신경 쓰였는데 아저씨는 전혀 개의치 않았다. 자신의 도시락으로 싸 온 치킨과 비스킷도 나눠 주었다. '몸아 좋아져라, 에너지야 퍼져라', 하며 감사하게 받아먹고 내 초코맛 시리얼도 나눠먹었다.

"이런 거 말고 제대로 요리된 음식을 먹어. 그래야 몸이 낫지…"

자다 깨다 하다 보니 끝이 없을 것 같던 산맥도 끝나고 평지에 다다랐을 때는 깜깜한 밤이었다. 버스 출발 열두 시간째, 자정 무렵 아저씨는 툴루아라는 도시에서 먼저 하차했다. 너무 감사한 마음이 들어 이름과 연락처를 수첩에 받아적었다. 말이 통하지 않아도 나중에 꼭 한 번 전화해서 목소리를 듣고 다시 한번 고맙다고 말하고 싶었다.

아저씨가 내리자마자 그 자리에 또 다른 아저씨가 다가와 앉았다. 곧 내릴 승객이라 앞쪽 자리로 왔나보다 짐작했다. 웨하스 과자를 권하기에 '밤이라 안 먹는다' 사양했다. 콜롬비아 버스에서는 이렇게 서로 음식을 나눠먹는 건가. 두 번 세 번 오렌지맛 음료를 권하기에 밤이 깊어 안 먹는다며 또 사양했다.

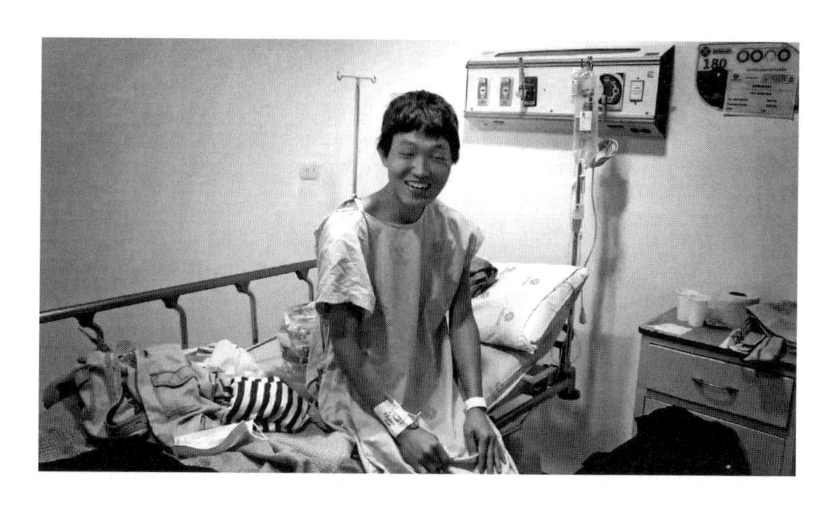

▲Hospital Universitario Departamental de Nariño, Pasto
콜롬비아 응급실에서 인생의 쓴맛을 마주하다.
어제는 강도를 만나고 오늘은 천사를 만나는, 길 위의 시간.

"어디까지 가니? 포파얀이면 아침에 도착하겠네. 나는 파스토까지 가."

비슷한 이야기들이 이어졌고, 빨대까지 꽂아 주며 네 번째로 음료를 권하기에 두 모금 양의 음료를 쭉 빨아 마셨다. 달콤한 오렌지 음료의 맛. 그때가 새벽 두 시였다. 버스는 콜롬비아 평원의 밤을 달리고 있었다.

그 새벽 두 시부터 병원에서 깨어난 오후 두 시까지 열두 시간 동안의 기억이 전혀 없다. 나는 강도가 건넨 오렌지 음료, 강력한 수면 마취제를 마시고 완전히 털린 것이다. 허리의 복대에 숨겨둔 600달러, 보조 가방 속의 지갑과 카메라와 노트, 배낭 속 서류 틈에 숨겨

둔 700달러, 귀국 후 교통카드 충전을 위해 챙겨둔 한국 돈 이만 원, 오천 원짜리 손목시계와 손톱깎이까지 탈 탈 탈 털렸다. 옷가지가 남은 배낭만이 경찰서를 거쳐 하루 뒷날 병원으로 돌아왔다. 왜 내 배낭은 경찰서로, 내 몸은 병원으로 보내진 걸까. 대체 몇 사람의 손을 거쳐 털린 건지도 알 수가 없다.

지난 100일 동안, 그 험하다는 뉴욕에서도 일주일간 노숙했고, 반정부 시위와 폭력 탄압 중이라 여행자들이 아무도 가지 않는 니카라과도 지나며 육로로 파나마까지 9개국을 지나왔다. 드디어 남미, 콜롬비아에 도착했는데 어이없이 모든 계획이 무너지고 말았다. 아메리카, 아라비아, 아프리카로, 아직 가보지 못한 곳들로 세계 일주를 계획하고 떠난 여행인데, 절반도 이루지 못하고 포기를 고민해야 하는 상황이 왔다.

너무나 허망하고, 잃어버린 것들이 아깝고, 기어이 그 음료 두 모금을 마신 게 후회스럽다. 아마도 100일 동안의 여행에서 고생을 많이 하며 약해진 몸으로 긴장감이 떨어져서 강도를 당한 것이리라. 돈 몇 푼을 얼마나 아낀다고 그리 몸을 축내며 다녔는지, 파나마 공항에선 식빵 쪼가리만 먹으며 왜 이틀이나 노숙을 했는지, 스스로가 바보 같고 갖가지 후회가 몰려온다.

돈은 다시 일해서 벌면 되고 카메라는 새로 사면 되지만, 여행 영화를 만들기 위해 촬영한 영상과 사진들은 결코 다시 되돌릴 수가 없다. 여행 중에 만난 다양한 사람들의 서른 번의 인터뷰. 그보다 더 많은 사람들의 감사한 도움으로 여기까지 올 수 있었다. 그 과정과 세계의 모습을 담고 싶었는데, 모든 게 한순간에 먼지처럼 사라졌다.

한없이 쓰라린 인생의 고비다.

그러나 그 도둑 아저씨에게도 버스 강도 일을 할 수밖에 없는 사정이 있으리라. 그리고 불행 중 다행히도 몸을 해하지 않았고, 여권과 카드 한 장을 가져가지 않았다. 촬영 자료는 찾지 못하더라도 그 만남과 관계, 풍경은 내 존재 속 어딘가에 새겨져 있고 글로 기록할 수도 있다.

강도를 당해 응급실에 실려 와서야 내가 대상포진에 걸렸다는 것을 알았다. 단순히 고산병으로 아픈 게 아니었다. 대상포진은 면역력이 심하게 떨어졌을 때 걸리는 병이다. 아직 여행의 초반인데 건강관리에 완전히 실패한 것이다. 이어지는 후회와 눈물. 후회와 눈물은 자료를 찾는 데는 전혀 도움이 되지 않는다.

> "제 카메라는 작지만 제 꿈은 큽니다. 감사히 여행하고, 좋은 영화를 만들고 싶어요."

만나는 사람들에게 이야기하곤 했다.

꿈은, 이루라고 있는 게 아니라, 깨지라고 있는 것인가 보다. 그런데도 또 꿈을 꾸는 게, 살아있는 나와 우리의, 삶의 길인지도 모르겠다. 살아있는 동안은, 아마 다시 꿈을 꿀 거야.

강도 피해를 본 여행자와 환자를 위한 현지 기관에서 내 1박 2일 동안의 병원비를 지원해 주었다. 하지만 대상포진이 심한 상태로 다음 날은 병원을 떠나야 했다. 그런 나를 안쓰럽게 여긴 스물한 살의 간호사 크리스티안이 자신의 집으로 나를 데려왔다. 크리스티안과 어머니 스텔라 씨는 작은 집에서 버려진 개 네 마리와 함께 산다. 천사 같은 그들에게는 버스 강도를 당한 외국인 여행자인 나 역시 집 잃은 강아지처럼 불쌍해 보였나 보다. 크리스티안은 온몸에 수포가 돋은 나에게 자신의 침대 한쪽을 내주고 시간마다 약과 밥을 챙겨준다. 역시 세상에는 나쁜 사람보다 좋은 사람이 더 많다. 어제는 강도를 만나고, 오늘은 은인을 만나는 게 여행이며 인생이다.

강도 사건 이후 나흘째, 예정에도 없이 약에 취한 채 오게 된 파스토라는 도시에서 나는 회복 중이다. 잃어버린 체크카드와 휴대폰을 신고하고, 하나 남은 카드에서 현금을 뽑아 필요한 물건들을 다시 하나씩 마련하고 있다. 몸에 돋아난 수포는 조금씩 딱지로 변해가고, 바닥으로 떨어진 체력도 서서히 나아지는 중이리라. 인생 최대의 쓴맛, 인생 최대의 고비를, 서서히 넘어가고 있다.

나는 이 여행의 길을 조금 더 가보려 한다.

###  잃어버린 필름을 찾습니다-콜롬비아 파스토 현지 신문에 올린 글

안녕하세요. 남한에서 온 세계 여행자 유최늘샘입니다. 이곳은 콜롬비아 남부 나리오주 파스토입니다. 저는 2018년 5월 21일부터 9월 3일 현재까지 106일째 여행을 하고 있습니다. 많은 사람들처럼 저도 오랫동안 세계 여행을 꿈꾸었고 지금 그 꿈을 조금씩 이루고 있습니다.

저는 또한 청년 영화 창작자입니다. 여행 중에 만나는 다양한 사람들의 이야기를 담아 다큐멘터리를 만들고 있습니다. 그동안 미국, 쿠바, 멕시코, 과테말라, 온두라스, 니카라과, 코스타리카, 파나마, 콜롬비아까지 열 개 나라를 여행했고, 앞으로 남미, 아프리카, 아라비아를 거쳐 세계 일주를 하고 남한으로 돌아갈 계획입니다. 종종 길거리에서 텐트를 치고 자기도 하며, 많은 사람들의 도움을 받았습니다. 저의 카메라는 작지만 제 꿈은 큽니다. 꼭 좋은 다큐멘터리를 만들고 싶었습니다.

그런데 지난 8월 30일 새벽, 보고타에서 포파얀을 지나 파스토로 가는 장거리 버스에서 그만 강도를 당했습니다. 돈은 물론 카메라, 마이크, 촬영 파일들이 보관된 하드디스크를 도둑맞았습니다. 여권과 옷, 텅 빈 가방 말고는 모든 물건들이 없어졌습니다. 새벽에 옆자리에 앉은 남성이 자꾸만 권하는 오렌지 음료를 두 모금 마셨는데, 그 안에 수면 마취제가 들어 있었습니다. 저는 12시간이 지난 후 파스토 대학병원 응급실에서 깨어났습니다.

돈과 카메라, 다른 모든 물건들은 잃어버려도 괜찮습니다. 강도에게도 그런 일을 할 수밖에 없는 사정이 있으리라고 이해합니다. 하지만 촬영 영상이 보관된 하드디스크는 돈으로 살 수 없는 소중한 자료입니다. 수많은 사람들의 인생 이야기와 아메리카 대륙의 모습이 담겨 있습니다. 혹시 이 자료를 발견하신 분은 꼭 연락을 부탁드립니다. 기적을 바라는 마음으로 글을 올립니다.

# 에콰도르

## 베네수엘라 난민들로 가득한 국경

2018년 9월, 남미의 국경에는 긴 줄이 있었다. 극심한 경제 붕괴 후 먹고살 것이 없어 나라를 떠난 베네수엘라 난민들이 국경을 넘기 위해 차례를 기다리는 줄이다. 콜롬비아에서 버스 강도를 당하고, 갑작스러운 대상포진을 앓은 후 9월 8일 이른 아침 파스토를 떠나 에콰도르 루미차카 국경에 닿았다. 베네수엘라 사람들은 수가 너무 많아 따로 한 줄로 서 있었고 그 이외 국가 사람들은 줄이 짧아 금방 국경을 통과할 수 있었다. 오랜 기다림에 지친 베네수엘라 사람들의 눈길을 스쳐지나며 새치기를 하는 듯한 미안한 마음이 들었다.

에콰도르의 수도 키토에서, 강도 당한 생활용품들, 손톱깎이며 면도기, 손목시계 따위를 하나하나 다시 구입했다. 카메라는 비싸서 바로 사지 못했지만 새 휴대폰으로 사람들의 인터뷰 촬영도 다시 시작했다. 전망대의 아이스크림 아저씨, 성당 앞의 음식 행상 아주머니의 이야기를 들었다. 나는 스페인어도 영어도 잘하지 못하지만, 내가 할 수 있는 데까지 사람들을 만나고 그 이야기를 모아 영화를 만들고 싶다. 콜롬비아에서의 사건으로 꿈이 한번 와장창 깨지며 절망했지만, 평생 간직해 온 꿈이라 기어이 다시 나아가려 한다.

광장 벤치에서 환한 웃음으로 인사를 건네며 다가온 베네수엘라 난민 엔리케 바콩Enrique Bacon 씨가 말했다.

> "얼마 전에 가족들과 같이 키토로 왔어. 조국 베네수엘라를 떠나왔지만 슬프지 않아. 콜롬비아도 에콰도르도 다 같은 라틴 아메리카야. 같은 스페인어를 쓰고 문화도 비슷하지. 우리 베네수엘라의 현재 상황이 안타깝지만 슬퍼하지만은 않을 거야."

언어와 문화는 국경을 초월하는 힘을 지니고 있다는 걸 느꼈다. 같은 언어와 문화를 가진 남한과 북한도 언젠가 국경을 넘을 수 있는 힘을 가지고 있는 게 아닐까. 베네수엘라, 콜롬비아, 에콰도르, 파나마 지역은 1819년부터 1831년까지 '그란 콜롬비아'라는 통합 국가였는데, 통일된 남미 국가를 원하지 않았던 미국의 견제로 독립 영웅 시몬 볼리바르가 실각하며 여러 개의 나라로 쪼개졌다고 한다.

▲Quito, Elena
"오늘 이 음식을 다 팔아야 집세랑 수도세를 낼 수 있어. 내 꿈은 언젠가 내 집을 갖는 거야."
▼Tumbes
경제 위기로 고국을 떠난 베네수엘라 난민들.
국경을 넘어 다른 나라로 가면, 그들을 맞이해줄 친구들이 있을까?

식민지 시대 이후 지금에 이르기까지 세계 어느 지역에서나 국경의 분할과 통제에는 강대국, 선진국들의 권력이 작동하고 있다.

화산 아래 온천과 폭포의 마을 바뇨스, 식민지풍의 오래된 도시 쿠엥카를 거쳐 9월 19일 새벽 두 시, 페루 툼베스 국경에 닿았다. 쿠엥카에서 치클라요까지 열다섯 시간을 달리는 야간 버스는 국경에서 한참을 멈추었다. 깊은 밤 국경에는 차가운 땅바닥에 누워 이불과 옷가지를 덮고 잠든 베네수엘라 사람들로 가득했다. 유엔난민기구가 하얀 천막을 치고 식수와 의료를 지원하고 있었다.

# 페루

## 세계의 배꼽, 마리화나 소굴

페루 북쪽에서 남쪽으로, 태평양 바닷가 트루히요, 안데스 설산과 하늘 호수가 있는 와라즈, 분주한 수도 리마, 사막과 오아시스의 도시 이카를 여행하고 쿠스코에 도착했다. 쿠스코는 케추아어로 '배꼽', 잉카제국의 수도로서 한때 '세계의 배꼽'으로 불리던 곳이다. 잉카제국은 1438년 건국부터 1533년 프란시스코 피사로와 스페인 군대의 침략으로 멸망할 때까지 콜롬비아, 에콰도르, 페루, 볼리비아, 칠레, 아르헨티나 지역에 이르던, 콜럼버스 침략 이전 아메리카에서 가장 거대한 나라였다. 그 중심인 쿠스코는 안데스산맥 3,400미터 고산지대에 자리하고 있다. 해발 400미터 이카에서 출발한 버스는 장장 열일곱 시간 동안 구불구불 산맥을 등산했다. 버스에서 준 야식을 잘 못 먹었는지 줄곧 멀미하느라 창밖 풍경을 볼 여유가 없었다. 몸은 정직해서 어김없이 고산증도 닥쳐왔다.

중심지인 아르마스 광장 언덕 숙소에서 이틀을 머물다가, 8년 동안 자전거로 세계를 방랑 중인 베테랑 여행자 차원민 씨가 알려준 최저가 숙소로 이동했다. 여행자들이 주로 이용하는 인터넷 숙소 예약 시스템 '부킹닷컴'이나 '호스텔월드'에 나오지 않는 고급 정보였다. 하룻밤 17솔(한화 5,800원)에서 10솔(3,400원)로 숙소 비용이 내려갔다. 2,400원의 차이는 참 컸다. 17솔 숙소와 달리 10솔 숙소 '뚜 까지따Tu Casita 너의 작은 집'은 은 중심가에서 벗어난 산 페드로 시장 골목에 있고, 십여 명이 쓰는 공용 화장실이 한 칸밖에 없고, 변기 커버와 휴지가 없고, 뜨거운 물이 잘 나오지 않고, 밤에는 찬물마저 끊기는 날이 잦았다. 뭉게뭉게 마리화나 연기도 매일같이 피어올랐다.

중심지 숙소에는 대개 고어텍스 등산복을 차려입은 평범한 여행자들뿐이었는데, 최저가 숙소 사람들은 차림새부터 독특했다. 거리 음악가, 가난한 화가, 직접 만든 액세서리나 도매로 떼 온 컵케이크, 향(incense) 따위를 팔아 여비를 보태는 장기 배낭여행자들. 아르헨티나 힙합 청년 이즈기엘은 무소유주의자인지, 주방에 있는 타인의 음식을 보이는 대로 먹어치우고 심심찮게 남의 가방에 손을 대기도 했다. 흥미로웠지만 무척 시끄럽고, 물건이 없어질까 조금은 걱정도 되는 숙소였다. 하지만 나도 똑같이 가난한 장기 여행자이고, 없어질 물건도 미련도 별로 없는 사람이다.

내 이층 침대의 일 층에는 베네수엘라 난민이자 예술가이자 여행자인 에두아르도 안드레스Eduardo Andres가 머물렀다. 나처럼 콜롬비아, 에콰도르를 지나 페루에 왔고, 브라질까지 갈 계획이라고 했다. 빨간색, 초록색, 노란색, 삼색 실로 팔찌를 만들어 아침마다 아르마스 광장에 나가 팔면서 숙식비를 마련했다.

"지금 베네수엘라 대통령 니콜라스 마두로는 최악이야. 그 사람이 나라를 망쳤어. 그 이전의 우고 차베스는 나쁘지 않았다고 생각해. 정치인들, 부자들, 다국적 기업들, 거대 언론사가 세상을 전쟁에 빠뜨리고 가난한 사람들을 더 가난하게 만들고 있어. 너 베네수엘라도 여행했니? 남한은 경제 상황이 좋잖아. 베네수엘라는 돈 가치가 폭락해서 네가 지금 베네수엘라에 가면 왕 대접을 받을 수 있을 거야. 나는 지금 돈이 없어. 그래도 브라질까지 여행할 거야. 브라질에 꼭 가보고 싶었어. 6일 전, 10월 3일에 베네수엘라에 계신 내 어머니가 돌아가셨어. 전화로 소식을 들었는데 지금 나는 고향으로 돌아갈 수가 없어. 언제 베네수엘라의 상황이 나아져서 다시 돌아갈 수 있을지 모르겠어."

우리의 6인실 도미토리에는 잉카 음악인 후안 바레다Juan Barreda도 장기 투숙 중이었다. 친화력과 추진력이 강한 안드레스에게 이끌려 후안의 노래 뮤직비디오를 촬영하며 쿠스코 도심을 누볐다. '단사Danza(춤꾼)'이라는 노래에 영어 후렴구를 추가해 합창했는데, "마추

▲Cusco, Juancito Ritual
"어려워도 계속 시도해봐야지. 사람들이 내 음악을 들어줄 때까지…"
▼ Tu Casita, Cusco, Eduardo Andrés
"6일 전에, 베네수엘라에 계신 내 어머니가 돌아가셨어.
베네수엘라를 떠날 때 어머니를 다시 못 볼 수도 있겠다는 생각은 했어."

픽추, 위 고 미추픽추 We go Machupicchu"라는 구절이었다. 페루인인 후안은 이미 다녀와 노래를 만들었고, 안드레스와 나는 그곳으로 가고 싶었다. 쿠스코가 잉카의 배꼽이라면 마추픽추는 잉카의 영적인 중심지다. 칠레 시인 파블로 네루다와 훗날 제3세계 혁명의 아이콘이 된 아르헨티나 의대생 체 게바라가 와서 '하나의 라틴 아메리카 민중'을 꿈꾸었다는 그곳 마추픽추.

쿠스코에서 마추픽추에 이르는 길은 여러 갈래가 있다. 걷지 않고 갈수 있는 길은 비싼 기차를 타는 방법밖에 없다. 마추픽추에서 12킬로미터 거리에 있는 수력발전소까지 승합차로 여섯 시간을 이동한 뒤 도보로 이동할 수도 있다. 잉카 트레일은 고대 잉카인들이 만든 길을 3박 4일 동안 걸어서 마추픽추로 향하는데, 하루 입장 인원 제한이 있어 몇 개월 전부터 예약이 마감되며 500달러 이상의 비용이 든다. 잉카 트레일에 가지 못한 사람들은 일명 '짝퉁 잉카 트레일'이라 부르는 정글 트레일이나, 6,271미터 높이의 살칸타이산을 가로지르는 산악 트레일을 통해 마추픽추에 간다. 3박 4일 또는 4박 5일에 160달러에서 200달러 정도 가격이다. 여행사의 가이드 없이 개인적으로 경로를 정하고 텐트와 식량을 메고 떠나는 대단한 여행자들도 몇몇 있었다.

고산증과 게으름, 또 매일 비가 내린다는 이유로 차일피일 마추픽추 행을 미루다가 새로운 숙소 동료 프랑스인 사샤의 결심을 따라, 개중 제일 험하다는 살칸타이 도보 여행에 나서게 됐다. 기차와 정통 잉카 트레일은 너무 비싸 안중에도 없었고, 보트와 자전거와 집

라인 스포츠가 포함된 정글 트레일보다는 야영을 하며 대자연을 만나는 살칸타이 트레일이 더 끌렸다. 드디어 만나게 될 마추픽추, 고생고생해서 만나면 더욱 반갑지 않을까. 아마 다른 동행들도 그렇게 생각하고 굳이 더 어려운 길을 택한 게 아닐까.

안드레스에게 마추픽추 행 결심을 알렸다. 몇 분이 채 지나지 않아 안드레스는 다음 날 티티카카 호수로, 볼리비아로 떠나겠다고 말했다. 며칠 동안 함께 웃고 이야기 나누던 친구들이 저들끼리 마추픽추로 간다고 하니 마음이 좋지 않았으리라.

"나는 아직 마추픽추에 갈 돈이 없어. 이제 나는 마추픽추에 가고 싶지 않아… 내일 쿠스코를 떠나 볼리비아로 갈 거야. 차비는 없지만 히치하이킹으로 가면 돼. 베네수엘라에서 쿠스코까지 왔던 것처럼, 또 볼리비아까지, 브라질까지 갈 수 있을 거야."

등산화도 없는데 비가 많이 오면 어쩌나, 싸구려 비닐 비옷으로 괜찮으려나, 소심하게 산행을 걱정하고 있는 나를 오히려 안드레스가 응원했다.

"뭘 그렇게 걱정해? 다 잘 될 거야!"

슬펐다. 여행에서 우리는 세상의 아름다움을 만나지만 또한 세상의 슬픔을 만난다. 그 슬픔이 나를 좀 더 나은 사람, 따듯한 사람이 되게 하기를, 나는 기도한다. 서로의 여행과 인생을 축복하며 작별 인사를 나누었다.

"안녕, 안드레스. 그 슬프고 힘겨운 길 위에서, 네가 마추픽추보다 훨씬 더 아름다운 세상을 찾을 수 있기를 기도할게!"

##  4,630미터 살칸타이 넘어 마추픽추로

10월 14일 새벽 다섯 시, 쿠스코 샌프란시스코 광장에 오십여 명의 사람들이 모였다. 버스를 타고 두 시간을 달려 빌카밤바 산맥 깊숙이 자리한 마을 모예파타Mollepata에서 아침을 먹고 산행 장비를 점검했다. 오십 명의 사람들은 세 그룹으로 나뉘었고 우리 팀은 열일곱 명, 멕시코, 독일, 덴마크, 노르웨이, 브라질, 스코틀랜드, 아르헨티나, 프랑스, 남한, 아홉 개 나라에서 온 사람들이었다. 팀 이름은 '야마스 로카스Llamas Locas, 미친 라마들'로 정해졌다. 살칸타이 와친체로 마을 출신의 가이드 니르데르 수세모Nilder Zucemo 씨와 유리 소토Yuri Soto 씨가 함께했다. 말을 모는 호스맨 한 명과 요리사 다섯 명은 오십 명의 짐과 음식을 담당해 주었다.

"살칸타이Salcantay는 쉬운 길이 아니에요. 우리 중 누군가는 분명 고산병 증세로 힘들어할 거예요. 우리 열아홉 명은 4박 5일 동안 한 가족입니다. 한 사람은 모두를 위해서 걷고, 모든 사람이 한 사람을 위해서 걸어야 해

▲4630m, Salkantay Pass, Nilder Zucemo
"어제 처음 만났지만, 대자연 속에서 우리는 모두 다 이어져있습니다."
▼Wilcacocha, Azummy & Ersi
"우리 학교 이름은 호르미기타스예요. 작은 개미들이라는 뜻이죠."

요. 여기 고산증에 도움이 되는 코카잎과 비밀의 약물이 있어요. 이 약물을 우리는 콘도르 오줌이라고 부르는데, 냄새를 조금만 맡아도 정신이 확 들 거예요."

첫째 날은 3,900미터에 캠프를 차리고 4,200미터 우만타이 호수Laguna Humantay에 다녀왔다. 케추아 사람들은 우만타이를 어머니의 산, 살칸타이를 아버지의 산으로 여긴다고 한다. 거대한 두 설산 사이, 수많은 여행자가 사용했을 낡은 텐트 속에서 잠이 들었다. 다른 여행자에게 선물 받은 손난로 덕에 다행히 많이 춥지 않았다. 둘째 날은 살칸타이 패스 4,630미터에 다다랐다. 네팔 히말라야 안나푸르나 베이스캠프가 4,130미터였으니, 내 인생 가장 높은 산에 오른 셈이다. 비구름과 바람 속에서 잉카의 여신 파차마마Pachamama, 어머니 대지에게 케추아식 제사를 올렸다. 저마다 조심히 손에 든 코카잎 세 장은 각각 신, 온갖 생명들, 조상을 상징한다. 동서남북 사방에 머리 숙여 인사를 하고, 어느새 정이 든 산 친구들과 포옹을 나누었다.

"어제 처음 만났지만, 대자연 속에서 우리는 모두 다 이어져있습니다."

셋째 날부터는 고도가 낮아져 숨쉬기가 한결 편안했고 밀림 지대가 나타나 초목과 곤충이 많았다. '샌드플라이'라는 소리 없는 흡혈 파리도 달려들었다. 저녁에 산타테라사에 도착해 코칼마요Cocalmayo

온천에 몸을 담그고 바라본 산세는 어느덧 사진으로 보던 마추픽추와 닮아 있었다. 밤에는 모닥불을 피우고, '마카레나'부터 '강남스타일'까지 음악을 크게 틀고 광란의 댄스파티를 벌였다. 나 말고는 모두가 백인과 원주민이고 말이 잘 통하지 않아 불편했는데 춤추며 놀 때는 역시 아무 말이 필요 없었다.

넷째 날은 마추픽추 아랫마을, 기차의 종착역인 아구아 깔리엔떼까지 걸었다. 나는 온천을 즐기다 바위에 부딪힌 무릎이 아파서, 사샤는 댄스 파티에서 림보를 하다 삐끗한 허리가 아파서 동행들보다 걸음이 느려졌다. 여기저기 근육통이야 없는 사람이 없었다. 다들 만신창이가 된 몸으로, 드디어 만나게 될 마추픽추를 그리며 일찍 잠이 들었다.

새벽 세 시 십오 분, 하루 오천 명이 방문하는 마추픽추에 일찍 들어가 좋은 경치를 보기 위해 먹거리를 싸 들고 길을 나섰다. 기이한 산봉우리와 구름 사이로 몇 개의 별이 빛났다. 등산로 입구는 다섯 시 정각에 열렸다. 긴 줄을 서 있던 수백 명의 사람들이 마치 마라톤 경주를 하듯 마추픽추 입구를 향해 달렸다. 걸었다기보다는 달렸다는 표현이 적당하다. 아픈 무릎에게 미안하게도, 나도 수백 명 중 열여덟 번째로 입구에 닿았다. 마을에서 5시 30분에 출발한다는 편도 12달러짜리 버스도 하나둘 속속 도착했다. 여섯 시, 드디어 검표소가 열렸다. 유적 보호를 위해 나무 지팡이 하나도 맡기고 입장해야 했다. 와이나픽추(새로운 봉우리)와 마추픽추(오래된 봉우리) 꼭대기까지 올라가려면 예약과 추가 요금까지 필요해서 나는 마추픽추를 둘러보는 데 만족해야 했다.

남미에서 가장 유명한 유적, '언젠가는 가보겠지' 꿈꿨던 곳. 눈보라 치는 설산을 넘어, 모기들이 달려드는 밀림을 지나, 마침내 마주한 마추픽추. 과연 산과 강이 자리한 모습이, 그 풍경을 둘러싼 구름과 바람까지도 기기묘묘했다. 수백 명 관광객의 행렬 속에서도 어렴풋이 신령스러운 기운을 느낄 수 있었다. 이 자연과 거대한 돌들의 유적에 감탄하고 나서, 사람들은 왜 저마다 슬픔을 느끼는 걸까. 이토록 외지고 거친 산에서 한때 찬란하고 신비한 문명을 이룬 사람들이 살았고, 이제는 돌들만이 고요하게 그 긴 세월을 담고 서 있다.

거대한 잉카 문명은 피사로와 병사 180명에 의해 어이없이 무너졌다. 콜럼버스가 아메리카에 와서 저들끼리 '신대륙을 발견'했다고 선언한 이래, 아메리카 도처의 원주민 대다수는 유럽에서 온 총과 병균에 의해 죽거나 식민 지배자들에게 수탈당했다. 아메리카의 역사는 끊임없는 침략과 지배의 역사였다. 강한 자의 침략과 수탈은 언제나 약한 자의 고통과 슬픔을 동반한다. 남미 원주민 문명 멸망의 상징, 마추픽추는 그래서 더욱 슬프다. 300년 동안의 식민 지배와 혼혈의 역사를 거쳐 라틴 아메리카는 다인종 다문화의 땅이 되었다. 나에게는 라틴아메리카의 인종적 다양함에 대해 분별하고 판단할 능력은 없지만, 중남미 거리의 가난한 사람들은 여전히 대부분 원주민이라는 것은 느낄 수 있었다.

가파른 발판을 오르내리던 미장이여

▲Uros, Titicaca
"제국의 수탈을 피해서, 조상들은 갈대를 엮어 섬을 만들었어.
갈대섬은 우리의 땅, 티티카카는 우리의 뿌리야."
▼Taquile, Walter Machaca
"타킬레섬에는 슬픔이 없어. 여긴 도시랑 다르거든."

안데스의 눈물을 나르던 물장수여

씨앗 속에 떨고 있는 농부여

파블로 네루다는 시 「마추픽추 산정」에서 잉카제국의 왕과 귀족, 유럽에서 온 정복자들이 아니라, 농부와 목동, 밑바닥 민중의 힘겨운 삶에 대해 노래한다. 마추픽추에 도시를 만들기로 결정한 것은 권력자들이겠지만 그 돌 하나하나를 나르고 수로와 밭을 일군 것은 대다수 힘없는 사람들이었을 것이다. 21세기에도 여전히 미장이와 물장수, 농부의 삶은 힘겹다. 그리고 중남미의 많은 사람들은 여전히 세계체제 속에서의 수탈과 저개발, 빈부격차, 비민주적이고 불안정한 정치 상황으로 인해 어려움을 겪고 있다. 마추픽추에서 만나는 태양과 어머니 대지 속에서 천지사방의 평화로움을 상상할 때, 남미는 여전히 슬픈 대륙이다.

아픈 다리를 절룩거리며 마추픽추를 내려와 쿠스코 시장 골목 '너의 작은 집' 숙소로 돌아왔다. 4박 5일만에 다시 인터넷에 접속했다. 베네수엘라 친구 안드레스가 히치하이킹으로 국경을 넘어 볼리비아 수도 라파스까지 갔다는 소식을 들을 수 있었다.

# 볼리비아

## 안데스 문명의 시원, 티티카카

해발 3,810미터, 운송로로 이용되는 호수 중 지구에서 가장 높다는 티티카카 호수 위에는 철망 없는 국경이 그어져 있다. 호수 서쪽은 페루, 동쪽은 볼리비아. 두 나라는 16세기 스페인 침략 이전에는 모두 잉카제국에 속한 땅이었다. 식민지 시대 볼리비아 지역은 '알토 페루Alto Peru, 높은 페루'로 불렸다. 1879년부터 1884년까지 광물 초석(질산나트륨)이 풍부한 남미 서부 연안을 둘러싸고 페루, 볼리비아 동맹군과 미국, 유럽의 지원을 받은 칠레 사이에서 남미 태평양전쟁이 일어났다. 이 전쟁으로 아타카마 사막 지역은 칠레 땅이 되었다. 해안 지역을 잃은 볼리비아에게 티티카카는 바다 같은 존재로, 약

오천 명의 볼리비아 해군이 호수를 관리한다.

지구에서 가장 긴 산맥 안데스. 길이 7,000킬로미터, 평균 고도 4,000미터, 북쪽으로 베네수엘라에서 남쪽으로 아르헨티나까지 남미 7개국에 걸쳐 있는 거대한 산맥 가운데 자리한 호수 티티카카는 남미 문명의 시원(始原)으로 여겨진다. 잉카 시대 이전에는 '파카리나Pakari-na', '모든 것이 태어난 장소'라고 불렸다. 잉카를 창건한 망코 카팍과 마마 오크요의 시신이 호수의 한 섬에서 발견되었는데, 이는 아메리카에서 가장 오래된 미라로 추정된다. 지구 반대편, 시베리아 바이칼 호수의 올혼섬에는 칭기즈칸의 무덤으로 불리는 바위가 있다. 오래도록 인류는 거대한 호수의 품에서, 그 호수들을 신령스럽게 여기며 살아왔나 보다. 사방이 널리 보이는 산봉우리마다, 오는 사람 가는 사람 하나둘 쌓아 놓은 돌무더기들은, 남한의 북한산이나 히말라야나 바이칼이나 이곳 티티카카나, 모두 비슷한 모습으로 말없이, 인간의 역사를 담고 서 있다.

바다처럼 넓은 티티카카 호수는 핍박받는 사람들의 삶의 터전이기도 하다. 옛날 잉카제국의 지배를 피해 '토토라'라는 갈대로, 이동 가능한 인공섬을 만들어 수상생활을 시작한 아이마라 우루족은 지금껏 갈대섬 위에서 살아가고 있다. 물속의 토토라가 계속 썩어 없어지기 때문에 보름 주기로 새로운 토토라를 쌓는다. 관광객들의 섬 입장료와 갈대배 운임, 수공예품 판매와 송어(트루차) 양식이 주된 수입원이다. 이십만 명이 사는 티티카카 중심 도시 푸노에서 흘러나오는 폐수는 매일 오후 두 시쯤 되면 악취를 풍긴다고 한다. 환경오염은 우로스 사람들과 티티카카의 오래된 삶을 위협하고 있다.

우로스섬에서 배로 두 시간을 더 가면 타킬레섬이 나온다. 스페인 식민지 시절부터 20세기까지 교도소로 사용되었던 섬으로, 지금은 이천 명의 케추아족이 농사를 짓고 물고기를 잡고 베를 짜며, 잉카 시대처럼 공동생산 공동분배의 원칙을 지키며 살아간다. 바이칼 올혼섬을 여행할 때 교도소와 수감자들이 일하던 생선 통조림 공장의 흔적을 본 적이 있다. 오래전, 감옥과 유배지로 사용되었던 세계 곳곳 오지의 섬들이 이제는 카메라를 든 관광객들로 붐빈다. 전통의상을 즐겨 입는 섬 사람들은 생계를 위해 관광객 대상의 식당을 운영하고 기념품을 만들어 팔지만, 매일 몇 차례씩 배를 타고 들어와 섬의 고요함을 깨고 지나가는 관광객들이 썩 반갑지만은 않을 것이다.

한반도로부터 비행기로 또 버스로, 몇 시간 거리인지, 평생 다시 올 일이 있을까. 티티카카를 이쪽저쪽 바라보려고, 페루의 푸노에서 융구요 국경을 넘어 볼리비아의 티티카카 마을 코파카바나에도 며칠을 머물렀다. 푸노는 큰 도시로 관광업은 아주 일부였는데 코파카바나는 작은 마을 전체가 티티카카 관광을 중심으로 돌아가고 있었다. 며칠 동안 볼리비아의 화폐, 음식, 물가, 인심에 적응하고, 코파카바나에서 유람선으로 두 시간 거리의 '달의 섬'과 '태양의 섬'에 닿았다. 잉카 창건자 망코 카팍이 태어났다고 알려진 곳. 조용한 페루 타킬레섬과 달리 관광객용 숙소와 레스토랑이 섬 곳곳에 넘쳐났다.

섬 중심지를 벗어나 제단이 있는 봉우리로 올라가 오랜만에 텐트를 쳤다. 사람들의 분주함에서 멀어져 혼자 조용히 티티카카의 대자연 속에서 노을과 일출을 보고 싶었다. 콜롬비아 버스 강도가 텐트도 가져가 버려서 새로 구입한 20달러짜리 비닐 텐트를 처음 펴보았다. 노랗게 호수를 물들이며 노을이 지고, 멀리 주변 산맥에는 번쩍번쩍 번개가 치는데, 거대한 호수 가운데는 하나둘씩 별들이 빛났다. 몇 번을 반복해도, 낯선 자연 속에서 혼자 하는 야영은 조금 무섭다. 저렴한 텐트는 여름용인지 술술술 바람이 새서 추웠지만, 밤새 번개가 치는 안데스산맥 가운데에서 비가 오지 않은 것만 해도 감사했다. 추위와 무서움에 좀 떨긴 했지만 고요하고 거대한 티티카카의 밤을 오롯이 느낄 수 있었다.

## 평화라는 이름의 도시, 라파스

여행에서 만난 많은 배낭여행자들은 대도시를 피해 가거나 오래 머물지 않았다. 물론, 부에노스아이레스나 리우데자네이루 같은, 유서 깊고 아름답다고 알려진 대도시라면 다르겠지만, 볼리비아의 수도 라파스La Paz는 명성보다는 악명 높은 도시에 가까웠다. 돌아보면 내가 지나온 남미의 다른 수도들, 코스타리카의 산호세, 콜롬비아의 보고타, 에콰도르의 키토, 페루의 리마도 비슷한 소문이 있었다. 물론 한 나라의 수도이니만큼 볼거리가 많겠지만 사람과 매연이 가득하고 복잡하고 위험하다는 인식이 일반적이었다. 하지만 내가 지나온 모든 도시들이 걱정만큼 위험하지는 않았고, 오랜만에 만나

▲La Paz
"산이 많아 지하철 대신 케이블카가 떠다니는 평화의 도시.
재개발에 쫓겨난 마녀시장의 할머니는 오늘도 두 손을 모아 두꺼비신에게 평화를 빈다."

는 분주한 도시의 활력이 흥미롭고 반갑기도 했다.

티티카카 코파카바나에서 버스로 네 시간, 라파스에 도착하니 비가 쏟아졌다. 금세 신발이 다 젖을 정도라 처음으로 택시를 탈까 잠시 고민하다가 지붕이 있는 시장으로 뛰어 들어갔다. 배가 고파 두리번거리고 있는 나에게 들려온 한 아주머니의 목소리.

"어이, 여기로 와서 이거 먹어! 이 집이 맛있어! 뜨거운 차도 마시고!"

시장에 들어온 낯선 아시아인을 경계하는 눈초리로 보는 사람이 많았는데, 아주머니의 반가운 환대가 참 고마웠다. 망설일 것 없이 좁은 탁자 한편에 앉아 점심 메뉴를 골랐다. 페루처럼 볼리비아도 현지인 식당의 '메뉴 델 디아 Menú del Dia 그날의 메뉴'는 수프와 정식, 음료까지 나오고 가격도 10볼리비아노스(한화 1600원) 정도로 저렴했다. 음식은 맛있었고 곧 비도 그쳤고, 물어물어 숙소 방향으로 가는 저렴한 콜렉티보 승합차도 발견했다. 라파스, 평화라는 이름을 가진 도시에 도착했다.

1548년 스페인의 알론소 데 멘도사 선장이 침략해 개발을 시작한 라파스는 안데스산맥에 둘러싸인 3,600미터 고원에 자리해 있다. 1898년 사법 수도 수크레에서 행정부가 이전해왔고 현재 200만 명 이상이 거주한다. 도시는 가파른 언덕과 구불구불한 골목이 많아 매우 복잡했다. 낮고 평탄한 지역에는 부자 동네가, 가파른 언덕에는 빈민가가 형성되어 있다. 이 도시의 공중에는 특이하게도 케이블카가 지하철처럼 대중교통으로 운행되고 있는데, 2014년 개통되어 현재 여섯 개 노선이 운영 중이고 이제 라파스의 명물이 되었다.

건설 당시, 빈민가와 부자 동네의 경계가 줄어드는 것을 우려한 부유층이 반대했고, 이에 대해 볼리비아 최초의 원주민 출신 대통령, 사회주의운동당 에보 모랄레스가 인종 차별이라고 비판했다고 한다. 한번 타는 요금이 3볼리비아노스(500원)로 비싸지 않고 환승도 가능해서 휙 휙 빠르게 공중을 누비며 도시의 동서남북을 두루 구경했다.

공항이 있는 위성도시 4,905미터 엘알토El alto역에는 전망대가 있는데 유리창 때문에 경치가 잘 보이지 않아 인근 고속도로변 언덕을 찾아갔다. 멀리 눈 덮인 산맥이 보이고 하나둘 불빛이 켜지며 도시에 밤이 찾아왔다. 도로는 서둘러 귀가하는 차와 사람들로 분주했다.

라파스 도심의 또 다른 명물 '마녀시장'은 새끼라마 미라 등의 특이한 전통 제례용품을 파는 대신 평범한 기념품 거리로 바뀌어 있었는데, 원래의 마녀시장 상인들이 변두리 엘알토 거리로 밀려와 장사를 하고 있었다. 대기업의 아파트 단지가 건설되며 밀려나 사라진 서울 아현동 포장마차 거리가 떠올랐다. 가난하고 힘없는 사람들이 자신의 자리에서 밀려나는 도시화는 남한이나 볼리비아나 마찬가지인 것 같아 씁쓸했다. 한 평 남짓 크기로 다닥다닥 붙은 가게에서 사람들은 장사도 하고 잠도 잤다. 커다란 돌두꺼비 앞에 모닥불을 피우고 제사를 지내는 모습은 한반도의 토속신앙과도 무척 닮아 있었다. 집 없는 노숙인들과 알콜중독자들이 배회하는 도시의 밤이 무서워서 서둘러 숙소로 돌아왔다.

### 모험과 안전 사이, 포포호수를 지나서

지구에서 티베트고원 다음으로 높고 넓은 거대한 고원 '알티플라노Alti plano'는 스페인어로 '높은 평원'을 뜻한다. 알티플라노의 북쪽에는 티티카카 호수가, 남쪽에는 우유니 소금사막이 있고 중간에는 오루로 주에 속한 포포Poopo 호수가 있다. 포포 호수는 심각한 지구온난화의 영향으로 2015년에 말라버렸고 호수 주변 인구도 절반 이상이 떠난 황량한 땅이 되었다고 한다. 라파스에서 포포 호수로 가서 그 황량함을 마주하며 걸어볼까 고민하다가, 숙소도 비싸고 교통도 불편해서 포기하고 곧바로 열세 시간 거리의 도시 수크레로 이동했다.

가끔은 여행자들이 많이 가지 않고 정보도 별로 없는, 오지나 좀 더 특별한 곳으로 가고 싶다는 생각을 하는데, 모험에는 대부분 위험도 따르는 법이라 아쉬움을 안고 안전한 길을 선택할 때가 더 많다. 모험과 안전의 균형을 맞추는 것은 내 여행길의 중요한 고민거리이자 화두가 되었다. 8년 동안 자전거 세계 여행 중인 차원민 씨의 말이 떠올랐다. 자전거 여행자들은 가이드북에 나오지 않는, 한비야 씨의 책 제목처럼 그야말로 '지도 밖'의 마을과 길을 마주하고 숙소도 없는 곳에서 잠들어야 할 때가 많을 것이다. 여행 중에 종종 지치고 힘들 때면 그들을 떠올린다. 아메리카 여행이 끝나면 서아프리카부터 동아프리카로 여행을 할 거라는 내 계획을 듣고, 이미 아프리카 여행을 마친 원민 씨가 얘기했다.

"서아프리카는 여행할 수 있는 나라가 별로 없어. 입국 자체가 불가능한 나라도 많고, 버스도 길도 없는 지역이 많아서 힘들 거야. 그래서 여행자들 대부분 동아프리카를 여행하지. 그래도 생각해보면, 정보도 인프라도 아직 없는 곳을 여행하는 게 어쩌면 진짜 여행이 아닐까? 내 이야기를 듣고 자전거 여행을 시작한 친구도 있는데, 너도 자전거 여행을 해보는 게 어때?"

끝없이 이어진 오르막 산길과 비포장도로를 달릴 튼튼한 자전거와 자전거용 가방을 구할 곳을 찾기 어려워서, 무엇보다 하루에 약 80킬로미터에서 120킬로미터까지 달려야 하는 체력에 자신이 없어서, 이번 여행에서도 자전거 여행자는 되지 못할 것 같다.

아메리카, 아라비아, 아프리카로 계획한 이번 세계 여행 준비를 길게 하지는 않았다. 미국 횡단을 그린 소설 한 권, 라틴 아메리카의 역사책 한 권, 여행학교 학생들의 남미 여행기 한 권을 읽었고, 도서관에 있는 가이드북들과 인터넷 여행 블로그들을 대충 훑으며 중요 정보를 휴대폰 사진으로 저장해둔 게 전부였다. 아프리카와 아라비아에 대한 정보와 계획은 아직 전혀 없다. 큰 경로만 정해져 있고, 머물고 이동하는 것은 그때그때 마음이 가는 대로 달라진다. 볼리비아까지 왔으니 당연히 소금사막 우유니는 꼭 가야겠다고 생각했지만 수크레에 대한 정보는 없었다. 하지만 길에서 만난 여행자들이 추천한 곳이라 우유니 가는 길에서 방향을 틀어 이틀을 머물렀다.

1538년 스페인 침략자들이 건설했고 1839년 독립과 더불어 수도가 된 수크레는 현재까지 볼리비아의 사법 수도이고 30만 명이 살고 있다. 중심지에 흰색 건물이 많아 '하얀 도시'라고도 불리고, 1991년 인근의 은광 도시 포토시와 함께 유네스코 세계문화유산으로 지정되었다. 분주한 대도시 라파스보다 확연히 한적하고 상쾌했지만 특별한 볼거리는 적어서 조금 심심하기도 했다. 수크레에서 중학교를 다닌 한국 친구가 추천해준 중앙시장의 과일샐러드를 맛보고, 공원을 지나가다 우연히 마주친 전통춤 공연을 한참 구경하며 시간을 보냈다.

아메리카를 6개월 동안 여행하며 워낙 '스페인 식민지풍 콜로니얼 colonial' 도시와 유네스코 지정 문화유산 도시에 자주 머물러서, 그 수많은 아르마스 광장과 중앙 대성당과 아기자기한 공원들이 더 이상 놀랍거나 특별하게 느껴지지 않는다. 그동안 거쳐온 열세 개 아메리카 나라들이 미국을 제외하고는 모두 스페인 식민지였으니 비슷비슷할 만도 하다. 마침내 지구를 한 바퀴 다 돌고 나면, 낯선 곳에 대한 새로움도 놀라움도 점점 줄어들까. 에콰도르 쿠엥카에서 만난 독일 아주머니의 낭만적인 한 마디가 생각난다.

"세상의 아름다운 것들을 모두 보기에, 한 번의 인생은 너무 짧아요. 우리가 사는 세상은 너무 넓고, 놀랍고, 아름다워요. 그렇지 않나요?"

수크레의 저렴하고 깔끔한, 장기 여행자에게는 더할 나위 없는 숙소에서, 살칸타이 마추픽추 트레킹을 함께했던 프랑스인 여행자 사샤를 다시 만났다. 6개월 또는 1년가량 남미를 여행하는 배낭여행자들은 가는 지역과 머무는 숙소가 비슷해 종종 다시 만나곤 한다.

보고타나 리마 공항에서 시작해 마추픽추, 우유니, 파타고니아, 이구아수를 거쳐 부에노스아이레스나 리우데자네이루 공항에서 여행을 마치는 반시계 방향, 또는 완전히 반대 방향으로 도는 경로를 한국 여행자들은 '국민 루트'라고 일컬었다. 세상에서 가장 먼 대륙이니 온 김에 좋다는 건 다 보고 가려는 마음은 다들 비슷할 것이다.

숙소에서 만나는 여행자들은 남쪽으로 가는 중인지 북쪽으로 가는 중인지를 묻고, 서로의 최신 정보를 나눈다. 우리들은 저마다 무엇을 찾아서 거대한 남미 대륙을 횡단하고 있는 걸까. 이 여행길의 끝에는 뭐가 있을까. 그 무엇도 없다 할지라도, 우리는 간다. 이 거대한 대륙의 남쪽으로 북쪽으로.

##  식민지 300년이 지나간 대륙

20세기 35년 동안 일본 제국주의 식민지 시대를 겪은 한국 사람들은 식민지의 흔적을 절대 자랑스러워하거나 보존하려고 하지 않는다. 빼앗기고 고통받은 멀지 않은 역사이기에, 그 아픔은 쉽게 사라지지 않을 것이다. 쿠바에서 볼리비아까지, 300년 동안 스페인 제국주의 식민지 시대를 겪은 라틴 아메리카 열두 개 나라를 여행하면서, 이상하게도 스페인에 대한 아픔이나 피해를 받았다는 감정은 거의 느낄 수 없었다. 오히려 식민지 시절의 흔적을 자랑스러워하고 보존하고 홍보하는 것을 자주 보았다.

이미 식민지 이전의 독립적인 사회로 되돌아갈 수 없을 만큼 많은 원주민들이 죽었고, 1492년 콜럼버스 침략 이후 500년이 넘는 긴 시간 동안 인종과 문화가 다양하게 뒤섞였으며, 또한 1800년대 독립 이후에도 여전히 끄리오요(식민지에서 태어난 스페인인, 식민지 경제 주체), 까우디요(군벌과 토지를 기반으로 한 권력층) 등의 식민지 권력자들과 그들의 후손들이 부와 권력을 가지고 있어서일 것이다. 제국주의, 식민주의는 세계 어디에서나 비슷하게, 끔찍한 폭력과 고통의 역사였지만, 그 영향은 지역과 나라마다 다르게 이어지고 있다. 스페인이 물러간 독립 라틴 아메리카에, 이번에는 새로운 강대국 미국이 거대한 영향력을 행사했다. 지구 반대편 남한에서와 마찬가지로.

나는 식민주의 역사가 만들어낸 '아메리카', '라틴 아메리카'라는 이름에 반대한다. 하지만 이 대륙을 다른 어떤 이름으로 불러야 할지는 알지 못한다. '아메리카'라는 지명은 1503년 『신세계』라는 책에서 이 대륙을 공동생산 공동소유의 무정부주의 유토피아로 설명한 이탈리아 피렌체 출신 탐험가 아메리고 베스푸치의 이름에서 비롯되었다. 왜 이 거대한 대륙의 이름이 한 유럽인의 이름으로 불릴 수밖에 없을까. '라틴 아메리카'의 '라틴'은 라틴계 유럽인들의 이름이고, '앵글로 아메리카'의 '앵글로' 역시 앵글로계 유럽인들의 이름이다. 15세기 말 유럽인들이 침략하기 전까지 이 땅의 토박이로 살던 원주민들의 존재와 역사는 그 지명 어디에도 담겨있지 않다. 땅의 이름에는 권력이 작동하고 있다. 그래서, 언어는 권력이다.

약한 나라, 힘없는 사람들을 억압하고 착취하는 식민주의에 반대하면서도, 라틴 아메리카를 여행하면서 그 식민주의의 엄청난 침략과 개척의 힘에는 혀를 내두를 때가 많았다. 6개월 동안 둘러본 라틴 아메리카는 사람이 살기 썩 좋은 환경은 아니었다. 몹시 덥고 비가 많이 오고 벌레가 많거나, 고산지대라 호흡이 어렵거나, 혹은 사막이거나 밀림이거나 얼음에 덮인 땅이 많았다. 이런 열악한 지역을, 21세기에 버스와 배와 비행기를 타고 여행 다니기에도 아주 멀고 지치는 거대한 땅을, 16세기에 말을 타고 다니며 침략하고 개척했다니. 황금을 향한 식민주의자들의 욕망, 그리고 더 나은 삶을 향해 떠났을 유럽 이민자들의 열망이 놀라웠다.

작물이 자라 수익이 날 만한 거의 모든 곳에 대농장을 지어 밀과 목화와 사탕수수, 커피와 바나나를 심고, 풀이 나는 모든 들에 울타리를 세워 가축을 치고, 금과 은, 돈이 되는 광물이 나는 모든 산에 광산을 짓고, 유럽으로 물류를 이동할 길목마다 도시를 세우고, 도시의 중심에는 교회를 세우고, 그렇게 유럽인들은 지금의 아메리카를 만들었다.

하지만 식민주의자들과 모험가들이 말을 타고 다닐 때 그들의 짐을 든 채 걸어야 했고, 농장과 광산에서 일하다 수없이 죽어야 했으며, 도시를 이루는 도로와 건물들을 지어야 했던 사람들은, 대부분 오래전부터 이 땅에 살던 원주민들과 아프리카에서 끌려온 흑인 노예들이었다. 그렇게, 아메리카 원주민과 아프리카 흑인들은 지금의 아메리카를 만들었다.

공통의 스페인 식민지를 겪었지만 라틴 아메리카의 인종 분포는 나라마다 지역마다 다르다. 안데스산맥이 주 영토인 에콰도르와 페루, 볼리비아에는 케추아족과 아이마라족이, 멕시코와 과테말라에는 아즈텍족과 마야족이 많이 남아있고, 칠레와 아르헨티나에는 유럽 이민자가 많으며, 브라질과 쿠바 등 카리브 지역에는 아프리카 흑인 후손들이 많다. 그리고 인디오와 백인의 혼혈인 메스티소, 흑인과 백인의 혼혈인 물라토 등 수많은 혼혈이 존재한다. 오랜 시간 인종과 문화가 뒤섞여 다양함이 공존하는 라틴 아메리카지만, 대부분의 나라가 스페인어를 주요 언어로 사용하고 가톨릭이 주된 종교로 영향력을 행사한다. 식민지 시대는 끝났지만 그 문화는 거대한 흐름으로 지속되고 있다.

> "우리들은 인디오도 아니고 유럽인도 아니다. 우리들은 원주민과 스페인 사람들 사이의 중간 인종이다."

스페인으로부터 1819년 콜롬비아를, 1821년 베네수엘라를 차례로 해방시킨 시몬 볼리바르의 말이다. 그는 인종적인 불평등을 해소할 수 있는 새로운 공화국을 꿈꿨으나, 라틴 아메리카 대부분의 나라들은 독립 이후 민주적인 사회가 아닌 독재 정치의 시대를 맞이하게 된다.

멕시코 작가 카를로스 푸엔테스는 '아메리카 발견' 500주년을 기념하여 출판한 『라틴 아메리카의 역사』(1992)에서, '신세계의 문화를 파괴하는 동시에 창조'했던 스페인은 '인디오와 흑인과 유럽인의 자손'들이 사는 라틴 아메리카 문화의 '최소한 절반'을 형성했다고 말하며 '스페인계 아메리카' 공통의 역사를 돌아보고, 나아갈 방향성에 대해 이야기한다.

> "우리는 인디오이고, 흑인이고, 유럽인이고, 무엇보다도 혼혈인 메스티소이다. 한편으로 우리는 이베리아인이고, 그리스인이고, 로마인이며, 아랍인이고 집시이다. 다시 말해서 스페인계 신세계는 모든 다양한 문화가 만

나는 중심이고, 배제가 아닌 통합의 중심지이다. 스페인계 아메리카인이 타자를 배제한다면, 그들은 스스로를 배신하는 것이고, 더욱 빈곤해질 것이다. 만약 그들이 통합을 한다면 그들은 풍성해지고 스스로를 발견하게 될 것이다.

우리들은 타자를 포용하면서 인간으로서의 가능성을 확대시킬 수 있을 것이다. 인간과 문화는 고립되면 소멸하지만, 타인들과의 만남, 다른 문화, 타인종과의 접촉 속에서 탄생하거나 다시 태어난다. 우리가 타인 속에서 인간성을 인식하지 못한다면 우리들 자신의 인간성도 결코 인식하지 못하게 될 것이다."

"문화를 지속시키는 시민사회가 주변부에서 중심부로, 하층부에서 상층부로, 정치, 경제적인 행위를 강화시킬 때 스페인계 세계의 오래된 수직적 중앙집권적 체제는 수평적 민주체제로 대체될 것이다. 라틴 아메리카 국가들은 민주주의와 사회정의를 수반한 경제발전을 달성하지 않으면 안 된다. 지금부터라도 그것을 실천할 기회를 가지는 것, 그것이 우리들에게 남은 유일한 희망일 것이다."

아메리카 대륙 곳곳에 사라지지 않고 자리해 있을 오랜 식민지의 상처가 치유되기를, 독재 정권 시기의 아픔도 세계체제 속에서의 불공정한 착취도 부디 사라져 가기를, 혼혈과 다양성의 역사를 공유한 전체 라틴 아메리카가 꿈꾸는 평등과 민주주의의 사회가, 라틴 아메리카 대륙을 넘어 지구별 전체를 포용할 수 있기를, 볼리비아의 '스페인 식민지풍 도시'라 불리는 이곳, 수크레에서 상상해 본다.

## 인스타의 성지, 소금사막 우유니

수크레에서 버스로 반나절, 야마와 과나코들이 사는 황량하고 고요한 안데스 고원을 휘휘 돌아 소금사막이 있는 소도시 우유니에 닿았다. 아, 우유니! 끝없이 펼쳐진 새하얀 소금의 땅. 책에서 텔레비전에서, 특히나 소셜네트워크의 사진으로 자주 봐서, 마치 직접 가본 적이 있는 듯 익숙했던 풍경의 그곳. 한 친구는 우유니를 '인스타그램의 성지'라고 표현했다. '해시태그 우유니 #uyuni'로 검색하니 38만 개의 사진이 검색된다. '요세미티'는 240만 개, '도쿄타워'는 78만 개가 검색된다. 우유니가 가보고 싶은 여행지로 손꼽히는 이유는 무엇보다 그 지형의 독보적인 특별함에 있을 것이다. 끝없이 펼쳐진 새하얀 사막과 푸른 하늘, 그리고 물에 반사된 밤하늘의 은하수. 하늘과 땅이 하나가 되는 숨이 막히는 풍경. 마치 어느 다른 행성 같은, 지구 같지 않은 지구, 완전히 낯선 아름다움이 있는 곳.

마침내 버스가 들어선 우유니 읍내는 상상과 달리 먼지가 풀풀 날리고 가게들 절반은 문을 닫은 황량한 모습이었다. 허름한 숙소 다인실방에는 수도가 고장나 있었고, 저렴하고 맛있는 식당은 찾기 어려웠다. 광장에는 철도노동자의 동상이 있고 '기차들의 공동묘지'로 불리는 곳에는 오래전 폐차된 기차들이 잠들어 있었다. 전쟁으로 칠레에게 아타카마 해안 지역을 빼앗기기 전, 우유니는 지금보다 훨씬 많은 기차가 다니는 교통의 중심지였을 것이다. 한때 저 기차들은 아타카마 사막과 태평양 연안을 달렸으리라. 광산업도 철도업도 저물고, 지금은 세계에서 모여드는 여행자들을 대상으로 하는 관광업이 이 사막 마을의 주요 산업이 되었다.

소금사막으로 가는 대중교통은 없고 사막을 걸어다니는 건 몹시 위험하기 때문에 대부분의 여행자들은 여행사 투어를 통해 소금사막에 들어간다. 투어는 여러 사람과 일정에 맞추어야 하니 부자유스럽고 혼자 다니는 것보다 비싸기도 해서 가능하면 선택하지 않지만, 이렇게 여행사를 통하지 않고는 갈 수 없는 곳들이 있다. 하루 코스는 일출, 일몰, 야경 투어가 있고, 우유니를 거쳐 알티플라노의 화산과 호수들을 여행하는 2박 3일, 3박 4일 코스도 있다. 우유니에 쏟아지는 별이 보고 싶어서 달이 차기 전에 서둘러 야경 투어를 예약했다. 새벽 세 시에 모여 장화를 신고 지프차를 타고 사막으로 향했다. 달이 밝지 않아도 구름이 끼는 날이 많아 여러 번 야경 투어를 시도하는 여행자가 많았는데, 나는 운 좋게 한 번 만에 은하수를 보았다. 서로 사진을 찍어주며 추위에 떨고 있자니 금방 날이 밝았다. 내 인생에서 가장 많은 별을 본, 신비로운 밤이었다. 아마 다른 여행자들에게도 우유니의 별밤은 그러하리라.

우유니 별밤도 봤고 기차들의 무덤에도 다녀왔고 마을도 다 둘러봤으니, 이제 한낮의 소금사막과 알티플라노 고원으로 갈 때가 왔다. 종종 인터넷 전화로 한반도 남쪽 바닷가 고향에 전화를 하면 어머니는 말씀하신다.

"그 먼 곳, 또 언제 가보긋노. 이왕 거기까지 갔으니까 할 수 있는 거는 다

해봐라. 남들 하는 거는 다 해봐라, 다 해보고 온나…"

뭐하러 여행을 그렇게 길게 하느냐, 언제 돌아오느냐, 하고 말할 법도 한데, 할 수 있는 것, 하고 싶은 것 다 하고 오라니, 참 힘이 된다. 하지만 여행 경비가 많지 않기 때문에 가는 곳마다 언제나 뭘 선택하고 포기할지를 고민한다. 어떤 여행자든 마찬가지일 것이다. 21세기 자본주의 지구에서의 여행에는 모든 것에 돈이 든다. 돈이 많으면 선택할 수 있는 것도 많고 좀더 편안하겠지만, 반면에 가난한 여행이라서 할 수 있는 것, 만날 수 있는 것들도 있다고 믿는다.

우유니 여행사 여덟 군데를 돌고 돌아, 가장 변두리에 위치한, 개중에 가장 저렴한 투어를 예약했다. 2박 3일 알티플라노를 여행하고 국경을 넘어 칠레까지 가는 비용은 숙식 포함 680볼리비아노스(11만원). 평소 여행 경비에 비해 무척 큰돈이었지만, 초록 호수, 노랑 호수, 붉은 호수와 화산, 기이한 풍경이 펼쳐져 있다는 알티플라노에 평생 다시 오기는 어려울 것 같아서 가보기로 마음먹었다.

지프차에는 가이드 겸 운전사 한 명과 여섯 명의 여행자가 탑승할 수 있었다. 함께한 다섯 명은 모두 이스라엘 청년들. 3일 동안 전혀 못 알아듣는 히브리어 폭풍 수다 속에서 조금 심심하고 힘들었지만, 호수와 화산을 볼 때는 아무런 말이 필요 없었다.

거대한 소금 호수 중앙의 소금물이 솟는 샘과 수백 년 동안 자란 거대한 선인장들이 있는 잉카와시섬, 물속의 생물과 침전물에 따라 다양한 색깔을 내는 호수들, 호수의 조류(藻類)를 먹고살며 고원의 추위에 적응한 플라밍고 홍학, 뜨거운 암석층의 증기로 인해 지하수가 솟아오르는 간헐천, 세찬 바람에 깎여 기이한 모양이 된 바위, 사막 위에 불쑥 솟은 화산들을 보았다. 춥고 황량해 사람이 거의 살지 않는 땅. 고요하고 신비로운 고원, 아스팔트도 중앙선도 없는 알티플라노 수백 킬로미터를 가로질러 남미의 남쪽 나라, 칠레 국경에 도착했다.

# 칠레

## 사막에서 빙하까지, 기나긴 땅 칠레

볼리비아 우유니에서 알티플라노 고원으로 이어지는 2박 3일 여행의 종착지는 칠레와의 국경 이토 카혼Hito Cajon이었다. 5,920미터 리칸카부르 화산이 높이 솟아 있어, 거대한 고원이 끝나고 마침내 아타카마 사막에 다다랐음을 알려주는 것처럼 느껴졌다. 칠레 입국 시 농축산물 검사가 까다롭다는 소문은 사실이었다. 모든 여행자의 가방을 하나하나 꼼꼼히 뒤졌고 몇몇 여행자가 코카잎도 아닌 코카 캔디를 압수당했다. 페루와 볼리비아에서 고산증으로 힘들어하는 사람들을 도와주던 코카와의 이별, 잉카의 땅 고산지대와의 작별이었다.

칠레는 남미 이웃 나라들에 비해 1인당 국내총생산 GDP가 높고 안정된 사회라고 한다. 그걸 증명하듯 갈아탄 칠레 승합차에는 볼리비아에서 거의 볼 수 없었던 에어컨이 나왔고, 도로는 덜컹거리는 비포장에서 매끈하고 검은 아스팔트로 바뀌었다. 마치 비행기처럼 한 시간 만에, 4,620미터 알티플라노 고원에서 2,420미터 아타카마 사막으로, 고도 이천 미터가 갑자기 낮아지니 귀가 먹먹해졌다.

아타카마 사막의 관광지, 산페드로에 들어서자 짧은 반바지를 입고 자전거를 타는 여유로운 사람들이 보였다. 현지인 대다수가 백인이라 유럽 같다는 생각이 들었다. 고도와 함께 순식간에 기온도 변했다. 긴 옷가지를 얼른 벗어 배낭에 넣었다. 페루에서 볼리비아 국경을 넘을 때는 큰 변화를 느끼지 못했는데, 볼리비아와 칠레는 무척 달랐다. 마트 앞에 붙은 가격표를 보니 물 한 병에 이천 원. 주머니 가벼운 여행자에게 고도와 기온보다 더 크게 느껴지는 변화는 물가였다.

나는 여행에서 되도록 육로로 이동하며 버스에서라도 그 지역의 풍경을 보는 것을 좋아한다. 하지만 칠레 북부 아타카마 사막에서 중부 수도 산티아고, 남부 파타고니아 지방까지의 거리는 너무 멀었다. 게다가 버스의 가격이 저가 비행기 가격보다 비싸서, 아쉽지만 산티아고까지는 비행기를 타기로 했다. 칠레는 남북 길이가 4,270킬로미터로 4,395킬로미터 길이의 브라질 다음으로 긴 땅의 나라다. 길이에 비해 동서 폭은 불과 175킬로미터밖에 되지 않고 그래서 유난히 더 길쭉해 보인다. 워낙 길어서 기후는 매우 다양하다. 아타카마 사막은 400년 동안 비가 내리지 않은 곳이 있을 정도로 세계에서 가장 건조한 땅이고, 중부는 온난한 해양성 기후이며, 파타고니아는 눈이 많고 빙하가 뒤덮인 추운 지역이다.

하루 숙소비를 아끼기 위해 밤중에 수도 산티아고에 도착했다. 태평양과 대서양을 잇는 남미의 교통 요지답게, 붐비는 공항에는 바닥에 자리를 깔고 잠든 사람들이 유난히 많았다. 나도 정든 깔개를 펴고 공항 바닥에서 잠을 청했다.

1973년, 사회주의 정책을 펴던 살바도르 아옌데 대통령이 피노체트의 쿠데타에 소총을 들고 저항하다 죽은 대통령궁 옆 도미토리 숙소에서 사흘을 머물렀다. 죽기 직전 아옌데는 국영 라디오를 통해 마지막 말을 남겼다.

> "민중 만세! 노동자 만세! 이것이 나의 마지막 말입니다.
> 그들은 힘으로 우리를 지배하는 것처럼 보이지만 무력이나 범죄 행위로는 사회변혁 행위를 멈추게 할 수는 없습니다. 언젠가는 자유롭게 걷고 더 나은 사회를 건설할 역사의 큰길을 민중의 손으로 열게 될 것입니다."

칠레 식당들은 비싸서 들어갈 엄두를 내지 못하고 그나마 흔한 거리 음식인 핫도그와 곡물 음료 '우에시요Huesillo'를 사 먹고, 매일 숙소에서 요리를 하게 됐다. 페루와 볼리비아의 저렴하고 영양 많은 '메뉴 델 디아, 오늘의 메뉴'가 그리웠다.

잘 살고 안정된 사회여서일까, 산티아고에는 남미 북쪽 나라들보다 이민자와 노숙인이 많았다. 칠레 현지인들로부터 외국에서 온 소매치기들을 조심하라는 이야기를 여러 번 들었다. 어떤 사회든 낯선 이민자에 대한 차별이 있겠지만, 경제적 격차가 클수록 그 차별은 심해지는 것 같다. '하나의 아메리카'를 얘기하는 또 다른 남미 사람들과는 대조적인 모습이었다. 불안정한 고국을 떠나 잘 사는 이웃나라에 왔지만 거리의 이민자들에게 새로운 삶의 기회는 결코 쉽게 오지 않을 것처럼 보였다.

##  천국의 계곡 발파라이소

산티아고에서 버스로 한 시간 반, 1536년 스페인 식민주의자들이 건설했다는 항구도시 발파라이소로 이동했다. 그 이전에도 오랜 시간 원주민들이 살았을 텐데, 남미 대다수 도시의 역사는 식민지 침략 시기로부터 기록되어 있다.

여행기 『50년간의 세계일주』에서 앨버트 포델은 '아스팔트의 법칙'을 소개한다. 아스팔트 도로로 상징되는 도시와 문명으로부터 멀어질수록, 사람들의 생활에 여유가 있고 이방인들에게도 친절하다는 이야기였다. 발파라이소가 시골은 아니지만 대도시 산티아고에 비해 훨씬 여유로웠고, 여행자에게 인사를 건네는 현지인들이 많아 정겨웠다. '발파라이소'라는 이름은 '계곡'을 뜻하는 스페인어 '바예valle'와 '천국'을 뜻하는 '파라이소paraiso'의 합성어다. 예약한 숙소에 짐을 놓고 곧바로 바다로 향했다. 태평양. 저 큰 바다를 건너가면 고향 통영의 작은 바다에 가닿으리라.

도심 곳곳에 열린 벼룩시장과 중앙 광장을 지나 발파라이소의 랜드마크, 낡은 승강기 '아센소르'와 벽화, 알록달록한 집들이 있는 언덕으로 올라갔다. 발파라이소 언덕 중에서도 여행자들이 가장 많이 찾는 곳은 「스무 편의 사랑의 시와 한 편의 절망의 노래」를 쓴, 칠레를 넘어 남미를 대표하는 시인 파블로 네루다가 살던 집이다. 노벨문학상을 수상한 유명 시인의 생가답게 집은 마을 교회만큼 크고 정원도 넓었다. 입장료가 꽤 비싸서 집에는 들어가지 않았지만 집 앞에 마련된 도서관에 앉아 조용히 그의 시를 감상할 수 있었다.

> 이제 열둘을 세면 우리 모두 침묵하자.
> 잠깐 동안만 지구 위에 서서 어떤 언어로도 말하지 말자.
> 차가운 바다의 어부들도 더 이상 고래를 해치지 않으리라.
> 소금을 모으는 인부는 더 이상 자신의 상처 난 손을 바라보지 않아도 되리라. 만일 우리가 우리의 삶을 어디론가 몰고 가는 것에 그토록 열중하지만 않는다면
> 그래서 잠시만이라도 아무것도 안 할 수 있다면
> 어쩌면 거대한 침묵이 이 슬픔을 사라지게 할지도 모른다.
> -「침묵 속에서」 중

사회주의자 아옌데가 바라던 더 나은 사회는 이제 실현된 것일까. 칠레 공산당 의원이기도 했던 네루다가 노래한 민중의 슬픔은 나아

진 것일까. 국가 사회주의는 크게 실패했지만, 더 나은 세상, 이웃들과 함께하는 세상을 꿈꾸는 사람들의 마음은, 사라질 수 없는 것이리라. 아엔데를 추모하는 사람들, 네루다의 시를 사랑하는 사람들 속에서, 그들의 마음은 이어질 것이다.

동네에서 가장 큰 집, 네루다의 집 뒤에는 그의 이름을 딴 학교가 있었다. 그 학교 바로 앞에서 한 모녀를 만났다. 그들의 집에는 수도가 끊겼는지, 두 사람은 길가의 소화전 밸브를 힘겹게 열어 마실 물을 받고, 그 자리에서 머리를 감았다. '천국의 계곡' 발파라이소. 그 아름다운 언덕에도 그늘은 있었다. 언덕이 높아질수록 당연히 차량은 줄어들었고, 길이 좁아지면서 집의 크기도 같이 줄어들었다. 화려한 색채도 집의 크기처럼 점점 옅어졌고 꼭대기에는 듬성듬성 쓰러질듯한 판잣집들만 있었다. 그럼에도 집의 크기와 상관없이 주민들의 표정이 한결같이 밝은 것은, 태평양에서 불어오는 새파란 바람의 영향일까.

##  파타고니아 여행의 시작

발파라이소 버스터미널의 안내원에게 남쪽의 발디비아와 오소르노가 아름답다는 추천을 받았다. 생전 처음 듣는 지명이었지만 어차피 파타고니아로 가는 길목이니 들르기로 했다. 여러 버스 회사 중에 가장 저렴한 곳을 찾아 밤 버스를 탔다. 이른 아침 도착한 발디비아는 하나도 특별한 것이 없어 보이는 작은 마을이었다. 안내원이 아름답다고 한 장소는 아마 터미널에서는 멀리 떨어진 곳인가 보다, 생각하며 무작정 남쪽으로 걷기 시작했다. 관광객은커녕 현지인도 드물었다. 모험을 나선 기분이 들었다. 정처 없이 걷다 보면 강도, 호수도, 산도 다 만날 수 있으리라.

삼십 분, 한 시간, 몇 시간 걷지도 않았는데 13킬로그램의 가방은 점점 더 무겁게 느껴졌다. 어깨와 다리가 금방 아파왔다. 한적한 시골이라 버스도 다니지 않았다. 오랜만에 히치하이킹을 할 때가 온 것이다. 배낭을 메고 걷는 내 모습이 잘 보이고 차가 멈춰 설 자리가 있는 한적한 직선도로에 다다르면 다가오는 차를 향해 엄지손가락을 들어 올렸다. “포르 파보르 Por favor 실례합니다! 저 좀 태워주세요!”

20킬로미터를 걷고 80킬로미터는 두 번 차를 얻어 타고 오소르노에 도착했다. 한적한 길은 아름다웠지만 가방이 무겁고 히치하이킹도 쉽지 않아, 항구도시 푸에르토몬트까지는 버스를 탔다. 푸에르토몬트는 파타고니아가 시작되는 곳이고 공항이 있어서 여행객들이 많았다. 터미널 앞에는 행인들에게 손을 내밀어 술값을 구걸하는 취객 무리가 있었다. 파타고니아 지역에는 히치하이킹과 야영을 하는 여행자들이 많다고 들었기에 야영을 할 생각이었는데 그들을 보니 터미널 주변 야영은 위험할 듯했다. 앞바다에 떠있는 탱글로섬이 조용하고 안전해 보여 작은 배를 타고 바다를 건넜다.

섬 꼭대기에 있는 전망대에서 눈 덮인 화산 아래 자리한 푸에르토몬트 경치를 마주보며 보시락보시락 장 봐온 음식들로 저녁을 먹고,

바람이 덜 부는 수풀 속에 텐트를 쳤다. 칠레 북부 아타카마 사막으로부터 남쪽으로 2,500킬로미터, 해가 지면 추울 정도로 날씨가 달라졌다. 남극의 바람이 불어오는 곳, 세계의 끝 파타고니아 여행이 시작되었다.

## 7번 국도, 카레테라 아우스트랄의 히치하이커

파타고니아. 남미의 남쪽 끝. 나아가 '세계의 끝'이라고도 불리는 땅. 남미에 오기 전에 내가 파타고니아에 대해 아는 것이라고는 그뿐이었다. 마추픽추와 우유니는 사진으로 자주 봐서 떠오르는 이미지가 있었지만 파타고니아는 베일에 싸인 채 호기심을 불러일으켰다.

칠레 입국을 앞둔 볼리비아에서야 그곳에 대해 알아보기 시작했다. 칠레와 아르헨티나에 걸쳐 있는, 100만 제곱킬로미터, 한반도 다섯 배 크기의 땅. 파타고니아라는 이름은 1520년 이 지역을 탐험한 마젤란 원정대가 거인족이라고 묘사한 원주민을 가리키는 '파타곤'이라는 말에서 비롯됐다고 한다. 이 원주민은 장신족 떼우엘체 족으로 추정된다. 유럽에서 이주한 백인들의 폭압으로 인해 현재 파타고니아 원주민은 거의 남아있지 않다. 생전 처음 아메리카 땅에 와서 189일째, 거인과 요정들이 살 것만 같은 얼음나라 파타고니아에 들어섰다.

파타고니아를 검색하다가 우연히 '카레테라 아우스트랄Carretera

Austral, 남부 고속도로'라고 불리는 칠레 7번 국도에 대해 알게 됐다. '자전거 여행자와 히치하이커들이 많다'고 이 길을 소개한 블로그 하나를 읽고 무작정 그 길에 끌렸다. 푸에르토몬트에서 국경 마을 빌라오히긴스까지 1,240킬로미터에 이르는 이 도로는, 아직 잘 알려지지 않아 한적하고, 아름다운 대자연을 만날 수 있는 곳이다. 명색이 '고속도로'지만 아스팔트로 포장된 도로보다 공사 중이거나 자갈이 깔린 도로가 훨씬 많아서, 길을 걸으면서, 스무 번이 넘는 히치하이킹을 하면서 먼지를 많이 마셔야 했다.

조용하고 아름다운 길을 많이 걷고, 걷다가 지치면 지나가는 차에게 손을 들어 도움을 구하고, 차가 잘 안 잡히고 힘들면 버스를 탈 계획이었다. 도시에서는 히치하이킹이 어렵기 때문에 일단 시골로 이동하기 위해 터미널로 갔다. 정보도 준비도 부족해서인지 막연한 계획은 시작부터 꼬였다. 북쪽 오소르노에서 푸에르토몬트까지 100킬로미터 거리의 버스는 2,000페소(한화 3300원)였다. 그게 보통의 버스 가격이다. 그런데 푸에르토몬트에서 남쪽으로 100킬로미터 떨어진 차이텐으로 가는 버스 가격은 14,000페소, 이해할 수 없는 가격이었다. 파타고니아 물가가 비싸다지만 버스 가격이 일곱 배라니, 너무 심했다. 당장 저가 비행기를 예약해 남부 파타고니아의 관광지로 이동하는 게 낫지 않을까 하는 생각이 스쳤지만 이미 늦었다. 터미널에는 와이파이도 없고, 급하게 찾는 비행기는 엄청 비쌀 것이다. 현지인들에게 물어물어 시내버스로 갈 수 있는 푸에르토몬트의 남쪽 끝 라아레나La Arena로 이동했다. 세상에나, 그곳에는, 더 이상 도로가 없었다.

지도로 볼 땐 남쪽 끝까지 길이 이어진 것처럼 보였고, '7번 국도'니까 육지가 없으면 다리라도 놓여 있을 거라 짐작했지만, 이곳은 빙하가 녹으며 형성된 매우 들쭉날쭉한 피오르 지형이었다. 게다가 사람이 살지 않는 땅이 많아서 자주 길이 끊기고 배를 타야 했다. 버스도 보트에 실려서 호수나 바다를 건너야 하니, 비싼 요금도 그제야 이해가 갔다. 짧은 구간의 배는 무료로 운영되기도 하지만 대부분 구간은 뱃삯이 비쌌다. 물 위에서는 히치하이킹도 할 수가 없다.

무거운 배낭, 비포장도로의 먼지, 자주 없는 버스, 쉽지 않은 히치하이킹, 도시에서 멀어질수록 점점 더 비싸지는 물가 등이 북부 파타고니아 배낭여행에서의 어려움이다. 또 한 가지 힘든 점은 강풍과 추위였다. 인적과 마을이 드물고 숙소는 비싸기 때문에 파타고니아의 많은 배낭여행자들은 야영장이나 길가의 대자연 속에서 텐트를 치고 야영을 한다. 다행히 목숨을 위협하는 강도나 짐승은 없다. 11월 말, 12월은 파타고니아의 여름이 시작되는 시기라지만 밤이 오면 아직 추웠다. 내 침낭은 겨울용이 아니라서 모든 옷을 다 껴입고 비닐까지 감고 자도 추운 날이 많았다. 그 모든 불편함과 어려움에도 불구하고, 푸른 호수와 바다, 눈 덮인 산과 숲의 땅, 북부 파타고니아는 거대하고 아름다웠다. 칠레 관광청은 이곳을 '파타고니아 베르데, 초록빛 파타고니아'라고 홍보한다.

파타고니아 남부의 세계적인 관광지들에 비해 대중화된 지역은 아니어도 1월, 2월 여름철엔 여행자들이 많다는데 아직은 버스도 차도 사람도 적어서 나의 아메리카 여행 중 가장 조용한 곳으로 느껴졌다. '이런 곳이 오지(奧地)구나!'라는 생각이 절로 들었다. 긴 구간 마을도 없고 차도 거의 다니지 않는 거대한 설산 골짜기를 걷다가 비바람을 만날 때면, 한낮인데도 섬뜩한 무서움이 느껴졌다. 그런 험한 길에서도 기꺼이 차를 태워준 수많은 사람들의 친절이 없었다면, 나는 파타고니아 어느 산맥에서 얼어 죽거나 늑대와 콘도르의 밥이 되었을 것이다. 길 위에서 만나는 사람들의 도움으로, 나는 여행을 해나갈 수 있었다. 두고두고 감사할 일이다.

##  지구 반대편 파타고니아 사람들

처음 듣는 지명들, 낯설어서 곧 잊어버릴 마을들, 호르노피렌, 칼레타곤살로, 푸유과피, 코이아이케, 트랑킬로, 코치알렌을 지나, 7번 국도의 끝 빌라오이긴스까지 9일이 걸렸다.

호르노피렌에서는 배를 기다리며 캠프장에서 하루를 머물렀다. 몇 개의 텐트를 칠 수 있는 공터와 식당을 운영하는 작은 숙소였다. 이 깊은 오지에도 와이파이가 있어서 지인들에게 생존을 알리고, 모처럼 샤워를 한 뒤 잠이 들었다. 배가 하루 한 대밖에 없다는 걸 아침에서야 알았다. 파타고니아에서는 교통편을 미리미리 확인해야 한다는 걸 배웠다.

출항 시간을 놓칠세라 서둘러 텐트를 걷고 숙소를 나서는데 주인

▲Hornopirén, Moul Mathieu & Johanes Walser
"여행을 많이 한 사람들은 마음이 열려 있어. 나도 모든 것에 대해 오픈마인드로 살고 싶어."
▼Valparaíso
"안데스의 눈물을 나르던 물장수여, 씨앗 속에 떨고 있는 농부여."

부부가 다른 투숙객들 몰래 나를 불렀다. '우주대스타' 방탄소년단 팬은 아닌 것 같은데, 흔치 않은 한국 사람이 신기했는지, 덩치 작고 꾀죄죄한 내가 불쌍해 보였는지, 부부는 뜨거운 커피와 아보카도를 듬뿍 바른 빵을 내 손에 들려주었다. 말이 안 통해도 정은 통했다. 현지인들의 식량 사정도 그리 풍요롭지는 않은 척박한 오지 파타고니아. 빵과 햄, 약간의 야채가 그들의 주식이다. 남미 남부의 목동 '가우초'들은 양고기, 마테차, 설탕, 세 가지만 먹고 산다는 이야기가 있을 정도다.

예상치 못한 친절이 너무 감사해서 그만 핑글, 눈물이 맺히고 코끝이 빙글빙글 돌았다. 울면서 달리면서 커피는 반이나 쏟아졌지만, 뱃속은 사무치는 고마움으로 뜨거워졌다. 넉넉지 않은 살림에도 정이 넘치는, 부부의 미소를 잊을 수가 없다.

인구 5만 명이 사는 코이아이케는 7번 국도 중간에 위치한 도시다. 도시에서는 대자연에서처럼 자유롭게 텐트를 치기가 어렵다. 중앙광장 벤치에 앉아 순찰하는 경찰들이 퇴근하면 야영을 하려고 기다리고 있는데, 수레를 밀고 가던 팝콘 상인이 말을 걸어왔다. 내 배낭과 음식 봉지만 보고서도, 그는 가난한 여행자인 내 처지를 모두 짐작했다.

"안녕. 어디서 왔니? 나는 팝콘 파는 사람이야. 이 팝콘 수레는 중국에서 수입된 거야. 너 오늘 잘 곳 없으면 우리 집으로 가자!"

▲Hornopirén
"작은 배를 타고 남쪽으로 항해한다네. 어젯밤엔 추위에 떨었지만 햇살은 따뜻해.
커피 한잔과 아보카도 샌드위치 나눠 먹고서 아랫배를 둥둥 두드리며 걸어간다네."
▼Puyuhuapi, Bruno Sosa & Ciwa
"우리는 세상을 바꿀 수 있어. 우선 우리들 머릿속을 좀 씻어야 해."

낯선 사람이 말을 걸면 조심하라고 배웠기에 이런 갑작스러운 상황에서는 의심부터 한다. 게다가 이미 한 번 가방을 탈탈 털린 적이 있으므로, 몇 초 동안 수많은 생각이 오갔다. 나쁜 사람 같지 않아서 이야기를 나누면서 판단하려고 배낭을 메고 따라나섰다. 팝콘 수레를 졸졸 따르는 세 마리의 개는 배고픈 거리의 개가 아니라 그가 돌보는 개였다. 그의 이름은 마르코Marco 씨. 코이아이케 변두리에서 가족들과 함께 살고 있었다. 집 없는 개들을 데려다 키우듯, 묻지도 따지지도 않고 갈 곳 없는 나그네에게 선의를 베풀었다. 자신의 침대까지 내어주려고 하기에 소파로 충분하다고 말렸다. 따로 난방을 하는 것도 아닌데, 집은 텐트와는 비교할 수 없이 포근했다. 파타고니아 야영 생활은 벽과 지붕의 고마움을 새삼 깨닫게 해주었다.

##  과테말라 오렌지와 자본주의

코이아이케에서 버스를 타고 도착한 코치알렌에서는 바람이 많이 불어 야영할 곳이 마땅치 않았다. 한 시간을 고민하다가 광장 옆 캠프장에 숙박비를 내고 텐트를 쳤다. 얇은 판자로 된 벽이나마 있으면 훨씬 도움이 된다. 호르노피렌에서 2,000페소였던 캠프장 비용은 남쪽으로 오는 사이 6,000페소로 늘었다. 흙바닥에 텐트만 치는데 만 원 돈이라니, 물가 때문이라도 어서 파타고니아를 벗어나고 싶다고 생각했다. 가스와 석유 공급이 어려운 지역이라 난로에 나무를 때어 데운 물로 겨우 샤워를 했다. 가게들이 일찍 문을 닫는 심심한 마을이기에 여행자들은 저녁이 되면 난로 옆에 모여 앉아 음식과 이야기를 나눈다. 캠프장 관리인들은 플라이 피싱으로 강에서 막 잡아 온 물고기를 굽고 와인을 땄다. 나는 술을 잘 마시지 않아 맛만 보겠다고 손사래를 쳤다.

"사양하지 말고 많이 마셔요. 파타고니아 추운 밤에 텐트에서 푹 자려면 포도주가 최고야."

술이 정말 효과가 있었는지 그날 밤에는 추위에 깨지 않고 아침까지 잘 자고 일어났다.

파타고니아에서 만난 사람 중에 대대로 그곳에 사는 사람은 적었다. 대부분 인구가 많은 칠레 중부나 북부 출신인데 파타고니아의 자연이 좋아서 왔다가 눌러앉은 사람이 많았다. 옆 텐트의 투숙객 프랑코 사파타Franco Zapata 씨도 중부 출신으로, 산이 좋아서 국립공원의 레인저(관광 관리자)가 되었다. 정규직이 아니어서 비수기에는 도시 코이아이케 등지에서 바텐더로 일한다. 그가 권하는 마테차를 마시며 도란도란 이야기를 나눴다.

"나는 남미 역사를 잘 모르지만 아옌데 대통령에 대해서 들어본 적이 있어. 쿠바는 사회주의 국가고, 칠레도, 브라질도 사회주의 정권이 있었잖아. 여기 사람들은 사회주의에 대해서 어떻게 생각해?"

"스페인으로부터 독립한 이후에 남미는 미국의 영향을 많이 받았어. 냉전

시기에 여러 나라에서 사회주의적인 개혁 시도가 있었지만 대부분 군부 쿠데타와 독재가 벌어져서 실패했지. 배후에는 미국이 있었고. 콘도르 작전이라고 들어봤니? 남미 국가의 비밀경찰들이 협력해서 사회주의 세력을 몰아낸다는 명목으로 벌인 작전인데 수많은 사람들이 죽고 실종됐어. 그 과정에서 미국이 칠레에게 엄청난 양의 무기를 팔아먹었다는 게 나중에야 밝혀졌지. 많은 사람들이 분노했어. 하지만 군부가 나라를 발전시켰다고 좋아하는 사람들도 있어. 주로 나이 많은 어르신들이야."

"한반도는 세계대전 이후에 소련과 미국의 영향으로 반으로 쪼개졌어. 쿠데타와 군사정권의 독재도, 강대국 미국의 영향도 비슷하네. 너 아니? 칠레랑 한국은 딱 열두 시간 차이가 나. 정확히 지구의 반대편이지. 그런데 근대사가 이렇게 비슷한 게 신기하지 않아? 온 세계에 강대국이 손을 안 댄 나라는 없나 봐. 대단해… 씁쓸하고…"

"군사정권은 나라를 빠르게 개발했지만 사람들이 많이 죽었어. 당시에 정부에 반대하는 사람은 전부 '공산주의자'로 지목당했지."

"와, 정말 똑같다. 남한에서는 그 사람들을 '빨갱이'라고 불렀어."

## 프랑코가 오렌지를 하나 까서 나누어 주었다.

"우와, 오렌지! 이 귀한 걸! 고마워, 프랑코! 여기 파타고니아 북부에서 오렌지는 완전 특식이지. 나한테는 정말 스페셜 푸드야!"

"하하하. 이거 아마 미국 캘리포니아나 과테말라에서 왔을 거야. 우리가 지금 강대국 미국이나 개발 자본주의를 비판하고 있지만, 그 자본주의 덕분에 지금 이곳 파타고니아에서 머나먼 과테말라의 오렌지를 먹을 수 있는 거잖아. 아이러니한 일이지."

## 포브레 비아헤로, 가난한 여행자들

길가 바위에 걸터앉아 식빵과 소세지와 양상추, 다른 여행자에게 받은 아몬드로 점심을 해결하고 있었다. 요리 도구는 없기에 길에서 먹는 식사는 대부분 이 정도 음식들이다. 시장이 반찬이라 식빵도 맛있고, 또 언제 슈퍼마켓이 나올지 모르기에 땅콩 하나도 소중한 식량이 된다. 그래도 가끔은 이 소박한 식단이 조금은 서글프다. '인도 여행에서 바나나가 싫어지고, 파타고니아 여행에서는 식빵이 싫어졌다'고 일기장에 적는다. 하지만 역시, 바나나와 식빵은 배고픈 여행자의 중요한 양식이다.

종종 차가 지나가면 먼지가 풀풀, 숨을 멈추고 음식을 비닐로 덮는다. 멀리서 자전거 한 대가 힘겹게 다가왔다. 핸들 앞 바구니에 검둥 강아지가 타고 있었다. 레게 스타일로 머리를 땋아 올린 아르헨티나 여행자 브루노 소사Bruno Sosa 씨와 외톨이 강아지 시바Ciwa였다. 외로운 길을 가다 만난 같은 처지의 여행자가 반가웠는지 브루노는 자전거를 멈추고 이야기를 건넸다. 아몬드 몇 개를 주었는데 지나치게 고마워하더니 갑자기 숲으로 달려가 나무 열매를 따 주었다. 나는 스페인어를 못하고 브루노는 영어를 못했지만 '콩떡같이 말해도 찰떡같이 알아들을 수 있는', 우리는 '포브레 비아헤로 pobre viajero', 가난한 여행자였다.

"너 이거 알아? 이 '아마리요Amarillo(노란색)' 동그란 열매가 파타고니아 길가에 많아. 솔직히 별로 맛은 없지만 아주 조금은 단맛이 느껴져. 나는 길에서 배고플 때 이걸 많이 따먹어."

파타고니아 대자연이 품은 야생 열매를 처음으로 먹었다. 코끝이 찌릿해져 왔다. 뭐든지 비싸고 추운 얼음나라에서 대가 없이 뭔가를 섭취할 수 있다니, 역시 자연은 신비롭고 감사하다. 브루노의 가르침에 따라, 종종 길가의 노란 열매를 따 먹었다. 별로 맛은 없어서, 배부르고 음식을 구하기 쉬운 마을에 머물 때는 손이 가지 않았다. 나의 가벼운 입맛과 마음은, 처지에 따라 금방 자주도 바뀐다. 나중에 토레스델파이네 박물관에서 사진 자료를 보고서야 그 노란 것이 나무 열매가 아니라 버섯이라는 걸 알게 됐다.

"이 강아지는 엄마 아빠가 없어. 우린 코이아이케에서 만났어. 지금은 새로운 가족이 됐지. 아기라 그런지 덜컹대는 바구니 안에서도 참 잠을 잘 자. 우리는 자전거로 아르헨티나 엘찰텐까지 갈 거고, 거기서부터는 히치하이킹으로 우수아이아까지 갈 거야. 나는 이번이 두 번째 파타고니아 여행이야. 엘찰텐은 작은 마을이지만 온 세계 여행자들이 모이는 곳이야. 하루는 이쪽 산, 하루는 저쪽 산으로 걸으면서 일주일 정도는 머물면 좋을 거야. 이제 내리막길이니까 나는 자전거를 타고 갈게. 또 인연이 되면 엘찰텐에서 만나자. 부엔 비아헤! 좋은 여행하기를!"

나도 가난한 여행자지만 브루노는 유료 캠핑장도 이용하지 않고 식량도 별로 들고 다니지 않는, 좀 더 가난하고 배고프고 힘겨운, 하지만 그래서 자연과 더 가까운 여행을 하고 있었다. 길 위에서는 배낭과 짐의 무게가 참 크게 느껴지는데, 자전거로 비포장도로를 달리는 건 무척 어려울 텐데, 어떻게 강아지까지 태우고 다닐까. 강아지는 짐이 아닌 생명이고 그의 새로운 가족이니까 무게로 생각하지 않는 걸까. 마음이 따듯한 브루노와 귀여운 강아지 시바가 금세 남쪽으로 멀어져갔다.

칠레 7번 국도의 끝 빌라오이긴스에 도착했다. 여기서 30,000페소(한화 50,000원) 요금의 배를 타고 호수를 건너야만 남쪽으로 갈 수 있다. 비바람 때문에 배가 결항되어 며칠을 머물렀다. 호수 반대편은 국경, 칠레 검문소에서 아르헨티나 검문소까지 약 17킬로미터 산길을 걸어서 넘어야 한다. 차가 아예 다니지 않는 국경은 평생 처음이었다. 누구든 걸어서 산을 넘어야 한다. 아르헨티나 검문소까지 가면 또 호수가 나온다. 그곳부터는 보트가 있지만 비싸서, 다시 호수 반대편 차가 다니는 도로까지 17킬로미터를 더 걸었다. 총 34킬로미터의 국경 산길은 거칠고 길을 분간하기 힘든 늪지대가 많았다. 발이 푹푹 빠져 신발이 진흙으로 흠뻑 젖고 두 번이나 길을 잃고 헤맸다. 호수 너머 멀리 보이는 피츠로이 산이 너무 아름다워서 다시 힘이 차오르곤 했다. 배낭만 메고도 힘든 산길을, 자전거 여행자들은 자전거를 끌고 지고 넘어갔다.

'세상 둘도 없는 미봉'이라는 피츠로이 산이 있는 엘찰텐은 전에 들어본 적이 있다. 마침내 북부 파타고니아 오지를 지나, 유명 관광지가 많은 남부 파타고니아에 도착한 것이다. 피츠로이는 찰스 다윈이 박물학자로 승선했던 영국 해군 함정 비글호의 선장 이름이다. 세계의 끝에서도, 아픈 식민주의 역사의 흔적을 자주 마주해야 했다.

이후의 파타고니아 여행은 비교적 수월했다. 엘찬텐의 피츠로이와 토레 호수, 엘칼라파테의 페리토모레노 빙하, 푸에르토나탈레스의 토레스델파이네 산행, 칠레의 땅끝 푼타아레나스와 아르헨티나의 땅끝 우수아이아까지. 여행자들이 몰리는 곳이라 버스가 많았고 잘 곳과 음식을 찾기도 쉬웠다.

왜 이토록 수많은 세계의 사람들이 파타고니아를 찾아올까. 춥고 거칠고 황량한, 파타고니아의 매력은 어떤 것일까. 칠레 푸콘 산골 출신 청년 한스 오르티스 씨는 말한다.

"나는 칠레 산골에서 태어났어. 우리 가족 모두가 산을 사랑해. 이곳 파타고니아나, 여기가 아니라도 거대한 산맥이 있는 국립공원에서 일하고 싶어. 산과 자연이 왜 좋냐고?
도시 사람들은 나밖에 몰라. 나, 나, 나. '나' 라는 비누 거품 속에 사는 것 같아. 오로지 나한테 둘러싸여서 나만 보고 살지. 산에서는 내가 없어. 산만 있어. 나무, 새, 호수… 산만 있고 나는 없어. 그래서 산을 좋아해."

# 아르헨티나

##  31일간의 파타고니아 종단. 세계의 끝, 또 다른 시작

11월 23일 발디비아에서 12월 23일 우수아이아까지, 파타고니아에서 꼬박 한 달. 코이아이케 팝콘아저씨네 소파에서의 하룻밤, 엘찰텐 도미토리에서 머문 사흘을 빼고는 한 달 내내 텐트를 치고 야영을 했다. 어쩌다 한 번씩 야영을 할 때는 무서웠는데, 그것도 매일 하다 보니 폐가 마당에서도, 야산과 들판에서도 편안히 잠들 수 있었다. 파타고니아는 주민들이 '강도, 도둑이 없다'고 자부하는 곳이고, 그 자부심에 신뢰가 가는 곳이었다.

파타고니아를 종단하며 종종, '세상의 끝이고 뭐고 돌아가고 싶다, 이미 충분히 남극만큼 춥고 힘들다'고 생각했는데, 중간에 다시 돌아갈 방법은 없었다. 파타고니아 남부에는 남미 각지로 비행기가 다니지만 북부에는 비행기는커녕 버스도 잘 다니지 않았다. 지나고 나면 추위 정도야 금방 잊어버리고, 그 또한 추억이 된다.

푼타아레나스와 우수아이아, '세계의 끝'이라고 불리는 곳에 기어이 도착했지만, 그곳은 또 다른 시작의 땅이었다. 앞바다에 커다란 섬과 설산들이 떠있어 끝이라는 느낌이 많이 들지 않았다. 영화와 미디어, 관광 홍보물 따위를 통해서 사람들은 이곳을 세계의 끝이라고 인식하고 호기심을 갖지만, 사실 모든 대륙과 많은 나라들에는 동서남북 수많은 '땅끝'이 있다. 이곳은 그 수많은 땅끝들보다 조금 더 특별한, 아메리카 대륙이 끝나는 곳, 남극과 가장 가까운 땅이다.

몸을 날려버릴 듯 바람이 세찬 얼음의 땅 이곳에서도, 사람들의 삶은 별로 다르지 않았다. 각자의 일터로 출퇴근을 하고, 통장 잔고를 걱정하며 마트에서 장을 보고, 친구들, 이웃들과 함께 때로는 울고 때로는 웃으며 살아가는 나날. 푼타아레나스와 우수아이아에 사는 사람들에게는 세계의 끝이라고 불리는 이곳이 모든 삶의 시작일 것이다. 다시 북쪽으로, 그리고 아마도 아프리카로 이어나갈 나의 여행도 여기부터 다시 새로운 시작이다.

세계의 사람들이 이 머나먼 곳까지 와서 기어이 마주하는 것은, 세계의 끝도 우리가 사는 곳과 하나도 다르지 않다는, 서글픈 확인인지도 모른다.

12월 21일 리오그란데 강변 들판에는 강풍이 불어 밤새 텐트가 찢어질 듯했다. 우수아이아 숙소는 많이 비싸고 강풍은 여전해 자그

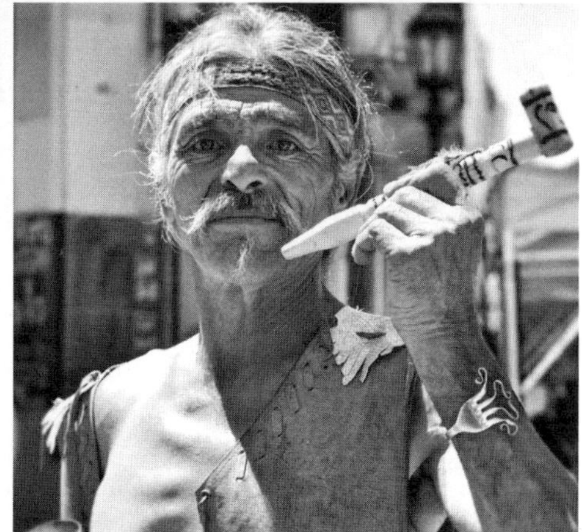

▲Lago del Desierto, El Chaltén
세계의 사람들이 이 머나먼 세계의 끝까지 와서 기어이 마주하는 것은…
◀Ushuaia
세계의 끝. 푼타아레나스와 우수아이아. 그곳은 또 다른 시작의 땅.
▶San Telmo, Buenos Aires, Nahuel Pam
"마푸는 땅, 마푸체는 땅의 사람이야. 국경도 국기도 전쟁도 없는 세상, 그게 내 꿈이야."

마한 공항에서 밤을 보내며 부에노스아이레스로 가는 비행기를 기다렸다. 천만 원이 넘는다는 남극 여행, 꽤 비싸다는 펭귄섬과 세상 끝 등대 투어는 깔끔하게 포기, 내 여행에는 포함되지 않았다. 어린 시절 지구본에서 보던 세계의 끝, 그곳 사람들이 사는 모습, 그곳의 바다와 산과 바람을 만난 것으로 충분하다.

한 달 동안 종단한 파타고니아에 작별을 고한다. 차오, 황량한 벌판을 달리는 과나코야! 차오, 눈 덮인 산맥을 날아오르는 콘도르야! 차오, 세계의 끝에 사는, 우리와 똑같은 사람들!

##  식민지 광산의 배수로, 부에노스아이레스

아르헨티나 남부는 칠레 남부 파타고니아보다 더욱 거대하고 황량하다. 위성 지도로 언뜻 보아도 초록색을 거의 찾을 수 없다. 사람이 많이 살지 않아서 최남단 우수아이아로부터 대륙을 가로질러 올라가는 버스나 기차가 없다. 이미 지나온 파타고니아의 관광지들을 다시 거쳐 북쪽으로 가는 방법뿐이라, 하는 수 없이 비행기를 타고 부에노스아이레스로 이동했다.

여행은 다양한 첫 경험, 새로운 경험들을 하게 해준다. 지구의 남반구에서 맞는 한여름의 크리스마스도 나에게는 평생 처음이었다. 파타고니아의 거센 바람 속에서 야영을 하고 식빵을 먹으며 연말연시를 지내기는 싫었다. '남미의 문화 수도'라고 불리는 부에노스아이레스의 크리스마스와 새해는 어떤 모습일지 궁금했다.

저가 항공들은 대부분 늦은 밤 공항에 도착한다. 대중교통을 이용하기도, 숙소를 구하기도 애매한 시간. 그런 날엔 숙박비를 아끼기 위해 공항 한구석에서 잠을 잔다. 지붕 없는 낯선 곳에서의 야영보다는 안전한 편이다. 춥지도 덥지도 않은 온도도 자기에 적당하다. 부에노스아이레스 공항 곳곳에도 담요나 침낭을 덮고 자는 여행자와 홈리스들이 많았다.

대여섯 시간 푹 자고 일어나 창밖을 보니, 밤에는 보이지 않았던 거대한 강이 아침 햇살을 받으며 흐르고 있었다. 말로만 듣던 라플라타강이었다. '은의 강', 리오 데 라 플라타Río de la Plata. 스페인 식민지 시절, 이 강은 볼리비아 포토시 광산에서 채굴한 은을 유럽으로 빼 가던 '식민지 광산의 배수로'였다고 한다.

스페인은 거대한 식민지를 지배하기 위해서 처음에는 총독부를, 곧이어 대규모 부왕령을 설치했다. 1492년 대륙 발견 이후, 1535년 설립된 누에바에스파냐 부왕령은 멕시코, 중미, 카리브 지역을, 1542년 설립된 페루 부왕령은 남미 대부분 지역을 통치했다. 1776년 지금의 아르헨티나 지역에 리오 데 라플라타 부왕령이 설립됐다. 1816년 스페인으로부터 독립하며 바꾼 이름, '아르헨티나' 역시 라틴어로 '은'을 의미한다. 대륙의 이름 '아메리카'를 비롯해, 아메리카 각지의 주요 지명은 식민주의의 지배와 구획에 의해 이름 붙여졌다.

아르헨티나가 유럽 백인 이민자의 나라로 만들어지는 동안, 페루 안데스 원주민들과 마찬가지로 아마존과 파타고니아 지역 원주민들도 착취당하고, 죽고, 사라져갔다. 아르헨티나를 여행하는 동안, 과거 이 땅에 살았던 원주민 과라니족, 마푸체족, 떼우엘체족은 거의 만날 수 없었다. 관광지의 서점과 기념품 가게에서 사라진 그들의 흔적이 판매되고 있을 뿐이었다. 현재 약 4,300만 명인 아르헨티나의 인구 중, 남은 원주민은 1.6퍼센트, 60만 명 정도라고 한다.

## 남미의 파리와 동양의 나폴리

침략과 착취를 바탕으로 성장한 라플라타 부왕령의 수도 부에노스아이레스는 수백 년이 지난 지금 '남미의 파리', '남미의 문화 수도'로 칭송된다. 유럽은 식민의 역사를 거치며 '문명'의 표준이 되었으므로, 파리를 '유럽의 쿠스코'라고 하거나, '동양의 나폴리, 통영'을 뒤집어 '서양의 통영, 나폴리'라고 부르는 사람은 없다. 하지만 세상에는 파리보다 아름다운 도시, 나폴리보다 아름다운 바다가 셀 수 없이 많다. 저마다 다르게 느끼는 아름다움을 비교하는 것은 애초에 불가능한 일이지만, 제2세계, 제3세계, 저개발국가들에게, 부유하고 세련되어 보이는 유럽과 유럽 문명은 그렇게라도 좇아가고 싶은 것이었나 보다.

폭압의 역사는 아프지만, 오랜 세월 도시와 사람들 속에서 자라나고 회자되는 그 '문화'라는 것은, 인류와 사회와 지구에게 이로운 것일까. 다인종, 다문화의 땅. 이주와 혼혈과 융합의 땅 라틴아메리카. 그러나 특히 더 많은 원주민이 희생되고 사라진 아르헨티나에서, 다시금 다인종, 다문화의 공존과 평화를 기원했다.

내가 잘 알지 못하는 역사를 돌아보고 비판하기보다 먼저, 나의 작은 삶, 하루하루의 일상에서부터 차별과 폭력을 늘 경계하고 조심하자고 거듭 되뇌며 다짐했다. 나의 기도는 아무런 힘이 없을지도 모른다. 하지만 기도와 함께하는 다짐은 나의 삶과 행동에 한 줄기의 힘이 될 것이다.

추운 파타고니아에서 순식간에 무더운 곳으로 이동해서인지, 며칠 동안 몸이 무겁고 머리가 아팠다. 장기간 여행 중에 갑작스러운 고도 변화나 기온 변화로 아픈 것은, 천천히 쉬면서 새로운 환경에 적응하라는 몸의 신호인 것 같다. 그래서 아픔은, 여행의 과정이기도 하다. 여행 100일째에 불현듯 찾아왔던 대상포진을 기억하며, 아플 땐 하염없이 쉬면서 몸을 돌본다.

인터넷에서 찾을 수 있는 부에노스아이레스의 가장 저렴한 숙소는 280페소(한화 8000원). 널찍한 12인실 도미토리는 다행히 사람이 많지 않고 조용한 편이었다. 늦잠과 낮잠을 자고, 끼니마다 요리를 해 먹고, 멍하니 한국 드라마와 연예 방송을 보며 며칠을 보냈다. 아파서인지, 처음 걷는 부에노스아이레스의 골목들이 별로 흥미롭지 않았다. 새로운 장소에서 매일 새로운 길을 걸어도 그게 전혀 새롭게 느껴지지 않고 재미도 없는, 여행의 시간들이 있다. 가족도 친구도 만날 수 없는 외로운 여행자의 연말연시이기에 조금 우울했던 건지도 모르겠다.

그래도 12월 31일 밤에는 호스텔 직원들이 친구들과 마련한 옥상 파티에 초대받아, 술과 음식을 함께 먹으며 들뜬 분위기로 2019년

새해를 맞았다. “펠리즈 아뇨 누에보 Feliz año nuevo! 새해 복 많이 받아요!”

베트남, 일본, 콜롬비아, 브라질 여행자들, 처음 만난 아르헨티나 친구들과 서로의 행복을 기원했다. 한 명 한 명 돌아가며 와락 와락, 어색하지만 따뜻한 포옹을 나눴다. 스쳐가는 여행자들에게 아낌없이 기쁨을 나누어준 호스텔 직원들과 친구들에게 고마웠다.

### 탱고를 만나는 비용

독특한 대자연, 다양한 문화유산과 함께, 세계인을 라틴아메리카로 이끄는 또 하나의 매력은 음악이다. 쿠바의 룸바와 맘보, 멕시코의 마리아치 악단, 브라질의 삼바와 보사노바, 그리고 부에노스아이레스의 탱고.

여러 책과 미디어는 라틴아메리카 사람들이 정열적이고 일상적으로 음악을 즐긴다고 소개했다. 여행을 하면서 그 음악들을 마주할 수 있어서 행복했지만, 상상했던 것만큼 그 기회가 많은 것은 아니어서 아쉽기도 했다. 그저 좋아서 음악을 즐기는 현지인을 만나는 경우는 무척 드물었다.

대부분의 라틴음악은 주로 이름난 관광지의 공연장과 식당에서 직업 음악가들에 의해 연주되고 공연되고 있었기에, 입장료나 음식값, 팁 등의 음악 소비 비용이 필요했다. 나는 주머니가 가벼운 장기 여행자라서, 자주, 오래 라틴음악을 즐기기에는 부담이 따랐다.

▲Plaza Dorrego
쿠바의 룸바와 맘보, 멕시코의 마리아치, 브라질의 삼바와 보사노바,
그리고 부에노스아이레스의 탱고.
▼Plaza de Mayo
41년 동안의 5월 광장 목요집회.
"Nunca mas olvidamos! 기억은 깨어있는 일이고 정치문화적 실천 행위다!"

탱고의 발상지, 시민들이 저녁마다 광장에 모여 탱고를 출 것만 같았던 부에노스아이레스에서도 거리의 탱고를 볼 수 있는 곳은 많지 않았다. 세계 최대 벼룩시장이 열리는 산텔모 지구의 도레고 광장, 알록달록 화려하게 색칠된 라보카 항구의 카미니토 거리에서, 그나마 탱고의 명성을 조금씩 확인할 수 있었다. 탱고를 대표하는 악기인 반도네온의 처연한 선율을 듣고 역동적인 춤을 보며 숨막히는 긴장감을 느꼈다.

레스토랑과 중앙광장에서 정식 공연이 펼쳐지는 한편, 탱고 복장을 멋지게 차려입고 관광객들과 사진을 찍는 일로 돈을 버는 거리의 댄서들이 있었다. 길에서 즉석으로 탱고를 가르쳐주기도 한다고 들었는데, 아쉽게도 그런 모습은 마주치지 못했다.

"쉘 위 댄스? 저와 춤추시겠어요? 저와 탱고 사진을 찍으시겠어요?" 수많은 관광객들 중에 댄서와 함께 사진을 찍고 돈을 지불하는 사람은 별로 없었다. 분주한 길목에 서서 몇 시간씩, 매일 매일 같은 말을 되풀이해야 하는 댄서들의 모습이 조금은 슬퍼 보였다. 가난한 예술가들의 삶은 세계 어느 곳이나 비슷하다는 생각이 들었다.

##  41년 동안의 목요집회를 아시나요

이구아수로 가는 일정을 며칠 미루고 5월 광장 어머니회의 목요집회에 참여했다. 5월 광장 어머니회는 1976년부터 1983년까지 지속된 군사정부에 의해 실종된 사람들의 어머니들이 만든 모임이다.

1977년 4월 13일, 열네 명의 어머니들이 대통령궁 앞 5월 광장에 모여, 하얀 머릿수건을 두르고 묵묵히 원을 그리며 걷는 침묵 시위를 시작했다. 이후 41년이 지난 지금까지 그들은 매주 이곳에 모여, 결코 잊을 수 없는 자녀들을 "산 채로 돌려달라"고 외친다.

19세기 초 라틴아메리카 대부분 나라는 스페인으로부터 독립했다. 하지만 그 독립은 전체 민중을 위한 것은 아니었다. 식민지에서 태어난 스페인 후손들인 크리오요, 군벌세력인 카우디요가 새로운 권력층이 되었고 원주민들에 대한 약탈은 식민지 때보다 더 심해진 곳이 많았다.

1848년 멕시코와의 전쟁에서 승리한 미국은 멕시코 영토의 절반을 빼앗았고, 1898년 스페인과의 전쟁을 통해 쿠바와 푸에르토리코, 필리핀과 괌을 차지했다. 스페인이 떠난 라틴아메리카에는 정치적 혼란이 이어졌고, 새로운 강대국 미국의 영향력이 커져갔다.

식민지 시대는 저물어갔지만, 식민지를 가졌던 나라들, 소위 '선진국' 들은 세계의 중심이 되었고, 아메리카, 아프리카, 아시아의 독립국들은 '저개발국', '제3세계'라는 새로운 이름으로 불렸다. 대부분의 저개발국가에서, 절대적인 과제가 된 '개발'이라는 미명 아래 수많은 군부 독재가 벌어졌다.

냉전 시기인 1975년, 남미 전역을 아우르는 첩보 작전인 '콘도르 작전'이 시행된다. 인구의 다수가 백인인 아르헨티나, 칠레, 우루과이를 중심으로 브라질, 파라과이, 페루, 에콰도르까지 연관된 작전으로, 각국 정부 공작원들에 의해 암살과 탄압이 벌어졌다. 미국의 협조와 승인이 있었다고 알려졌으며, 남미에 반공, 친미 정권을 수립하는 결과를 가져왔다. 1983년, 아르헨티나 군사정권이 무너지면서 콘도르 작전은 끝을 맺는다. 아르헨티나에서는 이 시기를 '더러운 전쟁Guerra Sucia'이라고 부른다. 실종되거나 살해된 사람은 3만 명으로 추정된다.

남미가 처한 어려움을 설명하는 '4D의 위기'라는 표현이 있다. 외채Dept, 개발Development, 민주주의Democracy, 마약Drug이 그 네 가지다. 멕시코 작가 카를로스 푸엔테스는 '민주주의와 사회정의를 수반한 경제발전'이 라틴아메리카의 유일한 희망일 거라고 얘기했다. 선진국 중심의 세계체제 속에서, 저개발국가들의 발전은 힘겨울 것이다. 비민주적인 사회에서 민주주의와 사회정의는 실현하기 어려울 것이다. 그럼에도 사회가 조금 더 나아질 거라는 희망은 사라지지 않을 것이다.

냉전과 이념 대립, 독재 정권은 세계 곳곳에 깊은 상흔을 남겼고 그 아픔은 여전히 지속되고 있다. 집회의 행렬에는, 세월이 흘러 노인이 된 어머니회 회원들의 발걸음을 따라 걷는 청년들이 많았다. 그들과 함께 나도 한 걸음 한 걸음 뒤따라 걸으며, 잊지 말아야 할 것들을 생각했다.

"Nunca mas olvidamos 눈까 마스 오르비다모스! 절대 망각하지 말자!"

"기억은 깨어있는 일이고 정치문화적 실천 행위다!"

41년 동안 계속된 어머니들의 목소리가 오늘도 부에노스아이레스 5월 광장에 울려 퍼지고 있다.

##  파라과이에서 온 과일장수

"이구아수로 언제 가세요? 거기는 부에노스아이레스보다 습도가 더 높고 덥던데요. 날씨 정보 보니까 습도가 90퍼센트예요."

"아, 정말요?! 90퍼센트면 물속 아닌가요? 하하. 부에노스아이레스도 습해서 힘들었는데… 그래도 가야죠! 습도가 200퍼센트라고 해도 가야죠, 이구아수인데!"

페루 티티카카에서 만난 여행자 이동지 씨와 이동 경로가 비슷해서 종종 SNS로 안부를 묻고 정보를 나눴다. 남미 여행에서 빠뜨리면 아쉬운 곳, 드디어 이구아수에 도착했다. 부에노스아이레스에서 야간 버스를 타고 열여덟 시간이 걸렸다. 이구아수 폭포 지역은 과거 원주민 과라니족의 땅이었으며, 1811년 스페인으로부터의 독립 후에는 파라과이 땅이었다고 한다. 1870년 파라과이와의 전쟁에서 승리한 아르헨티나와 브라질이 이구아수 폭포 지역을 빼앗아 가졌다. 이구아수강 3국 국경 전망대에서 파라과이, 브라질, 아르헨티나 세 개 나라를 한 눈에 바라볼 수 있다.

숙소 주변 길가에서 과일장수 에나로 피그레다Henaro Pigleda 씨를 만났다. 아르헨티나 지역이니 당연히 아르헨티나 사람인 줄 알았는데, 그는 파라과이 사람이었다. 그렇다고 아르헨티나에 사는 파라과

▲Puerto Iguazú, Henaro Pigleda
"파라과이에서 아르헨티나까지, 저는 매일 열두 시간을 걸어요."

이 사람도 아니었다. 67세의 에나로 씨는 매일 도보로 국경을 넘어 아르헨티나까지 장사를 하러 오는 파라과이 사람이었다.

"저는 매일 열두 시간을 걸어요. 아침에 파라과이 집에서 출발해 브라질 국경을 넘고, 아르헨티나 국경을 넘어 이곳까지 여섯 시간이 걸려요. 관광객들에게 과일을 팔다가 저녁이 되면 다시 걸어서 파라과이로 돌아가지요. 도착하면 깜깜한 밤중이에요. 잠을 자고 다음 날 아침 다시 걸어서 국경을 넘어요. 파라과이에는 관광객이 없어서 과일을 좋은 가격에 팔 수가 없어요."

"열두 시간이요? 파라과이에는 과일 사는 사람이 없나요?"

내가 스페인어 숫자를 잘못 알아들은 게 아닌지, 믿기 어려워서 몇 번을 물었다. 전쟁에서 지고 땅도 빼앗긴 파라과이는 지금까지도 이웃 나라들에 비해 살기가 어려운 것 같았다. 과일을 잔뜩 실은 무거운 수레를 밀고 매일 열두 시간을 걸어 국경 세 개를 넘다니. 세상에는 내가 상상할 수도 없을 만큼 어려운 삶을 살아가는 사람들이 많다. 힘든 내색 한 점 없이 환하게 웃으며 이야기를 나누어준 에나로 씨가 파는 파라과이산 망고는 무척 달고 싱싱했다.

## 악마의 목구멍은 얼마나 많은 눈물을 삼켰을까

이구아수는 과라니어로 '큰 물'이라는 뜻이다. 세계 7대 불가사의, 세계 3대 미항, 세계에서 가장 깊은 호수, 세계에서 가장 건조한 사막, 아메리카 최고봉, 아시아 최고층 등등 세계에는 사람들이 정해놓은 다양한 순위들이 있다. 그중에서도 '세계 3대 폭포'는 아주 유명하다. 미국을 횡단하며 나이아가라 폭포에 갈지 말지를 고민할 때, 엘리너 루스벨트 부인이 이구아수를 보고 "오, 불쌍한 나이아가라야!"라고 한탄했다는 얘기를 들었다. 사진으로 보아도 이구아수가 더 크고 멋져 보였다. 게다가 나이아가라가 있는 미국과 캐나다는 물가가 비싸다. 과감히 나이아가라를 포기했고 이구아수를 고대했다.

종종 세 군데 폭포를 모두 방문한 여행자를 만나면 어디가 더 좋았는지, 뭐가 어떻게 다른지를 물었다. 세 군데를 다 보고 비교할 수 있다는 게 조금 부러웠지만, 우리는 각자가 할 수 있고 생각하는 만큼의 여행을 할 수 있을 뿐이다. 언젠가 아프리카에 가서 빅토리아 폭포를 보게 될까. 같은 폭포라도 우기인지 건기인지에 따라 평가는 크게 달랐으니, 비의 양이 폭포의 규모에 큰 영향을 미치는 것 같다. 1월은 남반구의 여름이고 우기여서, 이구아수는 형언하기 어려울 만큼 거대했다.

입장료는 아르헨티나 쪽이 700페소, 브라질 쪽이 69레알(양쪽 모두 한화 21000원)로 무척 비쌌지만 두 군데 이구아수를 모두 보았다. 아르헨티나 이구아수는 270여 개에 이르는 폭포 지역의 80퍼센트를 차지하고 있는, 폭포의 종합선물세트였다. 넓은 폭포, 길쭉한 폭포, 쌍둥이 폭포 등등, 네다섯 시간을 걸어도 걸어도 폭포의 절경이 이어졌다. '악마의 목구멍'이라 불리는 가장 높고 큰 폭포는 이구아수의 중심이다. 강물 위로 긴 보행로가 연결되어 있어서 폭포의 바로 윗부분까지 접근할 수 있다. 유유히 흐르던 거대한 강은, 한순간 통째로 절벽으로 쏟아져 내렸다.

브라질 이구아수는 폭포 지역의 20퍼센트로, 규모가 작지만 멀리서 폭포의 전체적인 모습을 볼 수 있다. 시설은 적은데 관광객은 많아서 티켓을 사고 입장해 셔틀버스를 타는 데만 두 시간이 걸렸다. 보행로와 전망대에서도 인파에 밀려다닐 정도라, 조용히 폭포를 바라보기 어려웠다. 하지만 마지막 하이라이트, 사방으로 거대한 폭포에 둘러싸여 '악마의 목구멍'을 한눈에 볼 수 있는 전망대에서, 나는 기어이 쏟아지는 폭포수 위로 몇 방울 눈물을 떨구고 말았다.

사람의 몸은 60퍼센트 이상이 물로 이루어져 있다고 한다. 세계 최대 규모, 그 거대한 물의 울림에 반응해서인지 이구아수를 본 많은 사람들이 눈물을 흘리고, 때로는 통곡을 한다는 글을 읽은 적이 있다. 하지만 차분히 폭포를 마주하며 슬픔을 느끼기에는, 줄지어 몰려드는 인파가 너무 많았다. 울고 있는 사람을 마주치진 못했는데, 다른 사람들도 나처럼 조용히 남몰래 눈물을 흘리는 걸까. 그 모든 울음을 폭포가 삼켜버린 걸지도 모르겠다. 밀려드는 인파와 온몸을 적시는 물보라 속에서도, 우비를 입고 꿋꿋이 전망대 한켠에 자리를 잡고, 삼십 분, 한 시간, 가만히 폭포를 바라보았다.

오랜만에 연락한 동생이 물었다.

"그 유명한 이구아수를 드디어 봤겠네. 어땠어?"

"드디어 이구아수를 봤지. 근데 그냥, 이름대로 '큰 물'이던데."

"그런 말은 갔다 온 사람만 할 수 있는 소리지!"

더위와 인파에 지쳐서인지, 한없이 심심하고 시시하게 이구아수와의 만남을 표현하는 나에게 동생이 말했다. 어떤 말로 이구아수를 설명할 수 있을까. 머릿속에 맴도는 모든 단어가 초라하고 무색하게 느껴진다.

평생 볼 폭포는 이구아수에서 다 보았다. 눈을 감고 떠올리면, 천둥 같은 이구아수 소리가 들릴 듯하다.

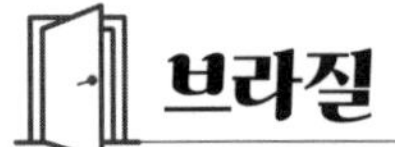

# 브라질

## 생각을 멈추고 일단 가고 보자

세계 여행 8개월, 234일째. 미국 샌프란시스코에서 시작한 아메리카 일주의 마지막 나라, 브라질에 들어섰다. 무려, '지구의 허파'라고 불리는 아마존이 있는 남미 최대의 땅, 브라질. 이 땅의 이름 역시 식민지의 시간이 만들어낸 이름이다. 브라질은 당시 유럽인들이 좋아했던 붉은색 염료를 채취하는 나무의 이름이다. 유럽으로 은을 빼앗아가던 땅은 아르헨티나, 염료를 가져가던 땅은 브라질이 되었다.

무더운 날씨가 여행의 의욕을 떨어뜨려, 지도에서 본 거대한 땅덩어리가 막막하게 느껴졌다. 6,300킬로미터에 이른다는 아마존강과 밀림 지역, 해변 휴양지들을 포기하고 곧바로 리우데자네이루로 이동했다. 이구아수에서 리우데자네이루까지의 거리는 1,600킬로미터, 버스로 꼬박 스물여덟 시간이 걸렸다. 오후 두 시 반에 출발한 완행버스는 수많은 도시를 경유해 다음 날 오후 여섯 시 반이 되어서야 리우에 도착했다.

리우데자네이루. 나폴리, 시드니와 함께 세계 3대 미항이라 불리는 곳. 하지만 아름답다는 명성 못지않게 악명 또한 높다. 강도와 소매치기로 유명한 남미에서도 그 악명이 가장 자자한 곳이 바로 리우데자네이루다. 굳이 위험을 무릅쓰고 싶지 않아 웬만하면 피하고 싶었으나, 리우는 아프리카와 유럽으로 가는 비행기가 남미에서 가장 저렴한 곳이다. 버스로는 대서양을 건널 수 없다. 주머니 가벼운 세계 일주 여행자라면 피하기 어려운 장소다.

인터넷 여행 커뮤니티 '남미사랑'에서 운영하는 카카오톡 '남미방'에는 종종 리우데자네이루의 소매치기 동영상이 게시됐다. 브라질이 가까워지면서 상황 파악을 위해 열어본 영상은 충격적이었다. 날쌘 소매치기들은 밝은 대낮 대로에서 행인들의 가방과 목걸이 따위를 완력으로 낚아채갔다. 무서웠다. 하지만 이미 비행기 티켓을 끊었고, 인터넷의 영상은 현실과는 또 다를 것이라고, 놀란 가슴을 다독였다.

"리우에서 강도를 만나면 저항하지 말고 무조건 다 내어주세요. 카메라에 담긴 추억도 너무 중요하지만, 목숨은 하나뿐이니까요."

"코파카바나 해변에서 대낮에 네 명이 같이 다녔는데도 다 털리고 구타까지 당했습니다. 되도록 리우에는 가지 마세요."

실제로 소매치기와 강도를 당한 사람들이 올리는 글도 빈번했고, 어떤 경고의 글들은 섬뜩했다. 강도를 만나면 내어줄 용도로 소액 지폐를 두둑하게 넣은 지갑을 준비하라는 정보를 따라, 큰 금액이 든 지갑은 깊숙이 넣어두고 가벼운 지갑을 주로 사용했다. 부에노스아이레스 호스텔에서 만난 브라질 여행자 세르주 씨에게 이러한 브라질 악명의 실체에 관해 물어보았다.

"아니야. 그렇게 위험하지는 않아. 나처럼 이렇게 후줄근한 셔츠에 반바지 입고 다니면 괜찮아. 큰길로 직진만 하고 골목으로 안 들어가면 괜찮아. 카메라나 스마트폰을 안 꺼내면 괜찮아. 다른 나라들에 비하면 브라질은 나라 전체가 치안이 안 좋아. 경찰이 별로 힘이 없고 도둑이 많지. 하지만 보통 사람들은 아주 친절해. 누구나 다 너를 도와줄 거야."

옷이야 나도 세르주 씨 못지않게 후줄근하지만, 여행자가 길을 찾다 보면 골목으로 들어갈 수도 있고, 낯선 거리를 걷다 보면 사진을 찍고 싶을 수도 있지 않은가. 위험하다는 건지 안 위험하다는 건지, 친절한 세르주 씨의 설명도 나를 안심시키지는 못했다.

파타고니아 푸에르토나탈레스에서 만난 자전거 여행자 안영우 씨의 인스타그램에서 힘이 되고 공감 가는 문장을 발견했다.

"무언가를 시작하기 전에 걱정과 불안이 앞설 때, 그걸 극복하는 나만의 방법이 있다. 생각을 멈추고, 일단 가고 보자!"

우연히 여행의 발걸음이 겹쳐서 페루 69호수와 칠레 토레스델파이네를 함께 산행한 여행자 김경진 씨의 말도 떠오른다.

"안 하고 후회하지 말고 하고 후회하는 게 낫다고, 세계 여행을 하면서 그렇게 생각하게 됐어요."

"하고 후회도 안 하면 더 좋겠네요."

머나먼 길 위에서 매번 새로운 결정을 해야 하고, 자주 걱정과 불안을 겪어야 하는 비슷한 처지의 세계 여행자들이기에, 서로의 경험과 이야기들은 때로 중요한 정보가 되고, 때로는 소중한 힘도 된다. 그리고 여행은, 많든 적든 사람을 변화시킨다. 두려움과 걱정은 접어 두고, 나만의 리우데자네이루에 힘껏 부딪혀 보자고 마음먹었다.

## 리우에서 백팩은 등 뒤로 메는 가방이 아니다

그 어느 장소보다 긴장한 채 시외버스 터미널을 나서서 시내로 가는 버스를 찾았다. 도시 변두리 공터 곳곳에는 카니발에 사용된 뒤 방치된, 화려한 빛깔의 장식물들이 묵묵히 다음 카니발을 기다리고 있었다. 남미의 어떤 대도시보다 노숙인이 많았고, 일요일이라 상점들이 문을 닫아 더욱 쓸쓸해 보였다. 공원에는 삼삼오오 둘러앉은 홈리스들이 나뭇가지 몇 개에 불을 붙이고 냄비를 올려 요리를 했다. 복대, 지갑, 카메라, 휴대폰이 제자리에 붙어있는지 계속 신경 쓰면서 숙소를 향해 걸었다.

"꼭 관광지 코파카바나나 이파네마에 숙소를 잡으세요. 다운타운이나 빈민촌 파벨라에 있는 숙소는 낮에도 위험합니다."

경고를 따르고 싶었지만, 아니나 다를까 저가 숙소는 모두 다운타운과 파벨라에 자리해 있었다. 파벨라보다는 안전할 것 같은 다운타운에서 사흘을 머문 뒤 숙소 가격이 갑자기 올라서, 어쩔 수 없이 파벨라로 이동해 이레를 더 머물렀다.

35도를 웃도는 여름이라 에어컨이 있는 숙소를 택했지만 전기세가 비싼지 에어컨은 밤중에만 가동되었다. 지구 환경 보호를 위해서 되도록 에어컨을 줄여야 한다는 걸 알지만, 당장 땀이 줄줄 흐르고 하루에도 모기에게 수십 방을 물리니 시원한 기계의 힘이 절실했다. 앎과 실천의 부조화. 삶은 끊임없는 갈등과 행동의 연속이다.

리우에 대한 경고는 거리와 빈민촌에서 끝나지 않고 숙소에까지 이어진다. 해변에서 수영을 하려고 귀중품을 보관함에 넣어두었는데 자물쇠가 뜯겼다는 제보는 흔했다. 보관함을 쓰라는 건지 말라는 건지, 수영을 하러 가야 할지 말아야 할지 알 수가 없었다. 이틀

▲Rio de Janeiro, Bruna Grumik
"고통받는 사람을 내버려 두고 모두가 행복하다면 세상은 더 나빠질 거야."

째 숙소에 박혀 글만 쓰고 있는 나에게 브라질 여행자 디에고 씨가 코파카바나에 함께 가자고 제안했다. 현지인과 함께라면 안전하고 짐 보관도 가능할 것 같아서 선뜻 따라나섰다.

마침내 마주한 코파카바나 해변은 넓고 아름다웠으나, 상상만큼 푸르고 싱그러운 바다는 아니었다. 남한의 미항 통영이 고향이라, 웬만한 바닷가는 그러려니 하고 만다. 대도시의 해변은 으레 부산 해운대와 비슷하다. 좋은 위치에는 대기업의 호텔이 늘어서 있고 그 아래에는 비싼 식당과 카페들. 코파카바나와 이파네마도 다를 게 없었다.

그래도 대서양에서의 첫 수영. 종종 큰 파도가 덮치면 짠물도 마구마구 마셔가며 어푸어푸 아이처럼 신나게 놀았다. 주변 현지인들도 일행이 모두 물에 들어가지는 않았다. 휴대폰과 지갑을 도둑맞지 않으려고 한 명씩 돌아가며 자리를 지켰다.

리우에서 백팩은 등 뒤로 메는 가방이 아니다. 여행자도 현지인도 모두들 백팩을 앞쪽으로 메고 다닌다. 조심조심, 골목에서도 해변에서도 도둑에 대한 주의는 리우의 일상이다.

##  브라질의 달동네, 파벨라

시내버스는 한 시간 반가량 코파카바나와 이파네마 해변을 달려 도심 끝 파벨라 입구에 다다랐다. 리우데자네이루에만 800개에 이른다는 빈민촌 파벨라는 대부분 가파른 산자락에 자리를 잡고 있다. 한국에는 서서히 사라져가는 달동네와 비슷한 모습이다.

길이 좁아 버스는 더이상 다니지 않고 오토바이 기사들이 주민들을 태우고 분주히 오간다. 중앙차선과 인도가 없어서 여차하면 부딪힐 듯한 길인데도 오토바이들은 아슬아슬 곡예를 하듯 쌩쌩 달렸다. 큰길에서 호스텔까지는 불과 2킬로미터 거리였지만 땡볕에 배낭을 메고 가파른 언덕을 오르니 금방 속옷까지 땀에 젖었다. 힘들게 올라간 만큼 호스텔 발코니의 경치는 좋았다. 눈앞 가득 고요한 대서양 바다가 펼쳐져 있었다.

하루 숙박비 1, 2달러를 아끼기 위해 도시의 끝 산자락까지 찾아든 장기 여행자들이 많아서 그런지 숙소 분위기는 조금 특이했다.

10인실 방은 반지하방처럼 칙칙했고, 샤워실과 화장실은 자주 물바다가 됐다. 헝가리 여행자 피터 씨는 에어컨이 가동되는 밤마다 창문을 모두 열어젖혀 더위와 모기떼를 초대했고, 대부분의 룸메이트들이 새벽 늦게까지 쿵쾅쿵쾅 오가며 환하게 전등을 켰다.

페루 쿠스코에서 오래 머물던 3,500원짜리 숙소가 떠올랐다. 너무 배려가 없는 사람에게는, 내성적이고 영어도 잘 못 하는 나도 참다 참다 화를 낼 수밖에 없었다. 잠을 자기 위해서, 고요함을 위해서. 같은 공간 같은 시설이라도 룸메이트의 행동에 따라 하루하루는 크게 달라진다. 게다가 동네의 꼬마들이 놀이터에 오듯이 도미토리에 들어와 침대와 짐을 뒤지고 동전이나 음식 따위를 가져갔다. 도둑질이라는 자각이 전혀 없는, 파벨라 아이들의 놀이 같았다.

파벨라는 가난한 사람들이 많고 길도 좁아서, 며칠 동안은 긴장해서 카메라도 핸드폰도 꺼내지 못했다. 하지만 하루 이틀 익숙해지고 나니 이곳도 역시 '사람 사는 곳', 그리 많이 다르지 않다고 느껴졌다. 서울에서 내가 살던 달동네 반지하와 옥탑방이 떠올랐고, 동네를 비추는 환한 달빛도 서로 닮아 보였다.

"리우 파벨라가 위험하다는데 막상 와서 보니 그렇지 않았어요. 위험은 어디서건 한순간이니까 여기서는 더 조심해야겠지만요. 이 동네 사람들은 위험하기보다 오히려, 가난하고 어려워도 더 열심히 사는 것 같아요."

10일 동안 리우의 저가 숙소 세 군데에 머무는 동안 처음 만난 아시아 여행자 전정표 씨도 나와 같은 기분이었나보다. 하지만 위험이 전혀 없는 것은 아니었다. 좁고 그늘진 골목길에 모여 앉아 있는 청년들의 시선은 종종 무서웠고, 셔츠에 반바지 차림으로 커다란 기관소총을 들고 길목을 지키는 사람들도 있었다. 동네의 치안을 지키려는 건지, 폭력 조직을 지키려는 건지 알 수 없었으나 다행히 여행자들에게는 별로 관심을 보이지 않았다.

1,200만 리우데자네이루 사람들 중 30퍼센트가 파벨라에 살고, 2억 브라질 인구 중 3,500만 명이 월수입 5만 원 이하인 극빈층이라고 한다. 극빈층은 대부분 흑인과 혼혈인이며, 대부분이 백인인 상위 10퍼센트의 사람들이 브라질 전체 부의 절반을 차지하고 있다. 빈부격차와 인종차별은 세계 어느 곳에나 있는 인류 공통의 문제지만, 더욱 슬프게도, 가난하고 불안정한 사회일수록 그 정도는 심각하다.

리우데자네이루를 대표하는 랜드마크는 1931년에 세워진 예수상이다. 700미터 코르코바두 산 위에 선 39.6미터 높이의 동상. 예수 조각상으로는 세계 최대 크기라 한다. 2007년 7월 7일 '세계 7대 불가사의'에 등재되었으나, 브라질 정부와 기업의 선전에 의한 브라질인들의 투표로 인해 선정된 것이라는 비판도 있었다. 입장료가 비싸서 올라가지 않았지만 도시 곳곳에서 언뜻언뜻 그 모습을 확인할 수 있었다.

다운타운의 수많은 홈리스와 이파네마의 새하얀 주택가. 얼기설기 다닥다닥 산자락에 자리한 파벨라와 코파카바나의 고층 빌딩들.

이 도시의 꼭대기에 선 거대한 예수는 두 팔을 벌린 채 그 모든 것을 내려다보고 있다. 낮고 가난한 자리의 이웃을 사랑하라고 말했다는 예수.

라틴아메리카 주요 도시의 산꼭대기에는 어김없이 예수상과 십자가가 서 있다. 그것은 사랑과 평화의 상징일까, 식민지와 권력의 상징일까. 세상에는 여전히, 사랑과 나눔보다는 차별과 슬픔이 많다. 푸른 바다와 말 없는 산들은 천년만년 아름답고 조화롭지만, 리우데자네이루 사람들의 삶은 하루하루 불평등과 슬픔으로 가득했다.

### 안녕 브라질, 안녕 아메리카

다시 배낭을 메고 파벨라 언덕을 내려가, 세 번의 시내버스를 타고 서야 공항에 도착했다. 1월 25일 새벽, 8개월 동안의 아메리카 여행을 마치고 포르투갈 리스본으로 가는 비행기를 탔다. 거리는 아프리카가 더 가깝지만, 식민지 침략국이자 유럽의 관문인 포르투갈로 가는 비행기가 가장 저렴했다.

249일 동안의 아메리카 여행길을 되돌아본다. 33일 동안 미국, 21일 동안 쿠바, 15일 동안 멕시코, 13일 동안 과테말라, 15일 동안 엘살바도르, 온두라스, 니카라과, 코스타리카, 파나마, 15일 동안 콜롬비아, 10일 동안 에콰도르, 45일 동안 페루, 15일 동안 볼리비아, 32일 동안 칠레, 22일 동안 아르헨티나, 13일 동안 브라질.

북미, 중미, 남미의 모든 나라를 여행한 건 아니지만, 되도록 육로를 통해서, 열여섯 나라, 기나긴 길을 지나왔다. 식민지 지배로 인해 신대륙이라 이름 붙은 거대한 대륙을 한 바퀴, 여행하면서 만날 수 있었다.

마지막 날까지, 숙소의 브라질 룸메이트에게 휴대폰을 도둑맞을 뻔했고, 중미를 지나 남미에 들어서자마자 대상포진에 걸린 채 모든 물건과 기록을 강도당하기도 했지만, 다시 건강하게 살아서, 이곳까지 왔다.

온갖 장소에서 수많은 고마운 인연과 친구들을 만났다. 그 사람들 덕분에 이곳까지 올 수 있었다. 자주 잊어버리고 살지만, 떠올리면 언제나, 마음속 뜨겁게 감사하다.

아프리카로 바로 가는 비행편이 비싸서, 계획에 없던 유럽을 거치게 됐다. 유럽, 아프리카, 아라비아, 그리고 다시 아시아. 그때까지 살아있다면, 하고 말하지 않기로 한다. 그때까지 꼭 살아서, 그때까지 꼭 활기차게. 지구별을 한 바퀴, 여행하며 만날 것이다.

# 4

# 살람 알라이쿰,
# 평화를 비는 발걸음

# 포르투갈

## 남미와 유럽의 격차는 어디에서 오는 걸까

리우데자네이루에서 비행기를 타고 대서양을 건너 7,700킬로미터. 1500년부터 1822년까지 300년 넘게 브라질을 식민 지배했던 포르투갈의 수도 리스본에 도착했다. 아메리카, 아프리카, 아라비아로, 지구 한 바퀴를 돌겠다는 처음의 여행 계획에 유럽은 없었다. 하지만 남미에서 아프리카로 바로 가는 비행기는 거리가 더 가까움에도 불구하고 유럽보다 비쌌다. 아프리카는 비행기도, 승객도, 다른 나라와의 교류도 드물기 때문이리라. 유럽은 전에 한 번 짧게나마 여행한 적이 있어서 흥미가 적었지만, 머무는 동안은 언제나 그렇듯, 많은 것을 보고 경험하자고 마음먹었다. 수백 년 동안 전 세계에 식민지를 만들어 지배하고, 문명과 근대화의 모델이 된 유럽의 저력은 과연 어떤 것인지 궁금하기도 했다.

리스본 에두아르도 7세 공원에서는 도심과 항구 너머, 대서양으로 흐르는 타구스강이 보인다. 대항해시대, 저 바다 너머는 미지의 세계였다. 그 시절 대서양의 수평선은 지금보다 더욱 아득했을 것이다. 광대한 바다로 나아간 이들은 어떤 사람들이었을까. 부와 권력과 기회를 열망하는 귀족과 군인과 상인, 사명감에 들뜬 성직자, 모험심에 찬 선원들. 그리고 갑판 아래에는, 가장 힘겹게 노를 젓고 일을 해야 하는 이름 모를 사람들이 있었을 것이다.

리우데자네이루와 리스본, 라틴아메리카와 유럽은 많이 달랐다. 배낭여행자로서 내가 느끼는 가장 큰 차이는 '안전'이다. 리우데자네이루뿐만 아니라 중남미 대부분의 도시에서는 항상 안전에 신경을 써야 했다. 좁고 어두운 골목길은 되도록 피하고, 등에 짊어져야 할 백팩을 배에다 멨다. 조심에 조심을 거듭했음에도 불구하고 콜롬비아 보고타 야간 버스에서는 수면 마취제 강도를 당하고, 페루 이카에서는 백팩 소매치기를 당하고, 리우데자네이루 숙소에서는 핸드폰과 지갑을 훔치려는 도둑을 잡았다.

물론 유럽에도 소매치기가 있다. 전에 유럽을 여행할 때는 런던 박물관에 줄을 서 있다가 카메라를 도둑맞았다. 하지만 사람들이 붐비는 관광지가 아니라면 그런 위험은 거의 느낄 수 없다. 경제적으로 부유한 나라이기에 스마트폰이나 카메라는 흔한 물건이다. 길가에는 쓰레기와 오줌이 적고, 거리에서 생활하는 홈리스도 적다. 동

아시아인을 '치노'라고 부르는 사람도, 기분 나쁘게 유심히 쳐다보는 시선도 적어서 마음이 편했다. 공원의 널찍한 벤치에 누워서 한숨 낮잠을 자고 일어나, 유럽과 중남미의 격차에 대해 생각했다. 듬성듬성 이가 빠져 엉덩이가 불편했던, 쿠바 각지의 서글픈 벤치들이 떠올랐다.

해 질 무렵 리스본 부두에는 노을을 바라보며 맥주를 마시고 이야기를 나누는 청년들이 가득했다. 중남미에서 느끼기 어려웠던 풍요로움과 여유가 있었다. 길과 건물들, 광장과 사람들. 중남미와 유럽의 겉모습은 비슷하지만 그 유사함 속에는 많은 차이가 있다. 조금 더 깨끗하고 조금 더 안전하다는 것. 그 작은 차이들이 모여서 삶의 질을 크게 좌우한다는 것을 느꼈다.

브라질과 포르투갈, 피지배국과 지배국, 신대륙과 구대륙, 중남미와 유럽의 격차는 어디서부터 어떻게 만들어진 것일까. 유럽의 지중해 맞은편, 또 다른 거대한 식민지였으며, 가장 가난한 대륙 아프리카는 또 어떤 모습일까. 지구 한 바퀴를 다 돌고 나면, 내 좁은 시각과 옹졸한 마음이 조금은 넓어질까. 유라시아 대륙의 서쪽 끝이자 대서양이 시작되는 포르투갈에서, 아프리카로 향하는 새로운 발걸음을 시작한다.

### 리스본의 브라질 이민자들

리스본에 도착하자마자 감기에 걸렸다. 남반구의 여름에서 북반구의 겨울로 갑자기 이동했으니 몸이 많이 놀랐나 보다. 있는 옷을 전부 껴입어도 별 소용이 없었다. 유라시아에서 건너간 병원균에 의해서 아메리카 대륙의 수많은 원주민이 죽었다는 『총, 균, 쇠』의 이야기가 생각났다. '나는 유라시아 사람이지만 아메리카에 8개월 동안 있었으니, 다시 유라시아 병원균에 적응하는 시간이 필요한 게 아닐까.' 한 친구는 스페인과 포르투갈이 '독감의 고향'이라고 알려주었다. 리스본 최저가 다인실 숙소에서 며칠을 푹 쉬었다. 하루 7유로(한화 9000원)의 '풋볼 호스텔'.

"풋볼? 이름부터 시끄러워 보이네! 아픈데 좀 조용하고 좋은 숙소에서 쉬어야지! 참 나…"

인터넷 무료 통화로 동생이 말했다. 가족의 사랑, 가족의 염려, 가족의 오지랖, 가족의 잔소리는 끝이 없다.

호날두와 네이마르의 유니폼이 벽에 붙어 있는 풋볼 호스텔은 6인실 방 네 개가 있는 분주한 숙소인데, 특이하게도 나 말고는 전부 브라질에서 온 사람들이었다. 브라질 여행이 미처 다 끝나지 않은 것 같은 기분이었다. 며칠 머물다 가는 여행자보다 장기 투숙하며 일을 하거나 일을 구하는 중인 이민자들이 많았다. 포르투갈의 레스토랑은 브라질이나 아르헨티나보다 더 비싸기 때문에 당연히 요리를 해 먹었는데, 이민자들도 마찬가지라 식사 때마다 주방에서는 냄비를 차지하기 위한 경쟁이 벌어졌다. 놀랍게도 유럽은 유럽인지라, 중남미의 수많은 숙소에서 단 한 번도 보지 못했던 식기세척기가 설거지를 대신했다.

시끄러운 숙소지만 사람들은 정이 넘쳤다. 아파서 누워있는 나를 위해 방을 조용하게 비워주고, 소금과 약을 챙겨주었다. 덕분에 몸도 마음도 조금은 나아졌다.

"포르투갈의 식민지 역사에 대해서는 싫어하는 사람도 있고, 좋아하는 사람도 있어. 어쨌든 브라질은 포르투갈어를 쓰니까 포르투갈에 와도 불편함이 없지. 브라질 경제가 어려워지면서 많은 브라질 사람들이 유럽으로 오고 싶어 해. 포르투갈은 브라질 사람들에게 유럽으로 가는 관문이야. 나는 열다섯 살 때 부모님이랑 같이 이곳에 왔어. 자리 잡느라고 부모님이 엄청 힘들게 일하셨지. '일자리와 교육의 기회'가 브라질 사람들이 이민을 선택하는 가장 큰 이유 같아. 브라질과 다르게 포르투갈 학교에서는 영어도 잘 배울 수 있었어. 나는 어릴 때부터 그림을 좋아했고, 친구 몇 명이 같이 타투샵을 오픈해서 운영하고 있어. 타투에 대한 어두운 이미지를 바꾸려고 인테리어를 하얗고 밝게 꾸몄어."

신기하게도, 몸을 조금 추스르고 난 뒤 포르투갈에서 처음 만난 인터뷰이, 리스본 중심가 골목 문신 가게 '파밀리아 아모림 타투'의 타투이스트 레난 케사르 알베스Renan Cesar Alves 씨 또한 브라질에서 온 사람이었다.

세계의 모든 식민지는 침략과 지배를 바탕으로 하고, 그래서 착취

▲Lisbon, Nayson & Renan Cesar Alves
"나는 열다섯 살 때 브라질에서 포르투갈로 왔어.
부모님은 우리를 위해서 할 수 있는 모든 일을 다 하셨지."

와 상처가 있을 수밖에 없다. 하지만 독립 이후 인종 구성과 언어, 사회 형태에 따라서 지배국과 피지배국 간의 관계는 다양하다. 식민지 기간이 상대적으로 짧았던 아시아와 달리 중남미 국가들은 그 기간이 길었고, 식민 지배국의 언어를 쓰고 있다. 오랜 혼혈을 거쳤으며, 나라마다 차이는 있지만 주로 유럽 백인 후손들이 여전히 권력의 주류를 이룬다. 54퍼센트의 백인, 39퍼센트의 혼혈, 6퍼센트의 흑인이 살고 있는 브라질에 원주민은 거의 남아있지 않다. 그만큼 지배국 포르투갈에 대한 반감도 적을 수밖에 없을 것이다. 양국 모두 5년 이상 상대국 거주자에게 선거권을 주는 등 교류도 활발하다. 포르투갈 사람은 브라질 공항 입국심사대에서 외국인 줄이 아닌 내국인 줄에 선다는, 농담이 있을 정도다. 식민지 시대는 끝났지만, 식민지의 영향은 여전히 지속되고 있다.

# 스페인

## 세비야의 오누이, 덴마크의 웨이트리스

"영국인 여행자 이사벨라 버드Isabella Bird 여사가, '여행자는 가장 서툰 짓을 가장 능하게 할 수 있는 특권을 지닌다'고 했는데, 그런 특권을 마음껏 누리다 왔으면 좋겠다."

7년 전 인도 여행을 떠날 때 여동생 예슬이 해준 말을 이번 여행에서도 종종 생각한다. 말도 글도, 길도 문화도, 모든 게 낯선 여행자니까, 다른 사람들의 눈치 덜 보고, 몰라도 막 부딪혀 보고, 마음이 가는 대로 행동하고 싶을 때 떠올리게 되는 말이다. 때로는 뭔가 실수나 잘못을 할 때도 여행자니까 괜찮다고, 위안을 삼기도 한다.

1년 동안 덴마크에서 워킹 홀리데이 비자로 이주노동을 한 뒤, 아프리카와 유럽을 여행하던 예슬을 2년 만에 세비야에서 만났다. 포르투갈 리스본에서 스페인 세비야까지는 버스로 일곱 시간. 유럽연합 가입국들이라 국경 검문도 필요 없이, 그저 강을 하나 건너니 나라가 바뀌었다.

예슬은 덴마크의 일식집과 베트남 음식점에서 일했는데, 열두 시간 넘게 초밥을 말았다거나, 월급의 40퍼센트 이상을 세금으로 내는데 혜택으로 돌아오는 건 거의 없다는 이야기를 종종 들었다.

> "그렇게 살기 좋다는 덴마크인데 기본 근로기준법도 안 지키드나?! 이주노동자라서 그렇겠지. 와, 젠장, 덴마크도 별 수 없네!"

한탄스러웠다. 다른 나라들의 선망을 받을 정도로 안정된 복지국가인 덴마크에서도 비국민에 대한 차별은 확실했다. 자주 표현하지는 않았지만 서비스직 이주노동자로서의 고생이 꽤 많았으리라.

스물한 살에 각종 알바로 적은 돈을 모아 배를 타고 인천항을 떠난 동생은, 세 살을 먹은 뒤에야 남한으로 돌아왔다. 이후에도 여행을 자주 하는 그는, 일상에 갇혀 살아가는 나에게 가장 직접적인 자극과 용기를 주는 사람이다. 땡전 몇 푼 없어도 여행을 시작하고, 세계 각지의 다양한 친구들과 더불어 사는, 집시 같고 히피 같은 사람이다. 여행의 소소한 기술들, 현지인의 소파를 빌려 숙박을 해결하는 '카우치서핑'도, 목적지가 같은 사람들이 모여 차를 공유하는 '블

▲Plaza de España, Seville
"이사벨라가 버드 여사가 여행자는 가장 서툰 짓을 가장 능하게 할 수 있는 특권을 지닌다고 했는데, 그런 특권을 마음껏 누리다 오기를 …"

라블라카'도 그가 알려주었다.

2년 만에 만난 누이와 보낸 9일. 서기 711년부터 1492년까지, 781년 동안의 이슬람 지배로 인해 아라비아와 유럽 문명이 뒤섞여 독특한 모습을 띤 안달루시아 지방. 그곳의 많은 것을 함께 보고 경험했어야 하는데, 리스본에서 시작된 유라시아 감기몸살은 기어이 꼬박 일주일을 넘겼다.

세비야와 그라나다 거리의 가로수는 대부분 오렌지나무였다. 아시아에서 아라비아를 거쳐 유럽으로 전해졌다는 오렌지나무. 과일 하나에도 세상의 세월이 담겨 있다. 겨울이라 주렁주렁 열린 오렌지들을 종종 따먹으며 골목 골목을 걸었다.

나는 보통 만 원 이하 최저가 다인실 숙소에 묵는데, 자기도 가난한 배낭여행자면서 '이럴 때 좋은 데도 묵어보는 거야' 하고 너스레를 떨며 아픈 나를 챙겨주는 동생 덕분에 편안한 숙소에서 머무르며, 불고기와 파조래기, 감자볶음 같은 고향 음식을 해먹었다. 그가 루마니아의 한국 슈퍼에서 일부러 공수해 온, 그야말로 '항공 수송' 해 온 신라면과 오뚜기카레는 몸 속에 인이 박힌, 남한의 맛이었다.

2년 만에 만났지만, 애틋하고 따듯한 소통보다는 언제나처럼 잔소리와 티격태격하는 말들이 더 많이 오가며, 9일은 순식간에 지나갔다. 배낭에 보조 가방에 기타까지 메고서, 동생은 터미널로 가는 시내버스에 올랐다. 언제 다시 볼지 알 수 없는, 아쉬운 이별의 순간. 멀리 떨어져 있으면 늘 그리운 가족에게, 막상 옆에 있을 때 나는 왜 좀 더 따듯하지 못한 걸까. 그는 2년 동안의 유럽 생활을 마치고 대만을 거쳐 고향으로, 나는 8개월의 아메리카 여행을 마치고 아프리카로, 다시 각자의 길을 떠난다.

원래대로 익숙한 저가 숙소로 자리를 옮겨 세비야에 이틀을 더 머물며, 배를 타고 지중해를 건너 아프리카 모로코로 갈 준비를 한다.

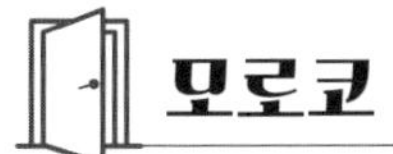

# 모로코

## 지중해 건너 첫 아프리카, 마그레브 모로코

아라비아, 아프리카, 유럽, 세 대륙 사이에 놓인 4,000킬로미터 길이의 지중해는 스페인과 모로코 사이를 흐르는 지브롤터 해협에서 대서양과 만난다. 로마 신화에 따르면, 헤라의 미움을 받은 헤라클레스가 모험을 떠날 때 맨손으로 바위를 부수고 대서양으로 나아간 길이라고 한다. 스페인 알헤시라스 항구에서 배를 타고 한 시간 반이면 모로코 탕헤르에 닿는다. 아프리카와 유럽을 오가는 대부분의 여행자는 이 항로를 이용한다.

그라나다에서 알헤시라스로 가는 차비를 아끼기 위해서 나는 그라나다 근처 모트릴 항구에서 모로코 나도르로 가는 페리를 탔다.

밤에 출발해 이른 아침 도착하는 뱃길이라 하루 숙박비도 아낄 수 있었다. 뱃삯은 36유로(한화 47000원), 거리가 훨씬 짧은 알헤시라스 항로와 같은 가격이었다. 밤 열한 시 출발 예정이던 배는 두 시간이 지나서야 출항했다. 터미널 직원들은 흔한 일이라는 듯 별다른 사과도 설명도 하지 않았다. 거대한 페리에 일반 승객은 나를 포함해 다섯 명밖에 없고, 대부분은 화물차를 배에 싣고 이동하는 사람들이었다. 딱딱한 좌석에서 자는 불편을 각오하고 있었는데, 인터넷의 정보와 달리 아늑한 침대방이 배정되었다.

지중해에서 바다와 별을 보며 하룻밤을 보내겠다는 낭만을 상상했으나, 갑판 위는 칠흑의 어둠이고 추워서 오래 서 있을 수도 없었다. 푹 자고 일어나니 곧 모로코에 도착한다는 안내방송이 나왔다. 바다 건너 펼쳐진 육지는, 내 생에 처음 보는 아프리카였다. 감개무량했다. 모로코 나도르 옆에는 멜리야라는 도시가 있는데, 뜬금없게도 그 땅은 1497년부터 지금까지 스페인의 소유다. 스페인은 모로코 지역에 멜리야뿐 아니라 세우타와 카나리아 제도를 영토로 가지고 있다. 식민지의 시간은 아직 끝나지 않았음을 다시 한번 느꼈다.

이렇게 뜬금없는 영토들이 지구상에는 아직도 많다. 잠시만 세계지도를 살펴보아도 곳곳에서 이런 땅을 발견할 수 있다. 카리브해의 미국 영토 푸에르토리코, 쿠바 관타나모와 영국령 버진아일랜드, 남미의 프랑스령 기아나, 인도양의 영국 섬들과 태평양의 미국령 괌과 하와이. 이렇게 본국과 먼 거리에 영토를 가진 나라들은 하나같이 부유하고 힘센 강대국이다. 조심히 가다듬지 않으면 끝없이 퍼져가는 인간의 욕망처럼, 식민주의의 욕망도 끝이 없는 것일까.

나도르 항구에 도착했다. 화물차들부터 속속 빠져나가고 내가 마지막으로 배에서 내렸다. 동양인 여행자가 드문 항구라 승객들 중 나 혼자만 출입국 관리소까지 가야 했고, 네 명이나 되는 직원들이 의견을 나누며 남한 사람의 비자 필요 여부를 확인한 후에야 겨우 모로코 입국 도장을 받을 수 있었다.

아시아에 이어 두 번째로 크고 인구가 많은 대륙 아프리카. 남북 8,000킬로미터, 동서 7,360킬로미터, 세계 육지의 20퍼센트에 달하는 거대한 땅이다. 인구의 15퍼센트인 11억 명이 살고 있다. 현생 인류의 발상지로 추정되며 공인된 언어만 1,000가지로, 엄청나게 다양한 종족과 상황이 존재하는 지역이다. 크게 사하라 사막 이남과 이북으로 구분하는데, 인종, 종교, 경제적으로 큰 차이가 있다.

북아프리카의 모로코, 알제리, 튀니지, 리비아 등 이슬람교 국가들을 '마그레브Maghreb'라고 통칭하는데, 아랍어로 '동방'을 뜻하는 '마시리크Mashrig'와 비교해 '서방'을 의미한다. 마시리크는 아랍인과 페르시아인들이 살아온 곳인 반면, 마그레브 지역은 아랍 왕국들의 오랜 침략과 지배에 의해 원주민 베르베르족이 아랍화된 지역이다.

여행 전에는 들어본 적도 없는 지명들이다. 어렵고 헷갈리기도 하지만 흥미롭다. 내가 처음 만난 아프리카는, 흔히 미디어에서 보던 '아프리카'와는 차이가 있었다. 아프리카에는 대부분 까만 피부의 사람들이 사는 줄 알았는데, 모로코 북부 나도르 항구에서 기차역까지 걷는 동안 흑인은 한 명도 보지 못했다. 그 수많은 고정관념을 벗

▲Casablanca
"우리끼리 사진 찍는 건 괜찮지만 외국인 남성과는 사진을 찍을 수 없어.
왜 그런지, 나도 이유는 잘 모르겠어."
▼Fes
아라비아는 가깝지만, 가장 먼 지역이 아닐까?
여행을 통해서 내가 가진 편견을 깨고, 조금 더 온전한 시선으로 세상을 보고 싶다.

어던지고, 오롯이 아프리카의 다양한 현실을 만나자고 다짐한다.

아라비아는 물론, 모로코를 비롯한 북아프리카 마그레브 지역과 일부 동서 아프리카 지역의 26개국에서는 아랍어를 공용어로 사용한다. 모로코는 프랑스 식민 지배의 영향으로 프랑스어도 많이 사용한다고 들었는데, 내가 만난 대부분의 현지인들은 프랑스어를 하지 못했고 아랍어만 사용했다. 여행과 생존에 필요한 아랍어 문장들을 서둘러 외우며 나도르발 페스행 기차에 올랐다.

##  마법의 도시 페스, 이 정도면 기적

아메리카 여행에서는 한 번도 기차를 타지 못했다. 모로코 기차의 이등석 객실은 저렴하고 깔끔하고 예스러워서, 놀이기구를 탈 때처럼 설레었다.

기차에서 마주한 모로코 북부의 풍경은 황량하지만 아름다웠다. 나도르에서 페스까지, 한나절 동안 동부에서 중부로 이동하면서, 황토색 벌판은 서서히 풀과 나무로 뒤덮였고 집들도 많아졌다. 드문드문 도시들은 규모가 크지 않았고 시골 마을들은 매점 하나라도 있을까, 싶을 정도로 조그마했다. 매점은 없을지언정, 아무리 작은 동네라도 높다란 기둥을 가진 이슬람 사원은 꼭 있었다.

인구 3,200만, 아프리카에서 네 번째로 높은 1인당 GDP 5,400달러(2013년)의 나라 모로코에서 농업은 전체 산업의 40퍼센트를 차지한다. 창밖에는 논과 올리브나무, 포도나무가 자주 보였다. 양과 염소

떼가 보이면 어김없이 목동 한 사람이 함께 있었다. 저 목동은 양과 염소들을 몰고 하루 종일 풀을 찾아 걸으며 어떤 생각을 하고 살까. 주말이라고 동물들이 굶지는 않을 텐데, 목동들에게도 휴일이 있을까.

책가방을 멘 초등학생들이 황량한 벌판과 논길을 하염없이 걸어가고 있는 모습도 자주 보였다. 저 조그맣고 야윈 다리로 족히 한 시간, 두 시간은 걸어야 학교까지, 다시 집까지 오갈 수 있으리라. 친구의 숙제 공책을 가져다주려고 낯선 마을을 찾아 헤매는 아이의 하루를 담은 이란 영화 <내 친구의 집은 어디인가>(1987)가 떠올랐다. 도시화 이전의 남한에서도, 농촌 아이들이 학교 다니던 모습은 비슷했을 것이다. 여행은 내가 살던 익숙한 세계와 동시에 존재하는, 전혀 다른 세계를 보여준다. 비동시성의 동시성이라던가, 비동시적인 것들의 동시적인 공존을 적나라하게 느끼게 한다.

중부에 자리한 페스는 모로코에서 가장 역사가 오래된 도시다. 서기 789년 건설을 시작해 810년 이드리스 왕조의 수도가 되었다. 859년 세워진 알카위라인 대학은 현재까지 남아있는 대학 중 세계에서 가장 오래되었다고 한다. 모로코 주요 도시에 남아있는, 중세에 형성된 도심을 '메디나'라고 부른다. 높은 성벽 안에 수많은 골목과 사원, 상점과 집들이 있다. 그중에서도 페스의 메디나는 중세의 원형을 잘 간직하고 있고, 8천 개가 넘는 좁은 골목이 미로처럼 얽혀 있는 것으로 유명하다. 아무리 주의해서 지도와 방향을 확인하며 걸어도, 돌아갈 때는 자꾸만 길을 잃고 헤맸다. '질레바'라는 전통의상을 입은 사람이 많은데, 꼬깔모자가 달려 있어서 마치 마법의 도시에 와 있는 듯한 기분이 들었다.

"늘샘. 모로코 도착해서 바로 페스로 가나? 2010년에 예슬이랑 엄마도 페스에 갔는데, 거기 성문 들어가면 바로 왼쪽에 저렴한 호스텔 있다. 거기 일하는 청년이 참 친절했는데. 엄마 데리고 거리 구경도 시켜 주고, 자기 엄마 집에도 데려가서 밥도 먹고 그랬다. 거기 찾아가 봐라."
"아이고, 페스가 무슨 한국 소도시도 아니고… 백만 명이나 사는 외국 대도시에 처음 가는 건데, 이름도 위치도 모르는 '성문 왼쪽 숙소'를 어떻게 찾아요, 참 나… 9년이나 지났는데 다른 가게로 변했겠지요."

어머니 유귀자 씨의 말을 웃어넘기며, 인터넷으로 최저가 숙소를 찾아서 스마트폰에 저장된 지도에 표시해두었다. 페스 기차역에서 메디나까지는 시내버스가 없었다. 택시기사들의 호객을 뚫고 4킬로미터를 걸었다. 메디나는 거대한 성벽으로 둘러싸여 있으므로 성문은 한두 개가 아니었다. 해 질 녘의 광장은 삼삼오오 길바닥에 앉아 이야기를 나누는 모로코 사람들로 붐볐다. 구제옷은 물론 신던 양말까지 판매하는 벼룩시장을 잠시 구경하고, 또 하나의 성문을 지날 때 뒤에서 누군가 나를 불렀다.

"너 어디서 왔니? 호스텔 찾아? 여기로 와. 나는 호객꾼이 아니야. 우리 가족이 운영하는 호스텔이야."

보통은 '미안해요, 저는 예약한 곳이 있어요' 하고 가볍게 지나갈 텐데, '성문 왼쪽 숙소'가 혹시나, 설마 이곳은 아닐까 하는 싸한 느낌이 들었다.

"메이비, 비포, 마이 마더 앤 시스터 스테이 히어, 두 유 리멤버? 디스 포토. 아마 전에 내 엄마와 동생이 여기 머물렀던 것 같아. 너 혹시 기억나? 이 사진 좀 봐봐. 기억나?"

"아, 맞아, 맞아! 기억나. 어서 들어와!"

그는 맞다고 맞장구를 쳤지만 숙소 주인이 아니라 호객하는 사람이었고, 페스는 수없이 많은 아시아 관광객이 오는 곳이므로 정말이라고 믿기 어려웠다. 반신반의하며 휩쓸려 들어간 어두침침한 리셉션 한쪽 벽에는, 숙소에 묵고 간 여행자들의 사진이 한가득 붙어 있었다.

수십 장의 사진 중에 선명하게 떠오르는 동생과 어머니의 색바랜 사진 두 장. 무려 9년 전의 사진이다. 한양 바닥에서 김 색시를 찾은 듯, 운동장에서 바늘을 찾은 듯, 기적을 만난 기분이었다. 백만 대도시에서 기어이 '성문 왼쪽 숙소'를 찾았다. 아니, 나는 전혀 찾을 생각도 없었는데, 하필 그때 성문을 지나던 숙소의 직원이 하필 그 순간 나를 발견했다. 최저가 숙소보다는 조금 비싼 싱글룸이지만 이 마술 같은 일을 받아들이기로 했다. 일상의 기적이란 이런 게 아닐까. 혹시 메디나 골목길에서 마주친 꼬깔모자 할아버지가 마법을 부린 것은 아닐까.

## 앗살람 알라이쿰 카사블랑카

모로코에 오기 전의 나에게는, 모로코라는 이름보다 카사블랑카라는 도시 이름이 더 익숙했다. 잉그리드 버그만과 험프리 보가트가 출연한 동명의 할리우드 영화 때문이다. 아카데미상 세 개를 받은 1942년 작 흑백영화. 오래된 영화라 본 적이 없지만 '카사블랑카'라는 이름의 술집과 카페는 세계 곳곳에 있고, 채플린이나 오드리 헵번처럼 주인공들의 사진도 익숙했다. 전 세계에서 가장 많이 사용되는 언어인 영어처럼, 가장 많이 팔리는 음료수인 코카콜라처럼, 할리우드 영화는 세계의 문화를 장악하고 있다. 모로코를 떠나기 전날 밤, 드디어 영화를 찾아서 보았다.

'카사블랑카Casa blanca'는 '하얀 집'이라는 뜻의 포르투갈어이다. 1468년, 베르베르족이 살던 땅에 포르투갈이 침략해 요새를 세우며 형성된 하얀색 마을이 카사블랑카로 불리기 시작했다. 1755년 대지진으로 도시가 파괴되며 포르투갈이 떠났고, 19세기 영국 직물 산업의 양모 공급처로 성장했다. 1907년 프랑스의 식민지가 되었다.

제2차 세계대전 당시 미국 공군기지가 있었으며, 나치 독일을 피해 미국으로 망명하려는 유럽인들이 비자를 받기 위해 체류하던 장소였다. 영화는 그 시절을 배경으로 스웨덴 여성과 미국인 남성의 쓸쓸한 사랑을 그린다. 다양한 국적을 가진 등장인물 중에 아랍인은 단한 명, 도어맨 압둘 뿐이다. 세력을 확장해 프랑스 식민지 카사블랑카까지 들어온 독일군들은 카페에서 나치의 노래를 부르고, 프랑스의 민족 영웅은 국가 '라 마르세예즈'를 부르며 저항의 의지를 일깨운다.

잔인하고 차가운 나치에 대항하는 용감한 프랑스와 미국인 주인공들. 수많은 할리우드 영화를 통해 너무나 익숙해진 이야기다. 제2차 세계대전 중반인 1942년 당시 프랑스, 영국, 미국 등 연합군 국가의 관객들은 이 영화를 보며 나치에 분노하고 승전을 기원했을 것이다. 나는 프랑스인도 미국인도 아닌 동방의 작은 나라 한국인이며, 영화에는 프랑스 국가의 가사 자막조차 없었음에도, 합창 장면에서 약간의 감동을 받았다. 침략국에 대한 피침략 국민의 마음, 강자에 대한 약자의 저항의식 때문일 것이다.

그런데 이곳은 프랑스가 아니다. 식민지 피지배국 모로코 땅이다. 내로남불. 내가 하면 로맨스고 남이 하면 불륜이라 했던가. 내가 한 침략은 용감한 정복이고 내가 받은 침략은 경악스러운 만행인가. 유럽 강대국들 간의 침략은 나쁘고 제3세계 약소국에 대한 침략은 나쁘지 않은가. 침략당한 역사를 가진 나라 사람으로서 마음이 불편했다. 프랑스는 곧 나라를 되찾았고, 패전국 독일도 수십 년간의 복구를 거쳐 다시 유럽의 강대국이 되었다. 프랑스는 지금까지도 남미, 아프리카, 카리브해, 태평양, 인도양 등지에 해외 영토를 소유하고 있다. 주요 승전국 미국과 영국 역시 마찬가지다. 식민 지배는 끝나지 않았고, 정치, 경제, 문화적인 지배는 식민 지배 못지 않게 견고

하며 불평등하다.

1942년 모로코의 풍경과 사람들이 어땠을지 궁금했지만, 할리우드 영화 <카사블랑카> 속에서 실제 모로코의 모습은 볼 수 없었다. 영화의 마지막, 공항 장면. 미국인 험프리 보가트는 스웨덴인 잉그리드 버그만과 그의 프랑스인 남편을 미국으로 떠나보내고, 이륙을 막으려는 독일 장교를 쏴 죽인 뒤 홀로 모로코에 남는다. 나치 독일을 물리칠 때까지 미국은 돌아가지 않을 것임을 암시하는 듯하다.

카사블랑카. 지명을 발음하며 새하얀 집들이 자리한 아름다운 항구를 상상했지만, 인구 330만 명이 사는 모로코 최대 도시인 이곳은 교통체증이 심하고 공사 현장도 많아 먼지가 심했다. 도착하자마자 곧 떠나야겠다는 생각이 들었다. 여행은 막연히 상상하고 기대하던 것들이 가차 없이 깨지는 과정이기도 하다.

2박 3일을 머문 하루 85디르함(한화 1만 원) 가격의 유스호스텔 벽에는 중년의 소피아 로렌 사진이 붙어 있었다. 영화의 한 장면이 아니라 호스텔에서 식사를 하는 모습이었다. 소피아 로렌이 머물던 숙소라니. 그가 나오는 영화 몇 편을 본 적이 있어 괜히 반갑고 신기했다. 나는 이탈리아 배우, 미국 배우, 스웨덴 배우는 알아도 아프리카에서 활동한 배우나 감독, 작가는 아무도 모른다. 서유럽-미국과 아프리카는 경제적인 격차만큼이나 문화적 영향력과 정보의 격차도 너무나 크다.

세계 문화의 주류를 이루고 있어서 이미 너무나 익숙한 유럽과 미국 보다는, 미지의 아프리카, 아라비아 세계가 더 궁금했다. 나의 이

번 여행이 서구 중심의 주류 문화를 벗어나, 낯설고 새로운 세상을 만나고 상상하는 계기가 되기를 바란다.

##  외국 남성과 사진을 찍을 수 없는 여성들

카사블랑카 해변에는 1961년부터 1999년 사망 때까지 38년간 모로코 국왕이었던 하산 2세가 건설을 지시한 거대한 모스크가 있다. 기도 시간을 알리는 모스크의 첨탑 '미나레트'는 세계 최고 높이로 200미터에 이른다. 산책을 나온 주민들이 많았는데 그중 한 소년과 아버지가 자꾸 말을 걸기에 인터뷰를 시도했다. 하지만 그들은 아랍어만 사용해서 내가 준비한 프랑스어 질문지는 전혀 쓸모가 없었다. 익숙한 알파벳과 달리 아랍어는 마치 그림 같고 낯설어서 따라 쓸 엄두가 나지 않았다. 답답했지만, 말이 통하지 않아도 미소와 따뜻함은 충분히 느낄 수 있었다. 서둘러 구글 번역기를 돌려 아랍어 인터뷰 문장들을 찾아두었다.

모로코는 이슬람교가 국교로 지정되어 있으며 인구의 약 99퍼센트가 이슬람교도라고 추산된다. 태어나면서부터 자동적으로 종교를 가지게 되는 삶, 종교가 사회의 근간이 되는 나라에서의 삶은 어떤 것일지, 종교를 가져본 적이 없는 나는 짐작하기 어렵다. 모로코에 대한 여행 안내 중에 '모르는 여성과 남성은 인사를 하면 안 된다'는 문장이 있었다. 세상에나, 인사 조차 하지 말라니. 나는 이번 아메리카, 아프리카, 아라비아 여행을 통해서 되도록 다양한 연령층과 다양한 직업을 가진 사람들을 만나고, 인터뷰를 통해이 다큐멘터리를 만들 계획을 가지고 있다. 세상의 절반은 여성, 또 절반은 남성이니 당연히 성비도 비슷하게 맞추기를 원한다. 하지만 이슬람교가 중심이 되는 나라에서는 남성인 내가 여성들을 만나고 이야기 나누는 것이 어렵겠다는 예감이 들었다.

모로코 시골 지역은 더 보수적일지 모르겠으나, 도시에 사는 여성과 남성들은 다른 사회와 다름없이 어울려 지냈고 별다른 경계는 느껴지지 않았다. 다만 이슬람 사원은 여성과 남성이 들어가는 문과 기도하는 곳이 달랐다. 정문은 보통 남성들의 출입구인데, 따로 있다는 여성들의 출입구는 어디인지 잘 보이지 않는다. 전에 여행한 인도와 우즈베키스탄의 이슬람 사원들은 신발을 벗고, 조용히 하는 규칙만 지킨다면 비이슬람교 여행자의 출입을 막지 않았다. 같은 이슬람교라도 나라마다 사원의 규칙은 다른 모양이다. 모로코의 이슬람 사원은 입장료를 받는 관광지의 사원 말고는 비교도의 출입을 엄격하게 통제했다.

사진이 영혼을 빼앗아간다고 생각하는 사람이 많아서 촬영할 때 조심해야 한다는 안내도 보았는데, 실제로 노인들은 대체로 카메라를 싫어했다. 하지만 청년들은 다들 휴대폰을 가지고 있고 셀카 찍는 모습은 다른 나라 청년들과 하나도 다르지 않았다. 동양인이 신기해서인지 '치노'라고 놀리거나, 먼저 반갑게 인사를 건네는 여성들도 많았다. 하산 2세 모스크 광장에서 만난 여성들과 영어로 이야기를 나누다가 조심스레 인터뷰 촬영이 가능할지 물어보았다.

"미안해. 네 여행을 응원하고 인터뷰 촬영도 도와주고 싶지만 나는 할 수 가 없어. 우리끼리 사진 찍는 건 괜찮지만 외국인 남성과는 사진을 찍을 수 없어. 왜 그런지, 나도 이유는 잘 모르겠어."

아쉬웠지만 그게 모로코 사람들의 문화이니 여행자인 나는 기꺼이 받아들여야 할 일이었다. 그저 내가 좋아서 하는 여행, 다른 사람에게는 중요하지 않은 나의 글과 다큐멘터리를 위해서 현지의 누구에게도 조금이나마 피해를 주어서는 안 될 것이다.

망설이다가 촬영을 해준 레다Reda 씨와 하스나 아노우차Hassna Anoucha 씨도, 가까운 곳에 있던 남성 친구들을 불러서 같이 촬영하기를 원했다. 남성인 세 친구 아흐메드 주니어Ahmed Junior 씨, 기타 바흐보타Ghita Bajbota 씨, 모라드 코우참Mourad Khoucham 씨는 무척 적극적이었고, 두 여성은 낯을 가리고 말수가 적었다. 불과 다섯 명이었지만, 외국인 여행자를 대하는 모로코 대다수 여성과 남성의 대조적인 모습이 이들과 비슷하지 않을까 하는 생각이 들었다.

세계의 모든 사람들, 한 명, 한 명과 마찬가지로 세계 각지의 모든 문화는, 그것이 다른 사람들에게 피해를 끼치지 않는 한 그 자체로 존중받아야 한다. 그런데 이슬람을 국교로 하는 나라들에서 주로 여성에게만 해당되는 복장 규제에 대해서는, 성차별적인 것이 아닐까 하는 의구심이 든다. 실제 이곳 여성들은 종교의 규제들을 성차별로 느끼는 걸까. 아니면 나의 이런 짐작 또한, 잘 알지 못하는 종교와 경험하지 못한 사회에 대한 편견일까.

'아프리카'에 대해서는 '가난하고, 무덥고, 질병과 폭력의 위험이 있는 살기 힘든 곳'이라는 고정관념이 있다. '아라비아'에 대해서도 '여성차별적이고, 호전적이며, 전쟁과 테러의 위험이 있는 살기 힘든 곳'이라는 고정관념이 있다. 주로 서구의 영화나 미디어를 통해 받아들여지고 견고해진 이미지다. 아프리카와 아라비아에서 비롯한 문화는 좀처럼 만날 기회가 없다. 아라비아는 유럽이나 미국보다 한국에서 거리상으로 더 가깝지만, 문화적, 심리적으로는 지구에서 가장 먼 지역이 아닐까.

코란에는 다른 종교 경전과 달리 '성전(지하드)'에 대한 언급이 많고, 테러 집단 알카에다나 IS(The Islamic State) 등이 코란을 편향적으로 해석해 비이슬람 세계와 전쟁을 벌이고 있다는 설명도 들은 적이 있다. 나는 종교가 없고 경전을 읽은 적도 없지만 모든 종교가 전하는 핵심은 타인에 대한 존중과 사랑, 더 나은 세상에 대한 지향과 실천이라고 믿는다.

전쟁과 테러는 이슬람교 자체의 문제가 아니라 소수의 극단주의자들이 일으키는 문제일 것이다. 또한 그들의 전쟁과 테러는 냉전 체제로부터 이어지고 있는 강대국들의 개입, 가장 값비싼 자원인 기름을 둘러싼 이해관계와 밀접한 영향이 있다고 한다. 소수의 극단적인 문제를 확대해 이슬람교와 이슬람 사회, 사람들 전체를 판단하는 것은 잘못된 일이다. 여행을 통해서 내가 가진 이슬람 지역에 대한 편견을 깨고, 조금 더 온전한 시선으로 세상을 보고 싶다.

▲Casablanca, Hassna Anoucha & Reda
모로코에 대한 여행 안내 중에 '모르는 여성과 남성은 인사를 하면 안 된다'는 문장이 있었다.
세상에나, 인사조차 하지 말라니.
▼Casablanca
말이 통하지 않아도 미소와 따뜻함은 충분히 느낄 수 있다.
서둘러 스마트폰 번역기를 돌려 아랍어 문장들을 찾아두었다.

## 붉은 오아시스 마라케시

카사블랑카에서 남쪽으로 250킬로미터. 서사하라 사막이 시작되는 기점인 아틀라스산맥 기슭에는 붉은빛 도시 마라케시가 있다. 1062년 베르베르인들의 알모라비데 왕국의 수도로 건설된 이곳은, 페스 다음으로 오래된 역사 도시이고, 많은 여행자들이 사하라 사막 투어를 떠나는 출발점이다. 페스나 카사블랑카에 비해 남쪽에 위치한 대도시라서 사하라 사막을 건너와 거리에서 장사를 하는 흑인들이 많았다.

온갖 사람들로 붐비는 '제마 엘 프나, 사자의 광장'에서 나는 처음으로 피리 소리에 몸을 흔드는 코브라를 실제로 볼 수 있었다. 현지인들이 일을 마치고 퇴근하는 해 질 무렵이면, 광장은 마치 거대한 서커스 무대처럼 원숭이와 독수리 조련사, 전통음악 연주가, 천연 염색제 헤나 화가, 피에로, 격투기 선수 등등 별의별 기인과 상인들이 어우러져 시끌벅적해졌다. 낚싯대를 이용한 뽑기 게임의 상품은 코카콜라, 환타, 스프라이트였다. 마라케시에는 전 세계 사람들이 다 있지만 그중에서도 중국인 관광객들이 유난히 많았는데, 숙소에서 만난 광저우 대학생 맥시 장Maxxie Zhang 씨와 이야기를 나누며 그 이유를 알 수 있었다.

"나는 네가 가진 남한 여권이 부러워. 유럽이나 아메리카 많은 나라를 비자 없이 여행할 수 있잖아. 중국에는 가난한 사람이 아주 많아. 미국이나 유럽은 중국인의 불법 체류를 방지하기 위해서 비자를 줄 때 직업과 재산 증명을 요구해. 가난한 대학생인 내가 갈 수 있는 나라는 많지 않아. 모로코는 거리가 멀지만 비자가 필요 없으니까 중국인들이 많이 오지. 나는 여행을 정말 좋아해. 부자는 아니지만 과외로 돈을 모아서 방학 때마다 여행을 다니고 있어. 중국 대학교 학비와 기숙사비는 아주 저렴해서 별로 부담이 되지 않아. 졸업하고 직장을 구하고 나면 더 많은 나라를 여행할 수 있을 거야. 나는 사람들과 나누고, 여행하고, 혼자일 때 행복을 느껴. 단순하게, 마음이 가는 대로 살고 싶어."

미로 같은 페스보다는 덜하지만 마라케시의 메디나(구도심) 골목도 무척 복잡해서 처음 가는 장소에서는 늘 길을 잃고 헤맸다. 모로코 전통가옥인 '리야드' 식 숙소의 직원들은 이슬람 사회의 휴일인 금요일을 맞아 전통음식인 '쿠스쿠스'를 요리해 숙박객들에게 나누어주었다. 딱 입맛에 맞지는 않았지만, 노란 옥수수가루 위에 야채와 고기를 얹어 쪄낸 커다랗고 화려한 쿠스쿠스를, 혼자가 아니라 꼭 주변 사람과 같이 먹어야 한다는 '쿠스쿠스 프라이데이'를, 숟가락을 부딪쳐가며 함께한 사람들을 오래도록 기억하고 싶다.

### 아가디르 마도로스

모로코의 주요 여행지는 카사블랑카, 마라케시, 페스다. 아틀라스 산맥을 넘어 사하라 사막이 펼쳐지는 남쪽으로 가면 여행자의 숫자는 부쩍 줄어든다. 버스를 타고 마라케시에서 아가디르로 이동하는 동안, 곳곳에 펼쳐지기 시작하는 사막과, 희뿌연 모래바람을 맞으며 살아가는 사람들을 볼 수 있었다. 아틀라스산맥에는 눈이 덮여 있고, 서늘한 비가 쏟아져 건조한 땅이 흠뻑 젖었다. 아프리카에서 처음 맞는 비였다.

이 지역은 미승인국가 서사하라와 모로코의 영토 다툼이 진행 중인 곳이기도 하다. 서사하라 국경으로부터 600킬로미터 떨어진 곳에, 모로코 남부의 주요 항구도시 아가디르가 있다. 이곳에서 수산물 수출업을 하는 친척 형이 살고 있어서, 일주일 동안 머물며 쉬어가기로 했다.

촌수로는 형이지만 나이는 내 어머니보다 한 살이 더 많은 형이다. 정확히 모르지만 따지자면 삼촌, 사촌 보다 몇 걸음 더 먼, 그러니까 꽤 먼 친척이다. 고향에 살던 어린 시절에는 명절이면 종종 보았지만 최근 십 년쯤은 마주친 적도 없다. 평생 안부 전화 한 통 없다가, 내가 필요하다고 불쑥 연락을 하고 신세를 지기가 무척 겸연쩍었지만, 나는 지금 세계 여행자니까 뭐든 기회가 오면 피하기보다는 부딪혀 보자고, 없던 용기를 냈다. 이 머나먼 타지에서, 촌수 따위는 별문제가 되지 않는다. '사촌이든 팔촌이든 친구 아이가! 아니, 친척 아니냐!'

"형님, 저 늘샘입니다. 지금 마라케시인데요, 괜찮으시면 월요일쯤 아가디르로 가려고요. 제가 핸드폰에 유심이 없어서 통화를 못 해요. 주소 알려

주시면 버스 타고 집 앞까지 찾아가서 현지인 전화기 잠시 빌려서 연락드릴게요. 오후 대여섯 시쯤 도착할 것 같습니다."

"그래. 반갑다. 온나, 온나. 니가 쓸 방 비워 놨다. 기다리고 있을게."

형은 나를 위해서 세계 최고로 친다는 대서양 문어와 아르간 오일의 원재료인 아르간 열매를 먹고 자란 염소, 대추야자며 온갖 과일을 대접해 주었다. 여행 중에 못 먹던 기름진 음식을 배불리 먹으며 그동안 몰랐던 이야기들도 듣게 되었다. 한율 형은 젊은 시절 세계의 바다를 누비던 마도로스였다.

"예전에 한국 선원이 많을 때는 여기 아가디르에만 한국인 2천 명이 살았다. 모로코 바다가 지중해랑 대서양이 만나는 곳이라서 세계적인 황금어장이고. 7~80년대에 여기서 일했던 한국 선원들이 모로코 어업을 거의 다 만들었다고 할 수 있지. 지금은 고생스럽게 배를 타려는 사람이 없으니까, 선원은 아무도 없고 선장들만 몇 명 남아있다."

1960년대, 70년대에 독일에서 일한 남한의 간호사와 광부들, 중동에서 일한 건설노동자들에 대해서는 익히 들은 적이 있는데, 모로코에서 원양어선을 타던 남한 선원들이 많았다는 사실은 생소하고 놀라웠다.

"전에는 한국 선원들이 돈 벌려고 아프리카까지 왔는데, 이제 한국에서 동남아나 중국인 선원들을 쓰니까, 시대가 완전히 바뀐 거지. 여기는 이제 선장들도 몇 명 안 남았으니까 다 사라지기 전에 그 역사를 기록으로 남겨두고 싶어. 잘 아는 선장한테 내 스마트폰을 하나 맡겨서 촬영을 좀 부탁하려고. 유튜브에 올려서 사라져가는 역사를 소개하고 싶다."

"저같이 시간 많고 카메라 다루는 사람이 한 번 배에 따라 타면 좋은데, 배는 워낙 멀미가 심해서 아무나 못 탄다 그러더라고요."

"그럼. 그건 못 하지. 보통 사람들은 원양어선 못 탄다. 배가 얼마나 흔들리는데. 바람이 좀 불면 커다란 배가 바다 밑으로 잠수하다시피 해서 간다."

저 광대한 바다에는 얼마나 수많은 뱃사람들의 노동과 고독, 오랜 세월이 깃들어 있을까. 달팽이관과 비위가 약해서 버스만 타도 멀미가 잦은 나로서는 짐작조차 하기 어렵다.

## 선택과 포기의 연속, 여행자의 길

매일 비슷하게 반복되는 일상에서는 특별히 새로운 선택을 해야 할 순간이 많지 않다. 세계 여행자의 시간은 머무름과 반복보다는 떠남과 낯설음이 잦아서, 선택과 포기의 순간이 끝없이 이어진다.

모르면 용감하다고 했던가. 여행을 떠나기 전 아무런 정보가 없을 때는 막연히 아프리카를 일주하겠다고 생각했다. 그런데 실제로 아프리카를 여행한 사람들은 하나같이 서부 아프리카 여행을 말렸다.

전쟁 중이거나 치안이 불안정한 나라가 많고, 국경을 넘는 교통수단도 찾기 어렵다고 했다. 그곳 사람들은 멘탈리티(정신체계)가 달라서, 나이키 신발 하나 때문에 사람을 죽이기도 한다는, 믿고 싶지 않은 이야기도 들었다. '카더라'는 말은 온전히 믿을 수 없고, 그런 편견에 직접 부딪혀 보고 편견을 깨는 것도 내 여행의 목적이므로 보통은 크게 걱정하지 않을 터였다.

모로코에서부터 서부, 중부, 남부 아프리카를 돌아 동부까지 가려면 어림잡아 스무 개 이상의 나라를 지나야 하고, 나이지리아, 베냉, 카메룬, 콩고민주공화국 등 특히 위험하다고 알려진 나라들을 지나야 한다. 비행기로 위험 국가를 건너뛸 수도 있지만 아프리카에는 비행기 이용객이 적어서 저가 항공이 거의 존재하지 않는다.

게다가 아프리카의 50여 개 나라 중에 무비자로 여행 가능한 국가는 모로코, 남아프리카공화국, 보츠와나뿐이다. 다른 모든 나라들은 비자가 필요하고 적게는 25달러, 많게는 80달러의 비용이 든다. 돈을 낸다고 모든 국경에서 바로 여권에 도장을 찍어주는 것도 아니다. 비자 발급 가능 국가의 대사관을 찾아가 각종 서류를 제출하고 며칠을 기다려야 비자가 나오는 나라들도 많다.

위험과 비용과 복잡함. 그 모든 핑계를 바탕으로 나는 서부 아프리카를 포기하고, 동부 아프리카로 가기 위해 동유럽 헝가리로 가는 비행기를 탔다. 발칸반도의 나라들과 터키를 여행한 뒤, 이집트로부터 남쪽으로, 다시 아프리카 여행을 이어갈 계획이다.

나는 좀 더 무식하고 더 몰라서 용감해야 했는지도 모른다. 친척 형은 수년 전 선원들 몇 명과 함께 승용차를 운전해 남아공에서부터 모로코까지 서부 아프리카를 종단했다고 하니, 그 모든 경고와 어려움에도 불구하고, 아프리카 일주는 어떻게든 가능한 모양이다. 포기와 선택에 뒤따르는 아쉬움을 여행기로나마 기억해둔다.

서부보다는 동부 아프리카가 덜 위험하고 관광지도 많다고 들었지만, 동부 아프리카 종단 여행도 결코 쉽지만은 않으리라. 서아프리카는 지난 삼십 년간 지속적으로 위험한 상황이었는데, 동아프리카는 최근 테러와 영토 분쟁으로 서쪽 보다 다섯 배쯤 더 위험한 상황이 되었다는, 충격적인 이야기도 전해 들었다.

강대국들이 저들 입맛대로 쭉 쭉 국경을 그어놓은 뒤로 줄곧, 아프리카가 위험하지 않고 살기 좋은 곳이라고 여겨지던 때가 과연 있기나 했을까. 여행이 쉽지 않다는 인도와 남미에 갈 때보다 동아프리카행을 앞둔 지금이 조금은 더 떨린다. 이곳 모로코에서 아프리카 대륙에 첫발을 디뎠지만 아직 미지의 아프리카 세계로 가야할 모험의 길은 멀고 아득하기만 하다.

# 5

# 누구도 불법이 아니다

# 헝가리

## 헝가리에서 부다페스트 다음 가는 도시는?

아프리카 서쪽 모로코에서 동쪽 이집트로 가는 비행기가 비싸서, 계획에 없던 동유럽을 경유하게 됐다. 동유럽에 와서야, 내가 지금껏 가지고 있던 '유럽'에 대한 생각이 깨어지는 것을 느꼈다. '현대 문명의 모델이 된 유럽' 혹은 '온 세계의 식민 지배국이었던 부유한 유럽 세계'는 영국, 프랑스, 스페인, 독일 등 서유럽 주류 강대국들의 일면일 뿐이었다. 서유럽과 동유럽은 어떻게 비슷하고, 또 얼마나 다른지 궁금해졌다.

동유럽과 서유럽의 구분은 국경처럼 명확한 것이 아니다. 오스트리아는 동쪽에 가깝지만 서유럽처럼 느껴지고 슬로베니아는 서쪽에 가깝지만 동유럽처럼 느껴진다. 주로 과거 소비에트 연방에 속했던 지역을 지금까지도 동유럽이라고 부른다. 지리적 경계와 사회적 경계에는 차이가 있고, 경계를 구분하기 어려운 지역도 많다. 러시아와 터키는 유럽일까 아시아일까. 아라비아, 중동이란 어디부터 어디까지일까. 여행은 고국의 일상에서 생각지 않던 것들을 생각하게 하고, 다양한 세계를 고민하게 한다.

이왕 발을 디뎠으니, '유럽의 화약고'라고 불리던 발칸반도의 나라들을 거쳐 실크로드의 종착지였던 터키를 여행한 뒤, 이집트부터 다시 아프리카 여행을 이어나가자고 마음먹었다.

첫 기항지는 동유럽 중간에 위치한 헝가리. 저가 항공답게 비행기는 늦은 밤 부다페스트에 도착했다. 벤치나 바닥에 누워 잠든 사람들과 함께 익숙한 공항 노숙을 했다. 은행 운영 시간에는 수수료가 조금이나마 덜 나올까 싶어서 아침 아홉 시까지 기다렸다가 현금을 인출했다. 시간별 차이는 전혀 없는 건지, 고작 12만 원을 뽑았는데 수수료와 환율 차액이 28000원, 수수료로 악명 높은 아르헨티나보다 더했다. 가만히 앉아서 돈 놓고 돈 먹는 건 은행밖에 없는 듯, 답답해도 눈 뜨고 코 베여야 하는 금융자본의 세상임을 실감했다.

헝가리의 슈퍼마켓 상품이나 버스 광고에서 독일 국기가 붙어 있는 것을 자주 볼 수 있었다. 수십 년 전 남한 사회에서 '일제'가 튼튼하고 좋은 것으로 여겨졌듯이, 동유럽 나라들에서는 이웃한 부자나라 독일 제품이 좋은 것으로 생각되고 발전의 모델이 되는 모양이다. '서쪽이 되고 싶은 동쪽'이라는, 비교와 차이, 선망과 열등감을 담은 표현이 틀리지 않은 것 같아 씁쓸했다.

탈아입구, 일본은 아시아를 탈피해 구라파가 되기를, 남한은 일본 같은 경제 성장을 꿈꿨다. 동쪽이 꿈꾸는 서쪽 강대국들은 더 무엇이 되기를 꿈꿀까. 제2세계, 제3세계의 열등감보다 무서운 자만심을 가지고 있지는 않을까. 계속해서 부를 유지하기를, 더욱더 강대해지기를 바라는 것이 자본과 힘의 끝없는 욕망일 것이다.

다시 씁쓸하게도, 동유럽은 서유럽보다 물가가 저렴해서 배낭여행자가 머물기에는 부담이 적었다. 하루에 5유로, 10인실 방이 십여 개, 그래서 아침 식사 시간이면 백여 명이 북적거리지만 무척 깨끗하고 편안하게 관리되는 대형 호스텔에서 열이틀을 쉬며 그동안의 여행기를 정리했다.

부다페스트 중심에는 대관람차 '런던 아이London eye'를 본따 만든 '부다페스트 아이'가 있다. 매일 오전과 오후에 '프리 워킹 투어'가 시작되는 지점이다. 부다페스트 워킹 투어 주제는 주요 유적지, 유대인 역사, 공산주의 역사, 거리 예술 등으로 나뉘는데 나는 유대인 역사와 공산주의 역사 투어에 참가했다. 유대인 역사 투어를 선택하는 여행자들이 가장 많아서, 유럽인들의 유대인 학살 역사에 대한 경각심을 짐작할 수 있었다.

"헝가리는 2004년 유럽연합에 가입했지만 경제는 좋아지지 않았어요. 젊은이들은 일자리와 새로운 기회를 찾아서 서유럽으로 떠나가지요. 헝가리에서 부다페스트 다음가는 도시가 어딘지 아세요? 바로 런던입니다! 농담이지만, 그만큼 런던에는 헝가리 이주노동자들이 많아요. 만약에 당신이 런던의 어느 레스토랑에 간다면, 주문을 받는 직원은 십중팔구 헝가리사람일 거예요. 헝가리는 헝그리해요. 배가 고파요."

##  무너진 사회주의와 비정한 자본주의 너머

다뉴브(도나우)강은 독일에서 시작해 헝가리를 지나 흑해까지 이어지는 유럽에서 두 번째로 긴 강이다. 부다페스트가 배경인 영화 〈글루미 선데이〉의 음률을 흥얼거리며 고풍스러운 강변을 산책하다가 호스텔에서 본 적이 있는 얼굴을 마주쳤다. 머리카락 모양과 옷차림이 독특해 보였는데 역시나 그는 거리의 로커, 가난한 예술가였다. 바린트 스제케레스Balint Szekeres 씨는 부다페스트에서 태어나 청소년기에 음악을 시작했다. 낮에는 호스텔에서 청소일을 하고 저녁에는 다뉴브 강변 지하철역에서 홀로 거리 공연을 한다.

"어릴 때 짐 모리슨(도어즈), 커트 코베인(너바나) 노래를 들으면서 음악을 시작했어. 대부분 사람들은 '오늘은 여기까지 하고 나머지는 내일 해야지' 라고 하잖아. 그들은 절대 안 그랬어. 음악이든 마약이든, 멈추지 않고 끝까지 가려고 했지. 가족이나 친구들, 사회에서 하지 말라는 것만 하고. 그런데 이천 년 전에 예수도 그랬잖아? 지금은 칭송받지만 당시엔 완전 또라이 취급을 받았지. 예수도, 짐 모리슨도, 커트 코베인도 다른 사람들이 하지 말라는 것만 하다가 젊은 나이에 죽어버렸어. 사실 나는 중독 때문에 문제가 좀 있어. 음악을 좋아하냐고? 아니, 증오해! 푼돈이라도 벌 수 있으니까 어쩔 수 없이 하는 거야. 이게 내 일이니까."

나는 이름 없는 독립영화인으로서, 바린트 씨의 노래와 분노에 공감과 슬픔을 느꼈다. 바린트 씨는 너바나와 도어즈 같은 치열한 음악을 만들기를, 나는 왕가위나 짐 자무쉬처럼 독특한 영화를 만들기를 꿈꿨지만, 유행하는 표현처럼 '현실은 시궁창'에 가깝다. 우리가 선망하는 특별하고 유명한 예술가들은 극히 소수일 뿐, 전 세계 대다수 무명 예술가들의 삶은 배고프고 막막하다.

'꿈은 이루어진다. 십 년을 한 우물만 파면 뭐라도 된다'는 얘기를 듣고 자랐지만, 십 년을 하든 이십 년을 하든, 꿈꾸는 것이 이루어지지 않을 수 있다는 것을 알게 됐다. 하지만 아무리 배고프고 막막해도 우리는 아마 계속 노래를 부르고 영화를 만들 것이다.

남한 자본주의 사회, 경쟁과 각자도생의 세계에서 살던 나에게는, 사회 구성원 모두의 공공선을 추구했던 사회주의나 공산주의 이상에 대한 약간의 궁금증이 있었다. 1991년 소비에트 연방 붕괴 후 약 30년, 동유럽 사람들은 과거의 공산주의와 현재 자본주의로의 변화에 대해 어떻게 생각할까.

"대부분의 사람들이 공산주의 시절보다는 지금이 낫다고 생각해. 그땐 비밀경찰이 활동했고 이웃끼리 감시했어. 여행도 못 가고 롤링스톤즈도 못 들었잖아. 사람들이 일하려는 의욕이 적으니까 자본주의 국가에 비해서 경제 발전도 어려웠지. 자본주의도 문제가 많다는 걸 모든 사람들이 알지만, 다른 방법이 없잖아. 다 같이 잘 살자고 시도했던 사회주의는 실패했고, 나만 잘 살면 되는 자본주의는 잘 굴러가고 있어. 역설적이지만, 어쩌겠어…"

부다페스트 자유광장에는 로널드 레이건 동상이 뜬금없이 서 있었다. 2008년 세르비아로부터 독립한 코소보 수도에는 역시 미국 대통령인 빌 클린턴 동상이 서 있었다. 그들은 과연 동유럽 사람들을 사회주의로부터 해방시킨 영웅일까. 강대국이 다른 나라를 돕는다면, 그건 선의가 아니라 이익을 위한 투자일 것이다. 남한 인천에도 여전히 맥아더 동상이 서 있는지 궁금했다. 맥아더가 밟고 선 땅 역시 레이건이 서 있는 땅처럼 '자유'라는 이름이 붙여졌다. 부다페스트 자유광장에서 인천의 자유공원까지, 냉전의 승리국, '자유'로운 자본주의의 제국, 미국의 권력은 전 세계적이다.

이상은 아름다웠으나, 세계 곳곳의 사회주의 국가들에서는 독재와 억압이 벌어졌고 대부분이 무너져내렸다. 전 세계를 지배하며 팽창하는 자본주의는 어디로 굴러가고 있는 걸까. 커다란 사회적 대안은 생각지 못하더라도, 돈과 자본에 억눌리고 휘둘려 숨 막히지는 않는, 자유롭고 행복한 삶을 살아가고 싶다. 삶이 아무리 팍팍하고 막막해도, 우리는 더 나은 세계를 상상하고 나아가야 할 것이다.

다시 바란트 씨의 절규 같은 노래가 터널에 울려 퍼졌다. 트램에서 내려 지하철을 갈아타는 퇴근길의 시민들은 집으로 가는 발걸음을 서둘렀다. 노숙인들이 하나둘 터널 구석에 모여들어 박스와 담요를 펴고 잠자리를 만드는 시간. 부다페스트 강변에 밤이 내려앉았다.

##  짐승처럼 구겨진 채 경찰차에…

헝가리-세르비아 국경. 철조망과 철조망 사이로 뿌연 먼지를 내며 경찰차가 달려왔다. 차에서 내린 건장한 남성 경찰은 곧장 나에게로 다가와 헝가리어 욕을 내뱉으며 여권을 낚아챘다. 알아듣지 못해도 욕이라는 것을 느낄 수 있었다. 나는 순식간에 범죄자 취급을 받기 시작했다.

하루 전, 헝가리 부다페스트에서 세르비아 북부 도시 노비사드로 가는 기차를 탔다. 예전에는 수도 베오그라드까지 가는 직행열차가 있었지만 지금은 헝가리 국경 케레비아(Kelebia)에서 세르비아 기차를 갈아타야 한다. 하루에 한 대, 3,840포린트(한화 15500원) 가격의 기차 티켓은 한 달 동안 아무 때나 사용할 수 있는 오픈티켓이었다.

유럽연합 29개국 사이에는 사라진 국경선이, 비유럽연합국에서는 어떤 모습으로 존재하는지 궁금해서, 케레비아에서 하룻밤을 머물렀다. 여행자가 드물어 저가 숙소가 없는 작은 마을이고 날씨도 춥지 않아서, 남미 파타고니아 이후 오랜만에 야영을 했다. 기찻길 옆 자작나무숲에는 낙엽이 푹신푹신 쌓여 있어 텐트 핀이 고정되지 않았지만 바람이 세지 않으니 문제없었다.

마을에서 '국경의 밤'을 보내고, 이튿날 국경 울타리를 확인한 다음 세르비아행 기차를 환승할 예정이었다. 불빛도 없으니 일찌감치 텐트에 누워, 부다페스트 호스텔에서 만난 독일인 NGO 활동가 카샤 호프Katha Hopp 씨와 나눈 이야기를 생각했다.

"기차로 세르비아에 간다고? 케레비아? 난 거기서 가까운 난민 캠프에서 4개월 동안 일하고 독일로 돌아가는 길이야. 아프가니스탄, 시리아 난민들을 많이 만났고, 그들의 말도 조금 배웠어. 난민들 중에 영어를 하는 사람이 별로 없거든. 버스를 타고 헝가리 국경을 넘으면서 종일 슬펐어. 수십만 명의 난민들이 넘을 수 없어서 기다리고 있는데, 나는 여권만 잠시 보여주고 바로 통과할 수 있었거든. 우리는 똑같은 사람이지만 여권은 너무나 불공평해."
"매일 밤 국경에서는 난민을 막으려는 경찰들의 추격전이 벌어져. 그 과정에서 많은 난민들이 죽고 다쳐. 끔찍하고 슬픈 일이야. 2015년에 100만 명이 넘는 시리아 사람들이 몰려들면서 난민은 유럽 사회의 중요한 이슈가 됐어. 난민과 이슬람에 대한 반대가 커지고 있고, 각국 극우 정당들이 매주 모여서 회의를 열고 있어. 유럽 사회가 난민을 거부하고 폭력적으로 진압하는 게 걱정돼. 무한정 받아들이기는 어렵겠지만 힘을 모아서 대책을 찾아야 하지 않을까. 헝가리-세르비아-코소보-북마케도니아-그리스-터키-아프리카로 간다니. 네가 가는 길은 난민들의 루트와 똑같아. 방향은 정반대지만."

유엔난민기구의 2017년 조사에 따르면 세계에는 6,580만 명의 난

▲Citadella, Budapest
"헝가리에서 부다페스트 다음가는 도시가 어딘지 아세요?"
▼Kelebia, Katha Hopp
"매일 밤 국경에서는 난민을 막으려는 경찰들의 추격전이 벌어져."

민이 있다. 시리아 난민이 630만 명, 아프가니스탄 난민이 260만 명, 남수단 난민이 240만 명으로 가장 많다. 중동의 난민들이 전쟁의 공포에서 탈출해 서유럽으로 향하는 길. 남한에서 종종 뉴스로만 보던 그 길 위에, 여행자인 내가 서 있었다. 마음먹기에 따라, 난민은 나와는 아무 상관이 없는 사람들이다. 또 마음먹기에 따라, 난민은 나의 이웃이고, 그들의 슬픔은 나의 슬픔이다. 어떤 마음을 먹고 살 것인지, 나는 매일 매 순간 선택할 수 있다.

매일 밤 '사람 잡는' 추격전이 벌어진다지만 내가 텐트를 친 국경의 밤은 조용했다. 드문드문 차 소리와 농가의 개 짖는 소리만이 들려왔다. 아홉 시쯤 되었을까, 길섶에 차가 멈추더니 누군가 텐트로 다가왔다. 다행히 배고픈 짐승이나 강도가 아니라 영어를 하는 친절한 헝가리 경찰이었다. 여권을 확인하고 무전으로 보고한 뒤, 그는 나에게 막대사탕 하나를 건네고 떠났다. 6,580만 난민의 절반 이상이 18세 미만 아이들과 청소년이라고 한다. 국경을 넘는 난민들을 검거한 뒤, 두려움에 떠는 아이들에게 주려고 챙겨두는 사탕인가 보다.

## 합법적 폭력의 공포, 잊지 못할 난폭 경찰

케레비아 기차역에서 국경선까지는 2킬로미터 거리다. 차로 순찰을 돌던 여성 경찰 두 명이 다시 한번 나를 조사했다. 여권과 기차표를 보여주며 국경을 잠시 보고 오후 기차를 탈 것이라고 설명하자 더 이상 제재는 없었다. 길 따라 늘어선 집들이 드물어지고, 눈치

빠른 사슴들이 뛰어다니는 들판 너머로 철조망이 보이기 시작했다.

환한 대낮, 열린 길 어디에도 출입 경고 표시는 없었기에 별 위험성을 못 느끼고 국경 앞 50미터 거리까지 다가갔다. 화물기차가 지날 때 철조망을 여닫는 경비원들 세 명이 보여서 눈인사를 주고받았다. 국경 사진을 몇 장 찍은 뒤 앉아서 물을 마시고 쉬는 순간이었다.

무전을 받고 철조망 사잇길을 쏜살같이 달려온 난폭 경찰. 그는 내가 영어로 말을 하거나 스마트폰 헝가리어 번역기를 돌리는 걸 용납하지 않았다. 순간순간 때리려는 몸짓으로 위협을 가하며 먼저 여권과 기차표, 스마트폰과 카메라를 빼앗았다.

덩그러니 기나긴 철조망만 서 있는 벌판, 경찰 다섯 명과 범법자가 된 나. 그들은 하나같이 허리에 권총을 차고 있었고 한마디 말도 통하지 않았다. 완전한 무력감. 심장이 크게 뛰며 공포감이 엄습했다. 군대에서 열중쉬어 자세로 덩치 큰 선임에게 맞을 때는 말이라도 통했었다.

내가 독일이나 프랑스 여권을 소지한 백인이었다면 그 폭력적인 경찰은 조금 온순했을까. 부다페스트 곳곳에 남한 기업의 광고판이 서 있고, 헝가리에서도 케이팝이 유명하다지만 이런 상황에서 남한은 여전히 동방의 힘없는 나라다. 하지만 만약 내가 아프리카나 아라비아의 여권을 제시했다면, 그는 아마 나에게 위협이 아니라 구타를 가했을 것이다.

난민이 아님을 확인한 그는 비닐장갑을 끼더니 내 모든 짐과 몸 구석구석을 뒤졌다. 칫솔이 흙바닥에 떨어지고, 일기장에 끼워둔 메모

지들이 바람에 날아갔다. 잔인한 미소를 띤 그는 내 소지품을 엉망으로 만드는 걸 즐겼다. 나를 마약사범으로라도 만들어서 때리고, 감옥에 넣고, 성과를 만들고 싶은 듯했다. 그가 내 가방에 마약을 집어넣지 않은 게 그나마 다행이다.

수색을 마쳤지만 나는 풀려나지 않았다. 그는 경찰차에 타라고 '명령'했다. 커다란 승합차에는 빈 좌석이 열 개가 넘었으나, 그가 가리키는 끝 좌석에 앉으려는 순간 거칠게 엉덩이가 밀쳐졌다. 좌석이 아니라 차 바닥에 웅크려 앉으라는 것이다. 완전한 짐승 취급. 수치심과 증오가 몰려왔다. 흑인들을 구타하는 미국 경찰의 영상이 떠올랐다.

난민과 범법자, 또는 의심이 가는 사람은 사람이 아니라 짐승인가. 합법적 폭력의 권리를 가진 경찰의 표적이 된 사람은 순식간에 사람의 권리를 송두리째 빼앗긴다는 것을 몸소 깨달았다. 그러나 어떤 경우에도 평등하고 존중받아야 할 '사람'을, 이렇게 비인간적으로 대하는 사람이 오히려 짐승이고 괴물이 아닌가. 사람을 사람으로 대하지 않는 사람은 사람이 아니다.

내가 부당한 폭력을 당하고 할 수 있는 저항이라고는, 폭력의 경험을 이렇게 글로나마 남기는 것뿐이다.

## 사람은 그 누구도 불법이 아니다

짐승처럼 구겨진 채 차를 타고 5분. 기차역 옆 경찰서에 도착했다.

폭력 경찰의 상급자는 영어로 대화가 가능했고 온순했다. 스마트폰과 카메라를 확인한 후 문제가 없다고 판단해 나는 금방 경찰서를 나왔고 곧 세르비아행 기차를 탈 수 있었다.

겁 없이 국경에 다가간 걸 후회하지는 않는다. 나는 법을 어기지 않았고 이미 두 번이나 경찰에게 상황을 설명하고 체류를 허락받았다. 생각할수록 억울하고 서러워서 경찰서에 다시 들어가 항의했다.

> "그렇게 폭력적으로 진압할 거면 마을 초입에서부터 여행자 통행을 금지하든지 국경에 다가가지 말라고 경고문이라도 설치해주세요. 그리고 난민이나 범법자라 할지라도 그렇게 막무가내로, 비인간적으로 대하는 건 사람에 대한 예의가 아니잖아요?"

케레비아로 오는 난민들은 보통 밤에 오가는 화물열차 짐칸에 숨거나 바닥에 매달려서 국경을 넘는다고 한다. 피아 식별도 되지 않는 급박한 상황에서 경찰이 그들에게 사람에 대한 예의를 지키기를 바라는 건 순진한 환상일까. 부디 세상에, 내가 만난 폭력적인 경찰보다 난민도 인간으로서 존중하는 경찰이 훨씬 많기를 바란다.

경찰과 군인은 '합법적 폭력'을 사용하는 유일한 집단이다. 그리고 그 폭력은 결국, 경찰과 군인 한 사람 한 사람이 사용하는 것이다. 그러므로 경찰과 군인들은 사람들의 천부적인 인권을 더욱더 중시하고, 사회로부터 위임받은 폭력의 권리를 조심히 집행해야 하지 않을까.

비유럽연합국 북마케도니아에서 유럽연합국 그리스로 가는 게브겔리야Gevgelija 국경. 대도시를 잇는 직행버스를 타지 않고, 다시 한 번 국경 지역에 머무르며 걸어서 경계를 넘었다. 대낮임에도 북마케도니아와 그리스 양쪽에서 한 번씩 경찰 검문을 당했다. 그 경찰들 역시 난민을 검거하는 데 혈안이 된 듯 거칠고 위압적이었다.

서럽게도, '모든 경계에는 꽃이 핀다'는 시 구절이 떠올랐다. 유럽연합과 비유럽연합국의 경계에는 꽃이 아닌 폭력이 피어오르고 있었다. 그리스 국경 에브조노이Evzonoi의 버려진 건물 지붕에 누군가 써 둔 문장 하나가 심장을 뒤흔들었다.

"No one is illegal! 사람은 그 누구도 불법이 아니다!"

# 세르비아

### 사라진 나라 유고슬라비아

헝가리 국경 경찰에게 잘못도 없이 붙들려 식겁한 마음을 추스르고, 세르비아에 들어섰다. 기차역의 팻말이 라틴 문자에서 키릴 문자로 바뀌었다. 라틴 문자판을 들고 가던 사람이 넘어져서 뒤집힌 모양의 키릴 문자가 되었다는 농담이 떠올랐다. 찾아보니 키릴 문자는 라틴이 아닌 그리스 문자에서 비롯된 것이었다. 러시아 동쪽 끝 블라디보스토크 전망대에도, 북마케도니아 수도 스코페에도 문자와 정교회 전파자인 키릴 형제의 동상이 서 있는 걸 보면 동유럽 지역에서는 한국의 세종대왕처럼 여겨지는 사람들인가 보다. 문자표를 찾아 더듬더듬 키릴 문자를 발음해보았다.

고등학교 영화 동아리 시절, 유고슬라비아 영화감독 에밀 쿠스투리차의 〈집시의 시간〉을 보고 그곳에 가고 싶었다. 마치 코카콜라나 스타벅스처럼 익숙한 파리와 런던, 베니스와는 전혀 다른 유럽이 거기에 있을 것 같았다. 여행을 와서야, 유고슬라비아 사회주의연방은 1992년에 해체되었다는 것을 알았다.

뚜렷한 경계는 없지만 흔히 이 지역을 '발칸 반도'라고 부른다. 발칸은 터키어로 산맥을 뜻한다. 기원전 4세기, 지중해와 북아프리카, 페르시아를 정복한 마케도니아 왕 알렉산더의 고향이 이곳이다. 오랜 시간 로마, 비잔티움, 오스만 튀르크, 오스트리아-헝가리 등 주변 제국들의 지배를 받으며 동방 정교와 서방 가톨릭교, 이슬람교가 충돌하고 뒤섞이는 지역이었다.

제2차 세계대전 후 소련 주도로 불가리아, 루마니아, 유고슬라비아, 알바니아 사회주의 국가가 세워졌다. 다민족국가 유고연방은 이후 분리, 독립, 전쟁 과정을 거쳐 현재의 슬로베니아, 크로아티아, 세르비아, 몬테네그로, 보스니아 헤르체고비나, 북마케도니아, 코소보가 되었다.

나는 발칸과 터키를 거쳐 동아프리카로 건너갈 계획이어서, 세르비아, 코소보, 북마케도니아, 그리스로 방향을 정했다.

유고슬라비아 연방의 주류였던 세르비아에서는 '새로운 정원'이라는 뜻의 노비사드와 '하얀 도시' 베오그라드를 여행했다. 폭격을 받은 다리와 관공서 건물들이 곳곳에 남아있고 탱크와 전투기들이 전시되어 있어, 1991년부터 1999년까지 지속된 전쟁의 상처를 짐작하게 했다.

1998년, 알바니아계 주민이 많은 코소보 자치주의 독립 요구를 세르비아군이 폭력 진압한 코소보 사태가 일어났다. 서구 중심의 국제사회는 이를 '인종청소작전'이라 부르며 세르비아를 비판했다. 미국과 유럽연합이 코소보의 독립을 지지했고, 2004년부터 유엔 임시행정부의 통치 기간을 거친 후 2008년 국제사회로부터 독립을 인정받았다. 세르비아는 여전히 코소보를 독립국으로 인정하지 않아, 코소보로 국경을 넘을 때 세르비아 출국 도장을 찍어주지 않고 코소보를 통한 세르비아 입국도 불가능하다.

미국, 유럽연합과 관계가 좋지 않다고 들었지만, 세르비아 역시 이웃 나라 몬테네그로, 알바니아, 북마케도니아, 터키와 함께 유럽연합 가입을 신청하고 협상을 진행 중이다. 자국 화폐 디나르를 쓰지만 도심 골목마다 사설 환전소가 있고 수수료 없이 거의 기본 환율로 유로를 환전할 수 있었다.

"세계 여행을 하면 돈이 얼마나 들어?"

노비사드 중앙 광장에서 만난 고등학생 렌카 마리나 세키치Lenka Marina Čekić 씨, 엘레나 아노비치Jelena Anović 씨와 이야기를 나누었다.

"10개월 동안 여행 중인데 가끔 장거리 이동하는 비행깃값을 빼면 한 달

▲Novi Sad, Lenka Marina & Jelena
"우리가 사람들을 평가한다면, 우리는 그들을 사랑할 시간이 없을 거야."

에 400유로(한화 54만 원) 정도를 쓴 것 같아."

"400유로?! 엄청 많이 든다. 내 엄마 한 달 월급이 190유로 정도일 거야…"

"이곳 노비사드에서 제일 저렴한 숙소가 하루 8유로야. 한 달이면 숙박비만 200유로 정도 들어. 레스토랑에 잘 안 가고 매일 밥을 해먹어도 400유로는 들더라. 세르비아랑 서유럽이랑 임금 차이가 많이 나는 거지?"

"독일 월급은 엄마 월급의 열 배 쯤 되겠지. 세르비아는 경제가 너무 안 좋아."

"유고슬라비아 해체 이후에 전쟁을 오래 겪었다고 들었어. 세르비아 사람들은 내전에 대해서 어떻게 생각해?"

"Don't judge! 누구도 다른 사람을 평가하면 안 된다고 배웠어. 민족이나 종교가 다른, 어떤 사람에 대해서도 존중이 필요하다고 생각해."

학교에서 자주 이야기 나누는 주제인지, 신기하게도 두 사람이 똑같은 말을 했다.

# 코소보

##  경계의 땅 발칸반도, 끝나지 않은 냉전

민족, 종교, 이념을 이유로 오랜 갈등을 겪고 현재에 이른 발칸반도.

코소보 북부에는 알바니아인보다 세르비아인들이 많이 사는지, 집집마다 가게마다 세르비아 국기를 게양해 놓았다. 정작 세르비아에서는 본 적이 없는 세르비아의 애국심, 민족주의의 모습이 펼쳐졌다. 미국과 유엔에 의해 국경이 그어졌지만 이곳은 실질적으로 세르비아인들의 영토임을 강조하는 저항처럼 느껴졌다. 미국에 대한 반발인지 사회주의 시절에 대한 향수인지, 러시아 대통령 블라디미르 푸틴의 포스터도 곳곳에 붙어 있었다.

코소보 남쪽으로 갈수록 세르비아 국기는 줄어들었고 대신 모스크와 미국 국기가 많아졌다. 수도 프리슈티나에는 유난히 '아메리칸 스쿨'이 많았고 도심에는 미국 대통령 빌 클린턴의 동상과 아파트, 그리고 '힐러리' 옷가게가 있었다. 상점들은 'From USA to you 미국으로부터 당신에게'와 같은 문장으로 광고를 하고 있었다. 코소보의 알바니아 사람들에게 미국은 고마운 해방군이자 우방인 것 같았다.

2008년 동유럽에 세워진 친미 이슬람 국가 코소보. 그리고 그 속에서도 계속되는 차이와 분단. 소련과 미국의 권력에 의해 갈라진 한반도와 한국전쟁, 국가보안법으로 상징되는 냉전의 역사가 겹쳐졌다. 코소보에서도 한반도에서도, 냉전은 계속되고 있었다. 국가보안법을 언급하는 것만으로도 나는 무의식적인 공포를 느낀다.

헝가리 부다페스트 호스텔 공용 탁자에 앉아 종일 일하던 체코 여행자 블라디미르 발코브스키 씨에게도 동유럽 사회주의의 붕괴와 변화에 대해 물어본 적이 있다.

"나는 알루미늄 회사의 재정 관리자로 일하고 있어. 노트북 한 대만 있으면 어디서나 일할 수 있지. 리비아에서도 몇 년을 일했고 중동 상황에 대해서 잘 아는 편이야. 중동 국가들은 수십 년 동안 계속 전쟁을 겪고 있어. 대부분의 미디어는 이슬람교와 테러의 문제라고 말하지만 내 생각에 핵심은 페트롤, 오일이야. 미국이 중동에서 더 이상 이윤을 찾을 수 없다면, 그들은 언제든 또 전쟁을 벌일 거야. 나는 그게 두려워."

어떤 나라에게는 우방이지만 또 다른 나라에게는 두려운 강대국인 미국. 너무나 복잡한 국제관계를 잘 이해할 수는 없지만 오일이 주는 이윤이 그 관계 속에서 얼마나 중대한 위치를 차지하는지 짐작할 수 있었다. 고향을 떠나 위험한 국경을 넘어야 하는 수백만 중동 난민들의 고통과 슬픔도 이 이윤, 결국 돈 때문에 벌어지는 일인 걸까.

렌카와 엘레나 씨의 말처럼, 어떠한 경우에도 다른 사람들을 존중하고, 평화의 길을 찾아가는 세상이 되기를 바란다. 많은 사람들의 이런 바람과는 반대로, 국제관계는 평화와 공존 보다는 권력과 이윤을 중심으로 굴러가는 것 같다. 사람의 역사는 언제나 그래왔던 것 같다. 하지만 우리의 삶은 그렇지 않을 수 있다. 차별과 불평등, 다툼과 전쟁이 끊이지 않는 세상이지만, 우리는 서로를 사랑할 수 있다. 나도 나의 자리에서, 모든 사람을 존중하고 평화를 만들고 싶다.

# 북마케도니아

## 지구별 여행자들의 집

코소보 프리슈티나에서 북마케도니아 수도 스코페까지는 버스로 세 시간 반이 걸렸다. 스코페 중심에는 말을 타고 동쪽을 바라보는 알렉산더 동상이 있었다. 지중해와 아라비아, 아프리카가 가까워오는 것을 느낄 수 있었다.

"차이나? 니 하오?" 하고 웃는 아이들은 남미나 마케도니아나 다르지 않았다. '어이, 차이나' 라는 말을 이제 나는 중국인이 아니라 아시아인을 부르는 말로 받아들이게 됐다.

"아니, 나 한국 사람인데. 너희는 마케도니아 사람이니?"

"아니. 우리 셋 다 터키인이야. 이곳에는 마케도니아인, 터키인, 알바니아인, 세르비아인, 보스니아인들이 섞여서 살고 있어. 같이 잘 지내는데, 문제는 마케도니아가 돈이 없다는 거야."

십대 초반 아이들의 입에서 '돈' 얘기를 듣자니 슬펐다. 경제가 어렵다는 말을 어른들에게 얼마나 많이 들은 걸까. 내가 만난 동유럽 사람들은 대부분 경제가 어렵다는 이야기를 했고 부유한 서유럽 이야기를 덧붙였다. 사회주의 붕괴 후 자본주의 국가로 변해가는 동유럽 사회의 공통적인 현상인 듯했다.

스코페 최저가 숙소는 하루에 5유로였다. 방 세 개에 이층침대 아홉 개. 니콜레타와 발렌틴 씨 부부가 운영하는 호스텔 벽에는 여행자들이 남긴 쪽지와 그림들이 가득했다.

'Yeah, this life is too short. Just do what I want! 그래, 이번 생은 너무 짧아. 그냥 원하는 걸 하자!'

여행 중이라 감성이 풍부해진 건지, 전에는 별로 감흥이 없었을 문장들도 이상하게 마음에 와닿았다. 한글 쪽지 중에 '호스텔 자원활동 추천드려요' 라는 글이 눈에 띄었다. '안 되면 말고' 하는 마음으로 발렌틴에게 물었더니 웬걸 무척 반가워했다. 그날부터 2주 동안 호스텔 스태프로 일했다. 나 말고도 두 명의 자원활동가들, 멕시코 여행자 리자 씨와 터키 여행자 할릿 씨가 있어서 오전이나 오후를 택해 자유시간도 가질 수 있었다.

매번 화장실을 더럽게 쓰는 사람이 머물 때나 침대 벌레가 나왔을

▲Skopje, Nikoleta Crkvenjakova
"차나 집은 중요한 게 아니야. 여행하고 사람들을 만나는 게 얼마나 좋으니.
돈이 있으면 버스를 타고, 돈이 모자라면 히치하이킹을 하면 돼."

때는 조금 힘들었지만, 들고 나는 여행자들의 숙박비와 침대 관리, 청소, 빨래 등 일의 양은 많지 않았다. 리자의 멕시코 타코 파티와 할릿의 터키식 맥주 칵테일을 잊을 수 없다. 불과 2주의 시간, 급여를 받은 건 아니지만 코스타리카 해변 농장 이후 오랜만에 외국에서 일을 했다는 사실 자체로 뿌듯했다.

'니콜레타는 커피 만들어주는 걸 좋아해요. 그리고 여행자들을 진심으로 좋아해요.'

쪽지에 적힌 숙소 주인 니콜레타의 마음을 나도 느낄 수 있었다.

"차나 집은 중요한 게 아니야. 세계를 여행하고 사람들을 만나서 대화하는 게 얼마나 좋으니.
돈이 있으면 버스를 타고, 돈이 모자라면 히치하이킹을 하면 돼."

칠레 여행자 와따도, 나의 동료 터키 여행자 할릿도 히치하이킹을 자주 하는 여행자였다. 나도 북마케도니아 국경에서 그리스까지는 히치하이킹을 해보리라 마음먹고, 이른 아침 국경 마을 게브겔리아로 가는 기차에 올랐다.

# 그리스

## 만삼천 원 아끼자고 밤새 개떼들에게 시달리다니

북마케도니아 게브겔리아에서 그리스 에브조노이로, 걸어서 국경을 넘었다. 걸어 다니는 사람은 나뿐이었고 양쪽 모두에서 경찰 검문을 받았다. 그리스 국경통제소는 북마케도니아 측과 달리 유럽연합 가입국임을 광고하는 팻말이 많았다.

지도만 보고 한 시간 넘게 걸어간 기차역은 승객이 적어서 화물열차밖에 다니지 않았다. 허무하게 왔던 길을 다시 걸을 때, 배낭은 더욱 무거워진다. 종종 승용차와 경찰차가 오갈 뿐 시골길에는 버스가 다니지 않았다.

몇 킬로마다 나타나는 마을들에는 예쁘게 장식된 집이 많았지만 사람은 그림자도 보이지 않았다. 대신 덩치 크고 눈이 시뻘건 개들이 달려와 물어뜯을 듯 짖어댔다. 말도 표정도 안 통하니 무서워서 소름이 돋았다. 개를 마주칠 때마다 멀찍이 길을 피해 돌아갔다. .

다른 나라에도 거리의 개가 많지만 이렇게 공격적인 경우는 없었다. 밥을 주는 사람이 아무도 없어 배가 고픈 걸까. 그리스의 개들이 원래 난폭할 리는 없으니, 아마도 사람들과의 관계 때문이리라. 그리스에 대한 첫인상이 어두워졌다.

국경 경찰이 없는 곳, 그리고 텐트를 칠 만한 마을로 가기 위해 히치하이킹을 시작했다. 한적한 시골인데도 차들은 쌩쌩 지나가기만 했다. 차에 치인 커다란 고슴도치 사체가 많아서 마음이 더 무거웠다. 몇 년 전 뉴스에서 봤던 그리스 경제 위기의 영향이, 시골 개들을 굶주리게 하고 히치하이킹도 어렵게 만든 게 아닐까, 엉뚱한 추측을 할 때쯤 드디어 차가 멈춰 섰다.

지친 나그네를 살려준 친절한 막달레나 씨는 생존 그리스어 몇 마디를 가르쳐주고 인근 도시 폴리카스트로 터미널에 나를 내려주었다. 멀리 구름에 가린 산 이름을 물었더니 '올림푸스' 라 했다. '책에 나오는 그 올림푸스? 신들이 산다는 그 산?' 하고 다시 물었다. 벌판에 우뚝 선 올림푸스의 모습은 특별할 것 없는, 한국의 여느 산과 똑같은 모습이라 오히려 놀라웠다.

"그리스에는 이런 작은 마을들이 엄청나게 많이 이어져 있어. 젊은이들 상당수가 서유럽으로 가서 시골에 사람이 별로 없고 조용해."

"에프카리스토 Ευχαριστω! 무지무지 고마워요. 막달레나."

대도시 데살로니키행 버스 가격을 알아보고, 외곽 잔디밭에 텐트를 쳤다. 여행 중 날씨 운이 좋은 편이라 텐트를 칠 때는 부슬비도 그쳤다. 주변에 개가 없는지 분명 확인을 했건만, 밤이 되자 개들이 텐트 주변에 다가와 미친 듯 짖었다. 혹시 공격당하면 텐트에 불이라도 붙여야지 싶어서 종이 조각과 라이터를 주머니에 챙겼다.

천만다행히 개들은 주변에서 영역 다툼을 할 뿐 텐트와 나를 물어뜯진 않았다. 참다 참다 오줌을 누러 텐트 밖으로 나가는 순간은 얼마나 두려웠던가. 저기 올림푸스산의 신들이여, 개들로부터 나를 지켜주소서.

새벽 내내 내린 비는 결국 텐트 안에 고였다. 엉거주춤 겨우겨우 텐트를 접고 아침 식량을 섭취한 뒤 버스를 탔다. 마침내 도착한 숙소 창문 손잡이에 젖은 텐트를 걸고 말리는 데 꼬박 하루가 걸렸다. 데살로니키는 동유럽보다 물가가 비싸 하루 숙박비가 10유로였다. 만삼천 원 아끼자고 밤새 개떼와 비에 시달리다니, 이게 무슨 바보짓인지. 나는 나를 좀 더 보살피며 여행해야 한다.

글을 쓰며 찾아보니 진짜 올림푸스산은 남쪽으로 100킬로미터 떨어진 곳에 있었다. 옛 그리스인들이 올림푸스로 부르던 산은 터키와 키프로스에도 있다. 막달레나 씨가 알려준 산의 현재 이름은 파이코였다.

##  그리스에서 만난 아프가니스탄 청년들

그리스는 시리아와 아프가니스탄 난민들이 바다와 육로를 통해 도착하는 첫 유럽대륙이자 서유럽으로 가는 길목이다. 데살로니키는 아테네에 이어 두 번째로 크고 역사 깊은 도시다. 대낮인데도 중심가 곳곳의 건장한 경찰들은 의심 가는 사람들을 검문하고 그 자리에서 바로 수갑을 채웠다.

부둣가 광장의 청년들이 사진을 찍어달라며 다가왔다. 6개월째 데살로니키의 난민 캠프에서 살고 있는 아프가니스탄 사람들이었다. 소개를 부탁하자 자기 이름보다 먼저 아버지의 이름을 얘기했다. 조상과의 관계 속에서 자신을 인식한다는 점이 낯설고 특이했다. 어머니의 이름을 말하지 않는 것은 아마 오랜 가부장 사회의 차별적인 전통일 것이다. 조심스레 아프가니스탄 상황에 관해 이야기를 나눴다.

"너 세계 여행 중이면 아프가니스탄에도 가봤니?"

"한국 사람은 아프가니스탄 비자를 받을 수가 없어. 이라크, 시리아, 예멘, 리비아, 소말리아, 아프가니스탄이 여행 금지국가로 지정돼 있어."

"나중에 한 번 가 봐. 아름다운 곳이 많아. 탈레반이 전쟁을 벌이는 지역 말고는 안전한 편이야. 우리는 고향에 살 수가 없어서 떠났어. 아프가니스탄이 평화롭다면 우리가 왜 여기까지 왔겠어?"

"지금은 돌아갈 수 없으니까 서유럽으로 가서 일을 하고 싶어. 그리고 우

▲Evzonoi
"사람은 그 누구도 불법이 아니다."
▼Thessaloniki, Amir Ehsan Naseri, Obaid Ullah Alizaig, Farhad Jan, Rahman Ullah Hussein
"아프가니스탄이 평화로웠다면 우리가 왜 여기까지 왔겠어?"

리나라 아프가니스탄이 평화로워지면 돌아가서 가족과 함께 살고 싶어."

다음 날 바닷가에서 다가온 또 다른 청년은 자신이 아르메니아 난민이고 캠프에 들어가지 못해 거리에서 잔다고 말했다. 며칠을 굶었다며 빵을 살 돈을 부탁했지만, 나도 저렴한 빵으로 끼니를 때우는 장기 여행자라 빵 하나 살 동전밖에 주지 못했다. 마음이 무거웠다.

힘없이 걸어가는 그의 옆으로 지중해식 야외 레스토랑에 가득한 사람들과 기름진 음식이 보였다.

그리스에는 터키 국경까지 가는 기차가 없었다. 며칠 동안 경험한 그리스 물가는 헝가리나 코소보보다 꽤 비싸고 시골의 개들도 두려워서, 길게 머물지 않고 이스탄불로 가는 40유로(한화 51400원) 가격의 직행버스를 탔다.

# 6

## 낡고 새로운 너와 나의 길

# 터키

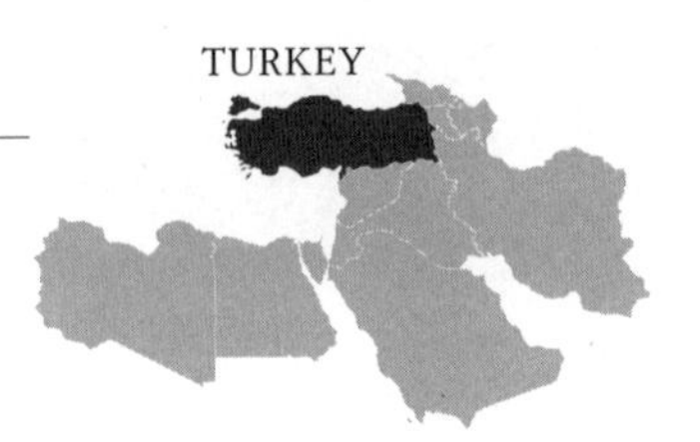

## 실크로드 종착역, 융합의 땅 터키

문자 그대로 유럽과 아시아에 걸쳐 있는 도시 이스탄불. 흑해와 마르마라해가 이어지는 보스포루스 해협을 경계로 서쪽은 유럽, 동쪽은 아시아다. 유럽연합 후보국인 터키 전체를 유럽으로 볼 수도 있고, 더 동쪽인 캅카스 지역까지 유럽으로 보는 경우도 있지만, 오랫동안 이스탄불은 유럽과 아시아가 만나는 상징적인 장소였다.

1000년 동안 동로마 정교회 비잔티움 제국의 수도였고, 이후 500년 동안 이슬람교 오스만 제국의 수도였던 곳. 중국 장안에서 시작되는 실크로드와, 파리에서 출발하는 오리엔트 특급열차의 종착역. 1,800만 인구의 거대 도시답게 사기와 위험을 조심하라는 경고도 많았다. 묵직한 이력들 때문에 도시로 들어서는 마음이 특별했다.

1461년, 오스만 튀르크 제국 때부터 550년 넘게 이어져 온 그랜드 바자(큰 시장)에는 한국의 깻잎과 비슷한 반찬, 강정과 같은 맛의 과자를 팔았다. 군밤과 군옥수수 노점도 흔했다. 세계는 넓고도 좁다는 생각이 들었다.

유독 언덕이 많고 노을이 고운 도시에서 1일 1케밥 1슈와마를 먹으며 닷새 동안 도보로 여행한 뒤, 북마케도니아 호스텔에서 함께 일한 동료 할릿의 고향, '오래된 도시'라는 뜻의 에스키셰히르로 이동했다.

할릿은 동유럽 여행 중이었지만 그의 여자친구 멜리사의 소개로 아파트 앞집 친구 무스타파의 소파에서 이틀을 지낼 수 있었다. 무스타파는 청소년기에 터키로 유학을 온 아프가니스탄 사람으로, 대학 졸업 후 피자가게 운영을 준비 중이었다.

내가 배운 첫 번째 아프가니스탄 파슈토어는 '마나나'이다. '바나나'와 비슷해 외우기 쉬운 이 말은 '고맙다'는 뜻이다. 어떤 나라에 가든 주로 이 말을 제일 먼저 배우고 가장 많이 말하게 된다.

"마나나! 무스타파, 멜리사, 할릿!"

## 아름다운 말(馬)들의 땅 카파도키아

기이한 지형 위로 떠오르는 알록달록 열기구로 유명한 터키 중부 카파도키아. 카파도키아는 페르시아 말로 '아름다운 말들이 사는 땅'을 뜻한다. 삼백만 년 전 폭발한 에르시예스 화산의 재가 굳어 부드러운 응회암 지대가 만들어졌고, 그곳에 굴을 파고 살던 사람들이 수많은 지하도시와 동굴 교회를 남겼다.

1인당 탑승료 200달러가 넘는다는 열기구를 타지는 못해도 보고는 싶었는데, 머무는 5일 내내 비와 눈이 내려 열기구는 뜨지 않았다.

떠나는 날 아침, 숙소 창밖으로 언뜻 풍선이 스쳐 지나갔다. 마침내 열기구가 뜬 것이다. 맑은 하늘에 수백 개의 풍선들. 하지만 풍선들은 속속 땅으로 내려오는 중이었다. 날씨만 좋으면 종일 뜨는 줄 알았는데 열기구는 동틀녘 한 시간 동안에 한꺼번에 떴다 내려오는 것이었다.

터키 동부 반호수로 가는 기차는 일주일에 두 대뿐이라 하루 더 머물 수도 없었다. 게다가 하늘은 다시 흐려지고 있었고 숙소 주인은 이윤이 적다고 말하며 갑자기 도미토리 가격을 5유로에서 8유로로 올렸다. 아쉬움을 안고 떠날 시간이었다. 잠시나마 그 유명한 풍선들을 봤으니 기적이라 생각하기로 했다.

카파도키아의 도시 카이세리 기차역에서 헝가리에 머물 때 만난 한국인 가족을 다시 만났다. 짜이 한 잔을 마시며 한 시간 남짓, 편안한 모국어로 두런두런 여행 이야기를 나누고 헤어졌다. 멀어져 가는 가족을 보며, 나는 혼자라는 외로움 때문인지 괜히 눈시울이 뜨거워졌다.

카이세리에서 터키 최대의 호수 반Van까지, 횡단 열차를 타고 열일곱 시간이 걸렸다. 불편한 좌석에서도 허리를 깊이 숙여 기도를 올리는 옆자리 승객을 보며, 해 질 녘 서글퍼지는 내 마음을 다독였다.

한밤중에 기차가 갑자기 멈춰서 놀랐는데 뒷자리 청년이 스마트폰으로 영어 단어를 찾더니 '철도 업그레이드 공사'를 한다고 알려 주었다. 공사 거리는 무려 200킬로미터, 다행히 무료 버스가 신속하게 연결되어 몇 시간 뒤 다시 기차를 탈 수 있었다.

##  아프가니스탄 난민들과 함께 보낸 하룻밤

터키 동부는 시리아, 이라크, 이란, 아르메니아, 아제르바이잔, 조지아와 닿아있다. 반 호수와 가까운 아르메니아로 이동하고 싶었지만 오랜 인종, 종교 분쟁으로 인해 국경이 모두 막혀 있었다. 군인들의 검문도 매시간 이어졌다. 하는 수 없이 북쪽의 조지아로 방향을 틀었다. 반에서 열두 시간 거리 조지아 국경으로 가는 버스는 하루에 두 대, 저녁 버스는 이미 만원이었다. 예정에 없던 터미널 노숙을 하고 아침 버스를 타기로 했다.

저녁 여덟 시 경, 마흔 명 남짓 사람들이 터미널로 몰려왔다. 절반은 어린아이들이었다. 아이들이 손에 든 비닐에는 빵 한 조각과 물 한 병이 들어있었다. 터키에는 350만 명의 난민이 있는데, 그 수가 너무 많아 물과 빵 이외의 지원은 어려운 상황이라고 한다.

남성들이 이스탄불로 가는 티켓을 구하기 위해 신분증을 확인하고 매표원, 경찰들과 한참 승강이를 하는 와중에 여성들과 아이들은 너무나 익숙하게, 터미널 벤치와 맨바닥에 툭 베개를 놓고는 몸을 뉘었다. 많이 지쳤는지 아이들은 곧 잠이 들었는데 한 아이가 자꾸만 울었다. 아빠는 매표소에 있고 엄마는 보이지 않았다.

그때 한 소년이 아이에게 다가가 주스 컵을 내밀며 등을 토닥여 달랬다. 아이는 울음을 그치고 작은 입으로 꿀꺽꿀꺽 단번에 주스를 들이켰다. 소년의 엄마는 다시 주스를 따라 나에게 권하고, 또 다른 사람들에게도 모두 나눠주었다.

소년의 가족은 파키스탄 사람들로 터키에 사는 친척에게 간다고 했다. 다른 사람들은 전부 아프가니스탄 난민이었다. 일곱 살 소년이 세 살 아이를 달래고, 조금이나마 사정이 나은 파키스탄 가족이 더 어려운 아프가니스탄 가족들을 도왔다.

내 가방 속에도 주스가 있었다. 조지아 국경까지 열두 시간 버스를 타야 하니 미리 세 끼 식량으로 빵과 주스, 토마토와 소세지를 사두었다. 슈퍼마켓은 아침 일찍 열지 않을 텐데 다시 살 수 있을까, 사람들이 모두 나를 쳐다보지 않을까, 망설이다가 결국 나는 음식을 나누지 않았다. 내 옹졸한 마음이 돌아볼수록 부끄럽다.

티켓을 살 돈도 잘 곳도 없어 터미널에서 며칠이고 이동할 기회를 기다리며 지내는 난민들도 많았다. 얘기를 나눠 보면 모두 좋은 사람들이었다. 그래도 혹시나 또 짐을 잃어버리지 않을까 불안했지만 피곤했는지 벤치에 눕자 곧 잠이 들었다. 이른 아침 잠이 깨 터미널

▲İstanbul, Mustafa Ömeroglu
"같은 조상에서 시작된 인류는 왜 종교와 언어가 이렇게까지 다를까?
서로 우열을 가르고 거기서 차별이 생기지."
▼Van
일곱 살 소년이 세 살 아이를 돕고 파키스탄 가족이 아프가니스탄 가족을 돕는, 국경의 밤.

을 둘러보니 친절한 파키스탄 가족과 아프가니스탄 가족들은 이미 떠나고 없었다.

변두리 공터에서 소변을 보고 공동묘지 수돗가에서 토마토를 씻었다. 티켓 없이 버스를 기다리는, 막막한 난민들의 시선을 똑바로 마주하기 힘들어서 작별 인사도 하지 못하고 버스를 탔다.

'남들이 어떻게 보든, 나는 내가 누군지 안다', 친구가 쓴 문장이 마음을 쳤다. 말 한마디 글 한 줄도 조심스럽다. 나는 나의 이기적이고 소심하고 찌질한 모습을 잘 안다. 조금이라도 나은 사람이 되자고, 슬퍼하고 뉘우치지만 습관과 성격은 잘 바뀌지 않는다. 여행에서의 새로운 만남과 고민들이 정말 조금이라도 변화의 계기를 만들어주기를 바란다. 여행이 아니라 결국 내가 만들어야 하는 변화다.

# 조지아

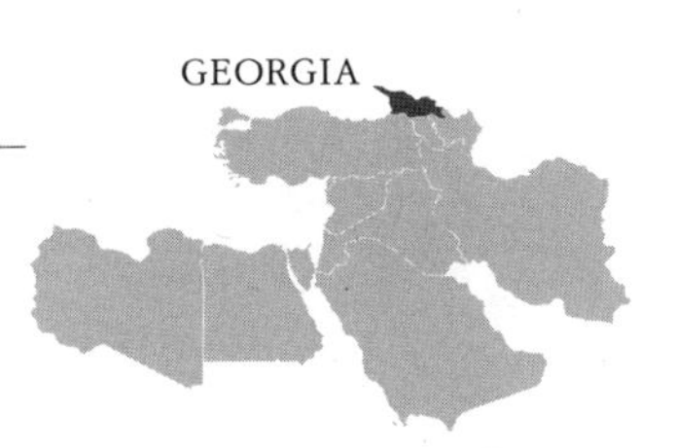


## 캅카스 남부, 조지아에서의 일주일

캅카스 지역 남서부에 자리한 조지아는 비자 없이 360일 체류가 가능하고 숙소비가 저렴해 장기 여행자들이 많은 나라다. 아름다운 수도 트빌리시의 하루 5라리(한화 2100원) 가격 숙소에서, 레바논, 요르단, 이집트, 러시아 여행자들과 일주일을 지냈다. 호스텔 주인은 요르단 사람, 관리자는 러시아 여행자였다. 이란 사람은 '페르시아'에서 왔다고 자신을 소개했다. 페르시아가 이란인 줄을 처음 알게 됐다.

숙소에서 만난 독일 여행자에게 물었다.

▲Tbilisi, Georgia
하루 5라리 최저가 숙소에서, 레바논, 요르단, 이집트, 러시아 여행자들과 함께한 일주일.

"그리스에서 만난 아프가니스탄 난민들도, 조지아에서 오늘 만난 대학생들도 '독일에 가고 싶다'는 이야기를 했어요. 왜 그렇게 많은 사람들이 독일로 가고 싶어 하는 건가요?"
"사람들이 왜 굳이 독일로 오려고 하는지 나는 정말 모르겠어. 사실 독일에는 아무것도 없거든. 그들이 바라는 일자리도 거의 없어."

그들이 찾는 건 특별한 것은 아닐 것이다. 자국에서 위협당하는 목숨의 안전을 찾아서, 또는 일자리, 삶의 더 나은 기회를 찾아서 독일로, 서유럽으로 가려 한다는 것을 짐작할 수 있다. 그러나 독일에서도, 서유럽에서도 난민들과 이주민들의 삶은 결코 쉽지 않을 것임을 우리는 또한 짐작할 수 있다.

조지아에서 이스탄불까지 스물일곱 시간의 버스 여행. 육로 이동은 풍경을 볼 수 있어서 좋지만, 때로는 너무나 좀이 쑤시고 힘들다. 내 앞자리에는 한 살배기 아기와 엄마가 앉아 있었다.

여비를 아껴 쓰다 보면 떠날 무렵 돈이 이삼만 원 남는다. 비싼 식당 한 번, 좋은 숙소 하루 묵으면 끝나는 돈이지만 그러지 않는다. 대신 '오랜만의 사치'로 20리라(4000원)를 내고 이스탄불 해협의 페리를 탔다. 유럽과 아시아, 두 대륙의 기운을 느끼며 이스탄불에서의 마지막 노을을 보았다. 남은 리라는 결국 수수료 적은 환전소를 찾아 달러로 재환전했다. 25달러, 딱 이집트 입국 비자 가격이었다.

# 이집트

## 세계 여행 일 년 만에 혼자 탄 택시, 이유가 어이없네

세계 여행 일 년 만에 처음으로 혼자 택시를 탔다. 세상에 만상에. 한 친구는 "택시도 대중교통이야"라고 했지만 나는 경비를 아끼려고 되도록 버스를 탄다. 터키 이스탄불에서 비행기로 세 시간, 이집트 홍해의 후르가다 공항에 도착해 하룻밤을 보내고 다음 날 숙소로 가려던 계획은 어이없이 무너졌다.

첸나이, 뉴욕, 우수아이아, 부다페스트…, 수많은 공항에서 노숙했고 문제가 생겼던 적이 없는데 이집트 공항 경찰들은 막무가내로 나를 쫓아냈다. 공항 밖 벤치에 머무는 것도 안 된다며, 억지로 택시에 나를 밀어 넣었다. 택시비를 대신 내줄 것도 아니면서. 무슨 이런 억압적인 나라, 불친절한 공항이 다 있는지. 디스 이즈 이집트? 이즈 디스 아프리카?

오자마자 경찰들과 실랑이를 하다니 이집트와의 만남이 긴장되고 걱정스러웠다. 경찰 대장은 자기가 호텔에 전화했으니 하룻밤 무료로 숙박할 수 있다며 큰소리를 쳤지만 설마 설마 역시나, 호텔 사장은 당연히 제일 먼저 돈을 요구했다. 카이로 공항에서 노숙했다는 여행자들을 이후에 여럿 만났으니, 이집트는 공항마다 여행자 관리 방침이 다른가 보다.

떠도는 정보들에 의하면, 이집트는 외국인 여행자를 대상으로 한 바가지와 사기로 유명한 나라다. '특히, 돈을 요구하며 공포스러운 분위기를 연출한다'는 문장이 신선해서 기억에 남는다.

공항에서 탄 택시의 기사는 처음에 80이집트파운드(한화 5600원)를 불렀으나, 공항 톨게이트를 나가기 직전 통과비로 10달러를 더 요구했다. 택시비가 80파운드인데 갑자기 무슨 10달러냐고 묻자, 눈을 부라리며 크게 화를 내는 무서운 얼굴을 잊을 수가 없다. 언뜻 10파운드(700원)라고 적힌 톨게이트 안내판이 보였다. 700원이 순식간에 12,000원이 되는 마술의 나라, 이집트. 택시 창밖 풍경이 무섭고 을씨년스럽게 느껴졌다. 숙소에 도착해 100파운드를 냈지만 기사는 결코 20파운드를 거슬러 줄 마음이 없었다. 이슬람 국가 모로코와 터키에서 배운 대로, 최대한 씁쓸한 표정을 지으며 그에게 한 마디를 남겨 주었다.

▲Giza Pyramid
피라미드 같은 사회는 이제 그만 산산이 부서져, 고요한 사막처럼 공정하고 평평해졌으면…
▼Cairo, Ramadan Kareem
"라마단 카림! 슈크란, 고마워요!" 라마단은, 덥고 배고파서 힘들기도 했지만,
가는 곳마다 음식을 얻어먹고 환대를 받았던 감사하고 특별한 달이었다.

"알라, 알라! 이집트!"

풀이하자면 이런 뜻이다.

"오 마이 갓! 신이 당신을 지켜보고 있소! 이집트 첫인상 진짜 힘들어요!"

고작 택시비 7,000원 때문에 알라까지 들먹이다니, 지나고 보니 나도 참 어지간히 찌질하다 싶다. 하지만 그 순간 예정에 없던 택시비와 호텔비를 써야 했으니, 소심한 마음이 얼마나 놀랐을꼬. 가난한 여행자들에게 의자 하나 배려하지 않고 몰아내는 후르가다 공항을, 알라신이 조금은 굽어살펴 주시기를.

터키에서 이집트로 가는 저가 항공은 수도 카이로가 아닌 홍해의 휴양지 후르가다와 샤름엘셰이크로 연결되었다. 샤름엘셰이크 옆 '다합'이라는 곳이 태국의 카오산로드, 파키스탄의 훈자와 함께 '배낭여행자들의 3대 블랙홀'이라는 소문을 들었다. 하지만 다합이 있는 시나이반도가 '여행 위험' 지역이고 비자 받기가 까다로울 수도 있다는 정보를 보고 후르가다를 선택했다.

밤에 비행기에서 내려다본 후르가다는 파란 수영장과 알록달록한 불빛으로 신천지처럼 보였는데 그건 리조트들의 모습일 뿐, 낡은 호텔에 머물며 내가 만난 후르가다는 모래 먼지 날리는 황량한 소도시였다. 무엇보다 이 바다 마을에서는 돈을 들이지 않고는 바다를 보기가 어려웠다.

터키의 흑해가 까맣지 않듯, 이집트의 붉은 바다 홍해 역시 이름이 무색하게 새파랗게 빛났다. 붉은 산호가 많아서 홍해라는 이름이 붙었다는 설명도 있는데, 내가 본 산호 지역은 붉은색뿐 아니라 온갖 빛깔을 띠었다.

이름이야 무엇이든 그 아름다운 산호와 다양한 수중생물을 볼 수 있는 홍해는 세계적인 다이빙 장소다. 폐호흡을 하는 육상생물 인간이 바닷속으로 들어가는 것은 생명의 안전과 직결된 일이다. 다이빙은 축구나 수영 같이 일반적인 스포츠가 아니며 비용이 들고, 무섭기도 해서 이런저런 정보를 검색했다.

다이빙에는 공기통을 메고 호흡하는 스쿠버 다이빙과 제주도 해녀처럼 숨을 참고 물속을 잠수하는 프리 다이빙이 있다는 것을 알게 됐다.

스쿠버 다이빙을 스스로 즐기려면 국제 공인 기관의 교육을 수료하고 자격증을 받아야 한다. 초급 단계 '오픈 워터'와 20미터 이상 잠수하기 위한 '어드밴스드(상급)' 과정까지, 다이빙 센터들의 교육 과정에 따라 250에서 450달러 정도의 비용이 든다. 이집트 홍해가 세계에서 가장 저렴하고, 한국이나 동남아에서는 두 배가 넘는 비용이 든다고 한다.

평생 세계 어느 바다에서나 다이빙이 가능한 자격증이기에 오래 고민했지만, 역시 저예산 여행자인 나에게는 부담되는 금액이라 아쉬움을 접고 깨끗이 포기했다.

## 바다 없는 바다 마을 후르가다

불과 열흘 전 눈 쌓인 터키 동부를 여행했는데, 이집트의 5월 기온은 영상 40도. 여행 1년 동안 몇 번의 겨울과 여름을 넘나드는 건지, 대충 열여섯 번의 계절을 지나온 기분이다. 페루 쿠스코 벼룩시장에서 산, 아끼던 코트를 눈 질끈 감고 버렸다. 소유물을 줄여 배낭과 몸을 가볍게 해야 하는 뚜벅이 장기 여행자의 삶. 작은 것이든 큰 것이든, 집착과 애착을 버리는 것은 여행의 한 가지 과정이고 배움이 되기도 한다.

다이빙은 안 배워도 수영을 하고 싶어서 숙소를 나와 바다로 향했다. 핸드폰 지도를 따라 해변으로 이어진 언덕 하나를 힘들게 넘었는데 갑자기 나타난 경비원이 길을 막아섰다. 그 길은 리조트 이용객만 다닐 수 있는 길이라며 언덕을 다시 돌아 내려가라고 했다. 총을 든 권력, 사유재산의 권리 앞에 나는 씁쓸하게 왔던 길을 되돌아갈 수밖에 없었다.

저기 바로 앞에 너른 바다가 보이는데 갈 수가 없다니. 바닷가 마을에서 바다를 볼 수 없다니. 세상에는 왜 그리도, 총과 벽으로 막혀서 갈 수 없는 길과 땅과 바다가 많은 것일까.

그렇게 두 시간 동안 바닷가 주변을 걸었는데 모든 해변은 호텔과 리조트, 군대와 레스토랑이 점거하고 있었고 무료로 개방된 곳은 한 군데도 없었다. 공항에서 나를 쫓아낸, 새하얀 제복을 입은 경찰들이 호텔과 리조트 입구마다 서서 고객과 비고객을 가려내고 있었다. 먼발치로 보이는 홍해에 발바닥 한 번 담그지 못하고 터벅터벅 숙소로 돌아왔다.

지구의 70퍼센트가 바다라는데, 바다를 전부 다 막고 장사를 하다니. 돈 없으면 바다도 보지 말라는 거냐. 더위와 먼지 속을 걷느라 피곤하고 서러웠는데, 내 이야기를 들은 한국의 친구가 던진 말에 헛헛한 웃음이 났다.

"세상 어딜 가나, 대동강 물을 판 봉이 김선달 같은 사람들이 있기 마련이죠. 힘내세요."

'그러게, 옛날 옛적부터 세상 어디나 돈이 중요한 세상이었고, 삶도 여행도 돈 없고 힘 없으면 더 어렵겠지만, 바다 없는 바다라니, 이건 너무하지 않나요.'

그토록 꽁꽁 닫혀 있던 바다는, 돈을 내자 바로 열렸다. '열려라 참깨, 열려라 21달러.' 후르가다에서 돈은 마법의 주문과도 같았다. 스쿠버 다이빙 자격증이 없는 사람은 전문 다이버의 손에 이끌려 '체험 다이빙'을 할 수 있다. 과연 홍해의 물속은 어떤지 궁금해서 태어나 처음으로 스쿠버 다이빙에 도전했다.

숙소에서 리조트 다이빙 센터까지의 이동, 보트를 타고 다이빙 포인트로 가서 오전 오후 다이빙 두 번에 점심까지 포함해 21달러니, 체험 다이빙 또한 세계 최저가라고 한다.

스쿠버 센터가 있는 리조트의 이름은 '파라다이스 비치', 천국의 해변이었다. 커다란 대문 하나를 지났을 뿐인데 리조트 안은 바다가 없는 도심과는 완전히 다른 세상이었다. 상쾌한 야자수와 카페, 새파란 인공 수영장과 그들만의 해변 수영장, 한산한 프라이빗 비치. 도심에 가득한 먼지와 쓰레기 더미는 그 어디에도 보이지 않았다.

처음 다이빙을 하는 사람들을 위한 안전 교육과 장비 교육은 러시아어와 프랑스어, 영어로 진행됐다. 한 다이버는 수경에 이상이 있었는지 눈알과 눈 주변이 새빨갛게 충혈되었다. 아시아인은 나 혼자였고, 영어도 제대로 알아듣지 못해 두려운 마음으로 공기통을 메고 바다에 뛰어들었다.

공기통과 부력조절 장비 조작은 다이빙 가이드가 다 해주었고, 내가 할 일은 코호흡을 멈추고 입으로 호흡하는 것, 그리고 수심이 깊어질 때 손으로 코를 잡고 귀의 압력을 조절하는 것뿐이었다.

그런데 입에 호스를 물고 물속으로 들어가려는 순간 호흡 곤란이 왔다. "Wait, wait! 기다려주세요!" 분명 호스로 공기가 들어오는데, 물이 무서워서 긴장하니 숨이 제대로 쉬어지지 않았다. 다행히 일분 정도 물 밖에서 숨을 고르니 곧 안정되었고, 나 말고도 수많은 체험 다이버들이 차례를 기다리고 있기에 서둘러 입으로 숨쉬기에 집중했다.

바닷속은 과연 아름다웠다. 고막에 압력이 꽉꽉 찼고 머리 위로 바다 표면이 보일 둥 말 둥 했으니 아마 10미터쯤은 내려간 것 같다. 형형색색의 산호와 눈 옆을 스쳐 지나가는 처음 보는 물고기들. 하지만 그 찬란한 광경을 넋 놓고 바라볼 여유는 조금도 없었다. 다이빙 가이드는 한 사람이라도 더 많은 체험 다이버들을 담당하기 위해 빠르게 오리발 젓기를 재촉했다. 스쿠버 다이빙의 공기 소모량은 보통 1회에 40에서 50분 정도지만, 체험 다이빙은 고작 10분 만에 끝나 버렸다. 박리다매. 고작 21달러를 내고 홍해의 물고기들과 신비로운 대화를 나누기 바랐던 것은 나만의 욕심이었나보다.

시간이 짧아서 무척 아쉬웠지만 생애 첫 스쿠버 다이빙을 무사히 마쳤다는 사실에 뿌듯해하기로 했다. 보트를 타고 돌아오는 길에 돌고래 떼를 만난 것은 모두가 환호성을 지를 만큼 큰 행운이었다.

홍해에서 바라본 후르가다는 호텔과 리조트의 성으로 둘러싸인 슬픈 사막의 도시처럼 보였다. 아름답고 깨끗한 해변에는 값비싼 리조트가 있고, 리조트 담벼락 너머에는 먼지 날리는 도시가 있으며, 도시 너머에는 끝없이 펼쳐진 사막이 있다.

21달러어치의 바다를 다 즐기고 새하얀 보트에서 내려 리조트 대문 밖 도심으로 돌아간 나는 다시 후르가다 바다를 볼 수 없었다.

후르가다에서 카이로로 가는 홍해안 고속도로. 황량한 사막과 푸르른 바다 사이를 가르는 500킬로미터의 길. 아름다운 해변 곳곳의 리조트들은 특이하게도, 또는 너무나 익숙하게도, 올랜도, 칸쿤, 마이애미 같은 먼 나라의 이름표들을 달고 있었다.

##  직접 본 이집트 피라미드, 경이로움보다 끔찍

이집트 도착 비자는 체류 기한이 한 달인데, 마침 내가 도착한 5

월 초부터 6월 초까지 내내 이슬람교의 금식 기간인 라마단이 이어졌다. 라마단 기간은 이슬람 태음력에 따라 정해지므로 해마다 그레고리 태양력 날짜는 바뀐다. 아랍어로 '더운 달'을 뜻하는 라마단은 천사 가브리엘이 예언자 무함마드에게 『코란』을 전한 달로, 해 뜰 때부터 해 질 때까지 음식을 먹지 않고 평소보다 기도를 열심히 하는 신성한 기간이다.

1억 이집트 사람들 중 90퍼센트가 이슬람교를 믿는다. 대낮에 문을 여는 식당은 맥도날드나 KFC 같은 외국계 프랜차이즈뿐이었다. 식당 뿐 아니라 많은 가게들이 문을 닫아서, 가뜩이나 사하라의 모래 먼지가 날리는 이집트의 도시들이 조금 더 황량해 보였다. 사람 많은 공공장소에서는 물 한 모금 마시는 것도 조심스럽다. 라마단은 이곳의 종교 규칙이자 문화이기도 하다. 음식을 구하기 어려우니 자연스레 나도 낮에는 음식을 줄이게 되었다.

라마단에는 배고픔 때문에 사람들의 스트레스가 높아지므로 조심히 여행해야 한다는 얘기를 들었다. 정말 그래서일까, 이집트의 수도이자 아랍 연합의 수도, 2천만 인구의 대도시 카이로 도로는 시끄러운 경적소리가 너무 심했다. 신호등과 횡단보도가 드물고 보행자를 배려하는 운전자 또한 드물어서, 길을 건널 때마다 신경을 곤두세우고 곡예하듯 차들 사이를 가로질러야 했다.

보행자가 가는 길도 길이고, 차가 오는 길도 길이니 목숨과 안전은 각자가 눈치껏 지켜야 하는 혼란의 거리. 빵빵빵, 경적을 울리다가 차에서 뛰쳐나와 고함을 지르며 멱살잡이를 하는 광경을 몇 번이나

보았다. 그런 혼잡도 며칠 살다 보니 익숙해져서, 신호를 기다리지 않고 언제든 길을 건널 수 있다는 게 오히려 편리하게 느껴지기도 했다.

계급계층, 학벌, 불평등, 약육강식의 사회 현상을 상징하는 단어로 '피라미드'라는 말을 흔히 쓴다. 여행 중인 나에게도 입소문이 전해진 드라마 <SKY 캐슬>의 홍보 영상에서도 '피라미드 꼭대기'라는 대사를 들을 수 있었다. 그 은유의 기원이자, 은유 없는 실제 피라미드, 4580년 전에 만들어진 세계 최대의 무덤을 드디어 직접 보았다. 멕시코의 치첸잇사, 캄보디아의 앙코르와트에도 비슷한 돌 건축물이 있지만 이집트의 피라미드는 훨씬 오래되고 거대했다.

5,600만 톤의 돌들로 만들어진 147미터 높이의 돌산. 나무 한 그루 없는 사막에 덩그러니 솟은 모습이 시선을 압도했다. 온 세계의 관광객들은 피라미드 옆에서의 점프샷, 스핑크스와의 입맞춤 사진 따위의 기발하고 멋진 사진을 추억으로 남기느라 분주했다. 해가 기울자 서서히 관광객들의 발길이 끊겼고 허기진 들개들과 지친 새들이 피라미드가 만드는 그늘에서 더위를 식혔다.

노예제도와 계급 사회가 얼마나 사람을 혹사시킬 수 있는지, '피라미드 꼭대기'의 인간들이 '피라미드 바닥'의 인간들에게 어떤 차별을 할 수 있는지 증명하는 건축물. 그래서 피라미드는 나에게 경이로움보다는 끔찍함을 더 많이 느끼게 했다. 피라미드 같은 사회는 이제 그만 산산이 부서져서, 피라미드 옆의 고요한 사막처럼 공정하고 평평해졌으면 좋겠다고 조용히 기도하며 피라미드를 떠났다.

## 라마단 카림! 배고픔과 나눔의 시간

피라미드에서 기자Giza 전철역으로 가는 마이크로버스를 탔다. 카이로의 전철 티켓은 3파운드(한화 210원), 시내버스 역할을 하는 승합차 '마이크로버스'는 1파운드(70원)부터 거리에 따라 가격이 늘어난다. 퇴근 시간 도로는 차와 사람들로 넘쳐났다. 버스 기사는 뭐가 그리 바쁜지 아슬아슬 추월 운전을 했고 쉴 새 없이 경적을 울렸다. 마이크로버스는 정해진 정거장 없이 아무 곳에서나 손을 드는 사람을 태우고 내린다. 기사들은 운전하는 와중에 차비도 받고 거스름돈도 돌려준다.

교차로 신호가 걸린 순간, 기사가 갑자기 운전석에서 뛰어내리더니 차를 도로 가운데 버려두고 뒤쪽으로 뛰어갔다. 승객 모두 어리둥절 그의 뒷모습을 쫓았다. 그는 중앙선 주변을 헤매는 손바닥만 한 새끼 고양이를 안고는 마치 액션 영화 추격 장면처럼 수 십 대의 차들 사이를 요리조리 달렸다. 멀리서도 작은 고양이의 놀란 눈빛이 보였다. 안전한 길가에 고양이를 데려다준 그는 신호가 채 바뀌기 직전 다시 운전석으로 돌아왔다.

20초 남짓 사이에 벌어진 구출 작전이었다. 지나가는 사람들에게는 그렇게 화난 듯이 경적을 울리더니, 어떻게 그 혼란한 도로에서 조그만 고양이를 발견하고 구할 마음을 먹었을까. 그는 마치 현실의 슈퍼히어로처럼 보였다. 카이로의 거리에서 받은 스트레스가 불현듯 환하게 씻겨져 나갔다.

시끄러운 소리에 내가 짜증이 나니, 버스 기사도 다른 사람들도 모두 짜증이 나 있다고 생각했는데 그렇지 않았다. 카이로 버스 기사들의 일이 분초를 다툴 만큼 바쁜 것이고, 정류장이 없는 도로에서 승객을 태우려고 경적을 울린다는 것을 이해하게 됐다.

"고달프고, 힘들고, 귀찮고, 짜증나는 여행길이겠지만, 때론 아이의 미소 하나만으로 모든 게 괜찮아지기도 하지요."

아프리카를 먼저 종단한 여행자 김경진 씨가 고양이 구출 이야기를 듣고는 공감의 맞장구를 쳐주었다.

"라마단 카림"은 라마단의 인사말로, '새해 복 많이 받으세요'나 '메리 크리스마스'와 비슷한 뜻이다. 이슬람 문화 바깥에서는 라마단을 금식하는 힘든 기간이라고만 짐작하지만, 실제 라마단은 욕망을 절제하고 이웃들에게 선행을 베푸는 호혜와 축제의 기간이라고 한다.

해가 지고 모스크에서 기도 시간을 알리는 '아잔'이 울려 퍼지면, 사람들은 거리에 나와 배고픈 행인들에게 히비스커스 음료와 대추야자 세 개씩을 나누어주었다. 길가에 식탁과 의자를 놓고 수십, 수백 명의 사람들에게 저녁식사 '이프타르'를 대접하는 곳도 많았다. 이슬람 신자가 아닌 여행자에게도 모든 사람들이 친절히 음식을 나누고 축복을 해주었다. 밤이 오면 골목이며 집집마다 장식해 둔 색색의 전등에 불이 켜졌고 거리는 대낮에 없던 활기가 넘쳤다.

"라마단 카림! 슈크란, 고마워요!"

이집트에서 내가 겪은 라마단은, 덥고 배고파서 힘들기도 했지만, 가는 곳마다 음식을 얻어먹고 환대를 받았던 감사하고 특별한 한 달이었다.

##  룩소르의 다정한 사기꾼들

"차이나? 코리아? 컴 온, 컴 온! 굿 프라이스! 스페셜 프라이스 포 유! 와이 낫? 왜 안 사? 왓 두 유 원트? 얼마를 원해?"

"아니, 나는 아무것도 안 살 거예요. 그냥 나를 좀 가만히 내버려 둬요!"

라마단의 축복을 감사히 받은 한편, 후르가다, 카이로, 아스완, 다합, 이집트 어디서든 외국인을 대상으로 하는 바가지와 사기를 꽤 당했다. 그중 두어 시간 만에 세 번의 사기를 당하고 눈물이 핑 돌았던 룩소르의 사기꾼들이 특히 기억에 남는다.

이집트 남부 오뉴월 평균 최고 기온은 45도를 넘나든다. 그 더위에, 낮에는 요리된 음식을 찾기 어려웠고, 해 질 무렵 시장에서 작은 빵 한 봉지를 샀다. 50파운드(3500원)를 부르기에 첫날에는 그냥 사 먹고, 다음 날엔 비싸다고 느껴져 '로컬 프라이스, 현지 가격'으로 달라고 말하니 30파운드로 깎아주었다. 영어가 통하는 동네 청년들에게 물었더니 5에서 10파운드 정도면 사는 빵이라고 했다. 열 배든

세 배든, 금액을 떠나 두 번이나 바가지를 쓴 게 화가 나서 다시 찾아가 따졌다. 아랍어를 모르니 손짓과 표정으로 따질 뿐이었다.

"너네, 이거 다른 이집트인들이 5파운드라던데, 나한테 두 번이나 사기를 친 거니?!"

배고프고 지치고 억울한 내 표정을 이해한 듯, 빵집 청년들은 화내지 말라고 웃으며 나를 껴안아 다독이더니 10파운드만 돌려주었다. 그 빵의 현지 가격을 나는 영영 알 수 없었다.

카이로에서 일하는 지인의 프로젝트를 돕기로 해서, 이집트 전화번호가 필요해졌다. 여행 중 처음으로 현지 핸드폰 유심USIM을 사기로 했다. 문을 닫은 통신사 앞을 서성이는데 두 청년이 다가와 유심을 팔았다. 인터뷰 영상들을 업로드할 겸 20기가(20000메가) 데이터를 샀는데 숙소에서 확인해보니 150메가만 사용할 수 있는 유심이었다. 정말 20기가 맞냐고, 눈을 보며 몇 번이나 물었고 그들은 대답했는데, 완전한 거짓말이었다.

그들을 만난 곳에 달려가니 아무도 없었다. 주변 상인들에게 경찰을 불러 달라고 말하자 사기꾼들에게 전화를 했고 곧 그들이 왔다. 배신감에 눈물이 났다. 빵집 청년들처럼, 유심을 판 청년들도 온갖 착한 표정을 지으며 나를 다독였다.

"진정하고 앉아. 차 마실래? 데이터가 적어? 돈 다시 줄게. 됐지? 아 유 해피 나우? 이제 행복해? 네가 이집트에서 행복했으면 좋겠어."

나는 150파운드를 줬는데 그들은 120을 돌려주었다. 욕이 튀어나왔다.

"아니. 30 모자라잖아. 이집트에서 행복하냐고? 장난치냐? 이 사기꾼들아!"

"근데 이게 다야. 어쩌지, 우리 방금 그 돈으로 밥 먹었거든. 미안해."

터덜터덜 마음이 만신창이가 되어 숙소로 돌아가는 길, 이번에는 옷 수선소의 중년 남성이 말을 걸어왔다.

"너 해피랜드 호스텔에 있어? 거기 주인이 내 형제야. 여기 앉아서 차 마시고 가. 오늘 밤은 라마단 축제 날인데 사람들이 같이 밥을 먹고 새 옷을 사는 날이야. 너 겔라비아(이집트 전통의상)에 관심 있으면 내가 저렴한 현지인 가게에 데려다줄게."

이야기를 나누다 그가 데려간 가게는 현지인 가게가 아닌 관광객용 선물가게였다. 나는 끝까지 그가 사기꾼인 줄은 모르고, 그의 발품이 미안해서 맘에 들지 않는 옷을 기어이 사고 말았다. 가게에서 나오는 순간 그는 나에게 20파운드를 요구했고, 내가 돈을 주지 않자 헤어지기 직전에는 5파운드를 요구했다. 5파운드는 350원이다.

풍채 좋고 점잖던 그는 정녕 나에게서 350원을 받으려고 30분이 넘게 이야기를 나누고 거리를 걸은 것일까. 그의 진심을 나는 지금도 알 수가 없다.

다합에서 만난 여행자 김진수 씨의 느긋한 통찰력이 나의 뒤통수를 쳤다. "한국에 살던 우리가 정찰제에 너무 익숙해져서 그렇지, 원래 물건 가격은 파는 사람 마음 아닐까요?"

다시 한번 "알라 알라 이집트!", 고대와 현대가 공존하는, 이집트는 그런 곳이다. 온갖 바가지도 갖가지 사기도, 모두 다 여행과 삶의 경험으로 기꺼이 받아들일 줄 아는 넓은 마음을 먹어야겠다.

##  세켐 공동체에서의 보름

위성 지도로 본 이집트의 모습은 특이했다. 거대한 노란색 땅 가운데 초록색 선 하나가 남북으로 이어진다. 노랑은 900만 제곱킬로미터, 세계 최대 사하라 사막의 동쪽이며, 초록은 6,650킬로미터, 세계에서 가장 긴 나일강의 하류다. 그 나일강을 따라 형성된 오아시스 주변에서 이집트 인구의 90퍼센트가 살고 있다. 우간다, 케냐, 탄자니아 국경 빅토리아 호수에서 시작되는 백나일과 에티오피아 타나 호수에서 발원하는 청나일은 수단 하르툼에서 만난 뒤 이집트를 지나 지중해에 이른다.

이집트 북부 카이로에서 남부 룩소르까지 기차로 열두 시간이 걸린다. 예전에는 외국인에게 일반 기차 티켓을 팔지 않고 일곱 배쯤 비싼 고급 침대칸 티켓만 팔았다고 한다. 일반 기차는 위험하다며 지금까지도 사라진 규칙을 지키려는 역무원들이 있어서, 삼십 분이나 실랑이를 벌이고 나서야 일반 티켓을 살 수 있었다. 그 과정에 너무 지쳐서, 이후에는 꼭 미리 인터넷으로 티켓을 예매했다.

이집트를 여행하는 내 소식을 SNS에서 본 친구가 카이로 인근 사회적 기업에서 일하는 지인을 소개해주었다. 수단으로 가던 발길을 돌려 다시 카이로로 돌아가는 기차를 탔다.

사회적 기업 세켐SEKEM은 1977년 이집트인 인지학 박사 이브라힘 아볼레시가 사막에서 생물역학 농법을 시작하며 설립됐다. 유기농 원료로 만드는 제약, 식품, 섬유 분야에서 2천여 명의 직원이 일한다. 공정무역과 지속 가능한 성장을 지향하며, 직원과 주민의 교육, 건강, 삶의 질을 향상시킨다는 비전으로 유치원부터 대학까지의 교육과정과 환경, 문화, 의료센터를 운영한다. 설립자 가족과 운영진, 교육자 수십 명이 회사 안에 집을 짓고 공동체를 이루어 살고 있다.

예술가 우나나 씨는 세켐의 직원들과 학생들에게 춤 수업을 진행하고 커뮤니티 프로젝트를 운영한다. 나는 영어가 짧아서 공동체에서의 의사소통이 걱정됐지만 마침 영상 촬영과 편집이 필요하다고 했다. 어려움이 있더라도 여행 중에 다가온 새로운 기회를 놓쳐 버리기는 싫었다. 열두 시간 기차 정도야 나일강 풍경을 즐기며 졸다 보면 금방이다. 나는야 시간 부자 세계 여행자, 주머니는 가볍지만 시간은 많다.

카이로 지하철 1호선 북쪽 종점에서 마이크로버스를 세 번 갈아타고 나서야, 세켐 공동체에 도착했다. 숲과 정원, 농장이 펼쳐진 이 곳은 40년 전에는 사막이었다고 한다. 보름을 머물며, 세계 각국의 청년과 사회 활동가들이 함께할 '다문화 소통 프로젝트', '사회 개혁 포럼'을 위한 홍보 영상을 함께 만들었다. 이윤을 추구하면서도, 더 나은 사회를 위해 고민하고 행동하는 이집트 사회적 기업의 모습을 가까이서 살펴볼 수 있는 색다른 경험이었다.

### 비자 연장 실패! 여행자들의 블랙홀로!

세켐 공동체에서 지내는 동안 마침내 배고팠던 라마단이 끝나고, 나의 이집트 비자 기간도 만료됐다. 마음 편히 지내면서 에너지가 생기자 이집트 여행 초반에 포기했던 '배낭여행자의 3대 블랙홀' 중 하나인 다합에 가고 싶어졌다. 카이로에서 비자를 연장한 뒤 다합에 가서 스쿠버 다이빙 자격증을 따기로 마음먹었다.

이집트 비자 만료와 연장에 대해서 인터넷에 떠도는 경험담은 많았지만 공식적인 정보가 없었다. 일반 비자 한 달 만료 후 2주 동안은 문제가 없다는 소문이 가장 많았고, 딱 하루 지났는데 벌금 7만 원을 냈다는 사람도 있었으며, 본보기로 잘못 걸려 유치장 신세를 졌다는 사람이 있는가 하면 석 달이 지났는데 아무 문제 없이 출국했다는 사람도 있었다. 시나이반도와 카이로의 연장 절차와 기간, 비용도 각각 달랐다. 이럴 땐 직접 부딪혀 볼 수밖에 없다.

카이로 중심가 호스텔에서 하루를 묵고 이른 아침, 거대한 정부종

합청사 '모감마'를 찾았다. 아직 문을 열기 전인데 서류를 든 사람들이 백 미터가 넘는 줄을 서 있었다. 뻔뻔한 새치기를 여러 번 막으며 한참을 기다려 모감마에 입성했다. 웅성웅성 분주하고 미로처럼 복잡한 건물에서, 물어물어 첫 번째 서류 창구를 찾고, 다시 줄을 서서 서류에 도장을 받고, 세 번째 창구에서 한참을 기다린 뒤 마주한 사무원은 "다른 서류!" 라는 말만 반복하며 내가 준비한 네 가지 서류를 반려했다.

나와 똑같은 서류를 준비한 유럽인 여행자 두 명은 문제없이 비자 연장에 성공했다. 두 여행자는 절망한 나를 안쓰러워하며 불확실한 조언을 해주었다. "내일 아침에 모자 벗고, 깔끔한 옷 입고 와서 다시 시도해 봐." 아무래도 나는, 주관적이고 절대적인 권력을 가진 사무원에게 딱 찍힌 것 같았다. 다른 사무원들, 경찰들과 경찰 대장을 만나 하소연을 했지만 아무 소용이 없었다. 거주지 등록증이나 숙소 증명서를 요구하는 것 같아서 묵고 있는 호스텔에 전화를 했지만 숙소 주인은 아무 서류도 줄 수 없다며 "별 세 개나 네 개짜리 호텔"에 가서 묵으라고 했다.

똑같은 서류인데 왜 나만 반려하는지, 정확히 무슨 서류가 필요한지, 그 서류는 왜 저가 숙소가 아닌 고급 호텔에서만 발급되는 건지, 이해할 수 없었다. 대도시 카이로 어디에도, 인터넷의 바다에도 답은 없었다. 한없이 막막했다. 비자 연장비도 약 칠만 원, 불법 체류 벌금도 보통 칠만 원 정도라고 한다. 운이 좋다면 벌금은 내지 않을 수도 있다. 그렇게 나는, 의도치 않게 불법체류자 신세가 된 채 무작정 다합으로 가는 야간 버스에 오르고 말았다.

시나이반도를 가로지르는 길, 한밤중인데도 사막 곳곳에서 총을 든 군인들이 차를 세우고 한 명 한 명 여권과 가방을 검사했다. 혹시나 비자 만료가 문제 되면 어쩌나, 아무리 행정 절차가 어렵고 답답하고 비용이 많이 들더라도 어떻게든 연장을 했어야 하나, 군인과 경찰을 볼 때마다 마음이 떨렸다. 세계 곳곳은 사람들의 바람만큼 평화롭지 않고, 법의 테두리를 벗어나는 순간 인간의 인권은 사라질 수 있다. 불법체류자는 언제든 법적 폭력의 대상이 될 수 있다.

지중해와 홍해 사이, 아프리카와 아시아 대륙을 잇는 시나이반도는 기원전 13세기경 모세와 이스라엘 민족이 애굽(이집트)을 탈출해 사막을 헤맸다고 알려진 땅이다. 1967년 3차 중동전쟁 이후 1981년까지 이스라엘 영토였으며, 2014년 관광버스 폭탄 테러가 일어나 대한민국 특별 여행 경보 지역이 되었다. 여행금지국가에 가는 것은 불법이고 비자도 나오지 않지만 특별 여행 경보 지역에 가는 것은 불법은 아니다. 여행 중에 강도와 소매치기를 당하고 경찰의 폭력에 시달린 적도 있기에, 되도록 국가의 경보를 따라야겠다고 생각하지만 다합은 수많은 여행자들이 추천하는 곳이라 유혹을 뿌리치기 힘들었다.

이른 아침 도착한 다합은 그 유명세와 달리 퍽 황량했다. 리조트들의 독점으로 바다를 보기 어려웠던 후르가다와 달리 해변은 열려 있었지만 특별히 아름답지 않았다. 다이빙 센터를 차례로 들러 숙소비와 교육비를 파악했다. 저렴한 도미토리가 있는 곳은 교육비가

350달러, 교육비가 250달러인 곳은 숙소가 비싸거나 없었다. 한숨을 쉬며 오도 가도 못하던 차에 야간 버스에서 본 한국 청년들을 다시 만났다. 네팔 공항에서 만나 동행 중인 네 여행자는 월세방을 구하러 다니고 있었다. 가격을 들어보니 도미토리나 텐트 숙소보다 더 저렴했다.

나는 거실이나 마당에 텐트를 쳐도 좋고 소파에서 자도 좋다고, 부디 끼워 달라며 매달렸다. 같은 여행자로서의 마음이 통했는지, 청년들은 나를 안타깝게 여겼다. 다합 부동산 업계의 마당발, 수단인 오스만 씨에게 방을 소개받았다. 5,500파운드(한화 39만 원)를 내고 월세방을 계약했다. 한 명당 1,100파운드, 하루에 37파운드(2600원). 방 두 개에 에어컨도 있고 주방과 화장실도 좋았다. 룸메이트들은 소파에서 자겠다는 나를 배려해 가위바위보로 일주일씩 당번을 정하자고 제안했다.

복작복작 매일 함께 밥을 해 먹고 매주 대청소를 하는 공동생활이 시작됐다. 옆집에도 아랫집에도 건넛집에도, 우리들처럼 같이 사는 한국인들이 있었다. 다합에 이집트인들 다음으로 많은 민족이 한국인이라는 말이 오가고, '다합민국'이라는 식민지적인 우스갯소리가 나올 정도로 이곳에는 한국인이 많았다. 한국인들이 운영하는 다이빙 센터가 있고, 다합이 좋아서 오랫동안 살고 있는 한국인들이 많다 보니 다합의 한인 커뮤니티는 점점 더 커진 듯했다.

 바닷속에서 오토바이를 타는 기분, 여기는 다합입니다

교육비도 다이빙 비용도 세계 최저가인 다합은 수많은 여행자들이 배낭을 벗고 공기통을 메는, 다이버들의 고향이다. 5일 동안 스쿠버 다이빙 교육을 받고 자격증을 딴 뒤, 드디어 블루 홀, 골든 블럭스, 배너피쉬 베이, 동굴과 협곡, 곰치와 뱀장어 정원 등 이름만으로도 신비스러운 바다들에 다이빙을 나갔다. 별다른 것 없었던 다합 바다의 첫인상이 완전히 바뀌었다. 공기통을 메고 사오십 분, 자유롭게 바닷속 수십 미터 아래를 헤엄치는 것은 완전히 새로운 세계와의 조우였다.

스쿠버 다이빙 두 번(공기통 두 개)에 350파운드(25000원). 최저가라지만 주머니 가벼운 여행자에게는 적지 않은 금액이다. 주요 다이빙 지점들에 한 번씩 잠수하고 나니, 비용이 들지 않는 스노쿨링과 프리 다이빙에 관심이 갔다. 많은 다이버들이 스쿠버 다이빙 다음으로 프리 다이빙에 도전했다. 공기통 없이 숨을 참고, 제주도 해녀처럼 한 호흡으로 수십 미터를 잠수하는 프리 다이빙은 스쿠버 다이빙과는 또 다른 매력이 있다.

자격증 교육비가 부담스러워서 이미 교육을 받은 룸메이트들에게 기본 호흡법을 배우고 흉내만 내 보았는데도, 물 표면에서만 헤엄칠 때보다 훨씬 재미있고 신비로웠다. 제대로 배우지 않은 프리 다이빙으로 인한 사고가 잦다고 하니 깊은 잠수는 절대 주의해야 한다. 다합 다이버들은 "안따! 즐따!" 하고 인사한다. '안전한 다이빙, 즐거운

▲Dahab
수많은 여행자들이 배낭을 벗고 공기통을 메는 다이버들의 고향, 다합의 아이들.
▼Blue Hole
찬란한 산호와 물살이들. 바닷속에서 오토바이를 타는 기분, 여기는 다합입니다.

다이빙'의 줄임말이다.

친구의 오리발을 빌려 신고 물 밑을 질주하면 찬란한 산호와 화려한 물고기들이 눈가와 무릎을 스쳐 갔다. 바닷속에서 오토바이를 타고 바람을 가르는 기분이었다. 물밑에서 올려다본 햇살과 하늘은 또 얼마나 신비롭게 일렁이는지. 그래서 '다합인' 들은 지겹지도 않은지 매일같이 바다에 들어갔다.

성수기 다합은 무척 더워서 낮에는 바닷속 말고는 딱히 갈 곳이 없기도 하다. 조금 무료해진 여행자들은 인원을 모아 트럭택시를 타고 밤낚시를 가거나, 베두인족이 운영하는 사막 카페에 가서 별을 바라보고 이집션 힙합에 맞춰 춤을 췄다. 다합 단톡방에는 수공예품 만들기, 종교, 명상, 주짓수, 축구 등 다양한 모임 소식이 올라왔다.

다이빙을 하며 친해진 다른 집 친구들과 함께 밥을 해 먹고 술을 마시고, 학창시절처럼 모여 앉아 이런저런 게임을 했다. 담벼락 아래 달빛이 쏟아질 때면, 비행청소년마냥 쭈그려 앉아 이집트산 담배를 나누어 폈다. 그러다 별똥별처럼 한순간, 사랑에 빠지는 청춘들도 많았다. 나도 바닷속에서 마주친, 인어 같은 한 사람을 사랑했지만, 그에게 나는 사랑이 아니었다.

해 질 녘 바닷가 명상 모임을 마치고 집으로 가는 길, 낭만파 룸메이트 진수가 말했다.

"형, 짧은 사랑은 사랑이 아닌가요?"

뜨거운 사막의 끝, 푸른 바다 다합. 여행자들의 우정과 샛별 같은 사랑이 그 바다를 더 아름답게 했다. 그렇게 결국 나도 다합의 블랙홀에 빠지고 말았다.

한 달이 지나고, 룸메이트들 중 막내인 동현이는 아프리카 추장의 딸을 만날 거라며 갑자기 에티오피아로 날아갔다. 정재와 동언이는 새로운 보물섬을 찾아 터키로 떠났고, 진수는 진리를 찾겠다며 당일 비행기 티켓을 찢었다. 다합은 아마도, 가장 많은 한국인 여행자들이 비행기 티켓을 찢고 눌러앉는 바다일 것이다.

나 역시 해 질 녘 바닷바람이 밀려올 때마다 다합에 더 머물고 싶었으나, 이미 불법 체류 기간이 한 달을 넘기고 있었다. 아쉬움을 안고, 수단에서부터 동아프리카 종단을 이어나갈 시간이 왔다. 카이로로 돌아가는 야간 버스 정류장. 남은 세 명의 룸메이트와 옆방 아랫방 친구들, 영래, 도희, 수현이 멀리까지 걸어와 나를 배웅해주었다. 여행자들에게 짧은 악수는 성에 차지 않는다. 크게 팔을 벌려 한 명 한 명 꽉 껴안고 작별을 고했다. 우리는 어느덧 '다합 가족'이 되어 있었다.

## 불법체류자의 출애굽기

수단 비자를 받기 위해 카이로 수단 대사관을 찾았다. 이집트 불법 체류 때문에 수단 비자가 나오지 않을까 봐 조마조마했다. 네 시간 동안 서류 창구, 도장 창구, 지불 창구, 제출 창구를 오가며 줄을 선 뒤 접수를 마쳤고 다음 날 무사히 비자를 받았다. 2018년 50달러였던 비자비는 2019년 150달러로 올랐다. 평생 동안 내가 방문한 52개국 중 가장 비싼 가격이었지만 에티오피아로 가는 비행기보다는 저렴했다.

6월 3일 수단에서는 민정 이양을 요구하는 시위대를 향한 군부의 발포로 수십 명이 목숨을 잃었다. 대사관에서 만난 수단 사람은 이제 정권이 바뀌고 있고 모든 게 좋아질 거라는 희망을 얘기했다. 카카오톡 동부 아프리카 단체방에 육로 이동에 대해 문의하자 많은 사람들이 위험하다며 에티오피아, 케냐 국경, 특히 수단 입국을 만류했다. 찾아보니 수단은 여행금지 국가가 아니었고, 단지 미국이 지정한 적대국가 중 하나로, 수단 여행 이후 미국 방문 시 'DS-160'이라는 별도 비자가 필요할 수도 있다고 한다. 미국의 적대국가라는 것이 한국인이 여행하지 못할 이유는 되지 않는다. 불확실한 공포나 고정관념 때문에 육로 횡단을 포기하고 싶지는 않았다. 한국인 여행자는 없었지만 이집트에서 만난 중국인 여행자 몇몇도 수단으로 향했다. 나만 가는 길이 아니라는 안도감이 들었다.

또 한 번 열여섯 시간 기차를 타고 이집트를 종단해 아부심벨로 유명한 최남단 아스완에 닿았다. 열여덟 시간 동안 나일강을 항해해 수단 와디할파로 가는 페리는 일요일에만 출발했다. 불법체류자 신세를 탈출하는 마지막 단계, 출국 심사가 남았다. 이동량이 많은 육로 국경보다는 나일강 뱃길의 여권 검사가 소홀하지 않을까 하는 기대가 들어맞은 걸까, 항구의 출입국 심사대에는 여권을 전산 처리하는 컴퓨터가 없었다. 담당 경찰은 이집트 입국 장소만 확인했고 날짜는 문제 삼지 않았다. 천만다행히 나는 비자 연장비도 불법체류 벌금도 내지 않고 이집트를 무사 탈출했다. 하지만 수단 국경을 통과할 때까지도 걱정은 계속됐다. 역시 가능하다면 불법은 저지르지 말아야 한다는 것을 절감했다.

무려 3300년 전 민족을 이끌고 애굽을 탈출했다는 모세가 떠올랐다. 나에게는 모세 같은 명분이 전혀 없지만, 어리바리하다 불법체류자가 된 한 달 내내 무사 애굽 탈출을 바라마지 않았다. 동남아를 거쳐 인도로 가는 길, 열여섯 살에 신라를 떠나 세계로 나간 승려 혜초를 생각했던 적이 있다. 한국관광공사의 발표에 따르면 2018년 한국인 출국자는 2,870만 명이다. 지구의 수많은 사람들이 모세의 길도, 혜초의 길도, 콜럼버스의 길도 갈 수 있는 시대. 그리고 수많은 새로운 길을 만들 수 있는 시대. 세상은 좋아진 걸까.

세계에서 가장 가난하다고 알려진 대륙, 아프리카로 한 발짝 더 들어가는 길. 나일강 물길이 불법체류자에게도 열리기를 기도하며 수단 사람들과 함께 잠이 들었다.

# 7

# 나쿠펜다 아프리카

# 수단

### 비이슬람 세계에는 '이슬라모포비아'가 있잖아

이집트 아스완에서 시작한 스무 시간의 나일강 항해 끝에 마침내 '북수단'의 최북단 국경 마을 와디할파에 닻을 내렸다. 오랜 남북 갈등 끝에 2011년 국민투표에서 99.8퍼센트의 찬성으로 남수단이 독립했지만, 북수단의 공식 명칭은 여전히 '수단 공화국'이다.

2019년 4월, 반독재 시위로 인한 30년 오마르 알바시르 정권의 종식과 뒤이은 군부의 집권, 6월의 시위대 학살 사건 때문인지 대부분의 아프리카 종단 여행자들은 수단을 건너뛰고 에티오피아나 케냐행 비행기를 탔다. 나일강을 건너는 수단행 페리에 외국인은 나와 대만인 자전거 여행자 둘뿐이었다.

혹시나 이집트 체류 기간 초과가 문제 되지 않을까, 이집트 국경은 물론 수단 국경통제소를 통과할 때까지도 마음을 졸였다. 낡은 페리 3등실에서 함께 밤을 보낸 알라Alla 씨의 가족이 항구에서 마을까지 가는 승합 트럭의 차비를 대신 내주었다. 몇 년 동안 이집트에서 자동차 기술자로 일하고 고향 카르툼으로 돌아가는 길이라 했다. 덜컹덜컹 비포장도로를 달리는 트럭 난간에 걸터앉아 나일강 항구를 벗어났다.

수단의 화폐 이름은 '수단 파운드'이다. 이집트, 케냐, 우간다, 탄자니아 역시 영국 식민지 시절의 화폐 이름 '파운드' 또는 '실링'을 그대로 쓰고 있다. 르완다, 말리, 콩고 등 프랑스 식민지였던 나라들은 '프랑'을 사용한다.

국경 환전상에게 2,422이집트파운드(한화 17만 원)를 9,690수단파운드(26만 원)로 환전했다. 수단 화폐의 가치가 낮은지, 환전상은 지폐 뭉텅이들을 고무줄로 묶어 비닐봉지에 보관했다. 지갑과 복대에 넣을 수 있는 부피가 아니어서 나도 환전한 지폐를 봉지에 담아 백팩에 넣었다. 1이집트파운드의 공식 환율은 2.7수단파운드인데, 실제 환율은 1이집트 파운드가 4수단파운드였다.

국경에서는 보통 환전할 때마다 손해를 보는데, 수단에서는 공식 환율보다 훨씬 많은 돈을 받으니 이익을 본 기분이었다. 숫자에 약한 나로서는 공식 환율과 실제 환율이 왜 그렇게 다른지 이해할 수가 없고 복잡하게 느껴졌다. 돈 때문에 일희일비하는 건 서글프지만, 이집트 돈을 넉넉히 가지고 있어서 다행이었다. ATM에서 공식 환율로 수단 돈을 출금했다면 크게 손해를 보는 기분이었을 것이다.

와디할파는 푸르른 나무를 보기 힘든 사막 마을이다. 얼마나 더울지 걱정되어 검색해 보니 2012년 '포린폴리시'가 선정한 '세계 10대 혹서 지역' 중 하나로 최고 기온 52.8도를 기록했다. 지인들이 위험하다고 주의를 주는 수단에 오래 머물고 싶지는 않아서 수도 카르툼행 버스를 찾아 터미널에 갔다. 수단에는 야간 버스가 운행되지 않고, 1,000킬로미터 떨어진 카르툼으로 가는 버스는 매일 새벽 3시에 딱 한 번 출발했다. 어쩔 수 없이 와디할파에서 하루를 묵어야 했다. 더위를 식혀줄 망고주스를 마시다가 모하르 알타엡Mohal Altayeb 씨와 이야기를 나눴다.

"이집트에서 오는 배에 외국인이 거의 없던데요. 수단 사람들은 이집트에 주로 뭐하러 가나요?"

"여러 가지 목적이 있지. 피라미드 같은 유적지 여행을 가는 사람도 있고, 돈을 벌기 위해서 일하러 가는 사람들도 많고. 나는 친구들과 사업을 하려고 알아보는 중이야."

"수단이 정치적으로 불안하다던데 요즘은 괜찮아요? 수단뿐만 아니라 아라비아에 대해서 한국의 미디어는 주로 위험하다고 말하고, 그래서 여행을 오기 어려운 것 같아요."

"이슬람 외부 세계의 미디어가 이슬람에 대해서 어떻게 얘기하는지, 우리도 잘 알아. 비이슬람 사람들에게는 '이슬라모포비아(공포증, 혐오)'가 있잖아. 하지만 실제 이슬람은 위험한 종교가 아니야. 수단 사람들은 남을

속이지 않고 친절해. 네가 수단을 여행하는 내내 행복하길 바랄게."

처음 듣는 단어가 뒤통수를 쳤다. 모든 차별적인 공포와 편견으로부터 자유롭고 싶다.

텅 빈 방에 침대만 몇 개 놓인 숙소는 40수단파운드(10이집트파운드, 한화 700원). 캄보디아 씨엠립의 1달러 야외 숙소와 조지아 트빌리시의 1.5유로 도미토리보다 저렴했다.

너무 더워서 선풍기는 무용지물, 해가 지자 사람들은 하나둘 방 밖으로 침대를 꺼냈다. 곧 커다란 마당에는 침대가 가득 찼고 수십 명이 함께 달빛 아래 잠이 들었다. 모기들도 더운지 흡혈 활동이 뜸하다는 것이 그곳에서의 유일한 행운이었다.

## 수단에서의 오줌 누기, 난생처음 보는 광경

버스 회사 직원의 당부대로 새벽 두 시에 터미널에 갔지만 세 시에 출발한다던 버스는 네 시가 되어서야 출발했다. 주유소 옆 휴게소에서는 몇 가지 음식을 팔았지만 화장실이 없었다.

그때 난생처음 보는 광경을 목격했다. 하얀 치마를 입은 남성 승객들이 사막으로 뚜벅뚜벅 걸어가더니, 갑자기 무릎을 좌우로 쫙 쫙 벌리고 주저앉았다. 수단 북부의 남성들은 바지도 내리지 않고 앉아서 오줌을 눈다. 나무 한 그루 없는 사막에서, 등만 돌렸을 뿐 사람들이 보든 말든 개의치 않았다. 나는 가까이에 타인이 있으면 오줌이 잘 나오지 않는다. 하지만 장시간 버스에서 오줌 눌 기회를 놓쳤다가는 방광염에 걸릴 위험이 다분하다. 별로 마렵지 않더라도 미리미리 누는 게 좋다.

모두가 앉아서 오줌을 누는데 나홀로 서서 오줌을 누면 큰 주목을 받을 것이다. 수십 년 전 브라자빌 콩고(콩고 공화국)를 여행할 때 아무 데나 오줌을 쌌다가 원주민에게 잡혀 죽을 고비를 넘겼다는, 강원도 아우라지 문화해설사 박종훈 씨의 얘기가 떠올랐다.

수단의 문화를 존중해야 한다는 비장한 마음으로, 자연스러운 척 무릎을 쫙 쫙 벌리고 지퍼를 내렸다. 처음 취하는 자세였지만 걱정보다는 편안했다. 뜨거운 사막은 스펀지마냥 오줌을 흡수했다. 하르툼이나 수단 남부에는 서서 오줌을 누는 남성이 더 많아서 나의 새로운 도전은 수단 북부에서 막을 내렸다.

수단 북부의 남성들은 언제부터 앉아서 오줌을 눴고, 수단 남부와 남한의 남성들은 언제부터 서서 오줌을 눴을까. 세상은 넓고, 서로 닮은 듯하면서도 참 다른, 신기한 일들은 참 많다.

낡은 버스에는 에어컨이 나왔지만 사막의 더위를 이겨내지는 못했다. 열을 너무 받았는지 퍼져버린 버스를 고치는 데 꼬박 두 시간이 걸렸다. 항상 일어나는 고장이라는 듯, 정비공 두 명이 탑승하고 있다가 익숙하게 일을 처리했다. 땡별 아래 더위로 달아오르는 버스에서 누구도 항의 한마디 하지 않았으나 누구나 같은 마음인지, 종종 모래바닥으로 꺼질듯한 한숨 소리가 들려왔다.

열 시간쯤 걸린다던 버스는 열여섯 시간이 지나서야 수도 카르툼에 도착했다. 버스에서 본 수단은 그야말로 '사막의 나라'였다. 하얀 모래의 땅, 까만 자갈의 땅, 낮은 수풀의 땅, 먼지 폭풍이 부는 땅. 풍경은 조금씩 변했지만 모두가 사막이었다. 그리고 그 사막 어디에서나, 사막과 더불어 삶을 이어가는 사람들이 있었다.

##  900원짜리 숙소, 배낭여행자의 위생법

대부분의 배낭여행자들은 숙소를 구할 때 부킹닷컴, 호스텔월드 등 스마트폰 애플리케이션을 이용하는데, 수단 숙소 정보는 기존에 사용하던 인터넷 사이트에서 전혀 찾을 수가 없었다. 정보가 전혀 없으니 무작정 부딪혀 보는 수밖에. 베일에 가려진 미지의 나라 수단이라고 해서 베개와 이부자리의 생김새가 다르지는 않으리라. 밤늦게 수도 카르툼에 도착했다. 낯선 나라의 밤거리는 꽤 무서울 때가 많다. 에티오피아 국경으로 가는 버스가 있는 미나알베리 터미널 인근에서, 물어물어 발품을 팔아 겨우 숙소를 구했다. 무거운 배낭을 풀자마자 기다렸다는 듯 소나기가 쏟아졌다. 이집트에서 지낸 두 달 동안 비는커녕 구름 한 점 보기 어려웠는데, 같은 사하라 사막의 나일강 인근 도시라도 기후가 부쩍 달라졌다는 걸 느낄 수 있었다.

카르툼은 광역 인구 500만 명이 사는 수단의 수도인데, 주요 도로 이외는 포장이 되지 않은 흙길이 대부분이었다. 하수 처리가 잘되지 않는지 비가 올 때마다 금세 곳곳이 물웅덩이로 변했고 악취가 나는 곳이 많았다. 하루 350수단파운드(한화 약 7000원) 가격의 숙소는

▲Wadi Halfa
노란 사막 빨간 사막 검은 사막. 가도 가도 끝이 없는 사하라 사막의 삶.
▼Gallabat
수단-에티오피아 국경 마을 갈라밧의 천막 숙소. 하룻밤에 50수단파운드, 한국 돈 900원.
이른 새벽 환전상이 잠을 깨운다.

정전이 잦았고, 깜박깜박 전깃불이 다시 켜지면 어김없이 놀라서 달아나는 '바선생님'들을 만났다. 나보다 조금 일찍 아프리카 종단을 시작한 여행자 손동현 씨는 화들짝 놀라게 하는 그 이름을 입에 담기 싫은지 바퀴벌레를 순화해 '바선생님'이라 불렀다. 모기도 꽤 많아서, 말라리아에 걸리면 어쩌나 조금 걱정이 됐다.

대한민국 질병관리본부는 '위생 수준이 낮은 개발도상국'으로 가는 자국민에게 황열, 콜레라, 장티푸스, 간염, 파상풍, 말라리아 예방을 권고한다. 볼리비아와 탄자니아처럼 황열 예방접종 증명서가 없으면 입국이 불가능한 나라도 있다. 백신 주사 한 번만 맞으면 평생 유효한 황열 예방과 달리 말라리아 예방에는 지속적인 약 복용이 필요하다. 페루에서 만난 여행자 친구에게 사후 말라리아약을 선물 받아 놓긴 했지만 부디 여행이 끝나는 날까지 그걸 먹을 일은 생기지 않기를 바란다. 밤마다 방 안의 모기들과 한참 숨바꼭질을 하고서야 잠자리에 들었다.

수단에도 이집트처럼 어느 거리에나, 목마른 누구나 마실 수 있게 가득 채워진 물항아리가 있었다. 사람들은 그 물로 손발을 씻고 머리도 식히고 마시기도 한다. 항아리 옆에 놓인 물바가지 하나를 수십 명이 돌아가며 사용했다. 어린 시절, 고국의 산천(山川) 약수터에서 누구나가 함께 쓰던 빨간색, 파란색 플라스틱 물바가지가 떠올랐다. 보름달 마냥 둥그렇고 넉넉한 물항아리는 사하라 사막과 아라비아 지역에서 나눔과 환대의 상징이며, 물은 생명처럼 소중하지만, 나는 배탈과 감염, 풍토병에 면역력이 약한 외국인 여행자라서 생수는 꼭꼭 사서 마시기로 했다.

물과 음식을 통한 불특정 다수와의 접촉, 쓰레기와 물웅덩이, 바퀴벌레와 모기는 꼭 더럽거나 위험한 것일까. 모든 오물을 사람들의 눈에 잘 보이지 않는 곳에 분리해 처리하는 '개발국가'들의 시스템, 아스팔트와 시멘트로 뒤덮인 세계는 과연 깨끗하고 건강한 것일까. 비위생적이고 열악해 보이는 환경 속에서 하루하루의 일상을 살아가는 사람들을 보니 마음이 씁쓸하고 복잡했다.

개발되고 현대화되었다는 나라들에서는 위생을 너무 강조하다 오히려 사람들의 면역력이 떨어져 문제가 되기도 한다. 사람의 몸에는 만 가지가 넘는 세균이 공생한다던가. 세균 없는 삶이란 불가능하다. 다른 환경에서 살던 나에게 조금 비위생적으로 보일지라도 현지 사람들에게는 생활이므로, 더러워하거나 무서워하지 말고, 삼시 세끼 잘 챙겨 먹고 바지런히 움직여 낯선 세균들에 맞서 면역력을 키워야겠다고 다짐해 본다.

수단에 있는 에티오피아 대사관에서 사전(事前) 비자를 받은 뒤 곧바로 수단을 뜨려 했는데, 카르툼에 도착한 다음 날인 수요일은 수단의 정기 휴일이었다. 하루를 쉬고 목요일 오전 아홉 시에 대사관으로 갔다. 고압적이고 덩치 큰 대사관 담당 경찰은 오늘은 이미 업무 시간이 끝났고, 금, 토, 일요일은 휴무라며 월요일 새벽 여섯 시에 다시 오라고 말했다. 새벽 여섯 시라니, 세상에. 수단 관공서와 주 수단 에티오피아 대사관의 휴무일은 달랐고, 새벽 일찍 줄을 서서 당일 대기자 명단에 이름을 올리지 않으면 비자 신청이 불가능했다. 익숙하지 않아서 이해할 수 없고 답답한 행정 절차였지만, 따를 수밖에 없다. 며칠을 기다리다 월요일 새벽 다섯 시에 숙소를 나와 여섯 시에 마침내 비자 신청 대기자 명단에 이름을 올렸다. 이어지는 긴 기다림. 오후 네 시까지 네 번의 창구 절차 끝에 드디어 40달러짜리 스티커를 여권에 붙였다. 에티오피아 비자 한 장을 받느라 무려 닷새가 걸렸다.

다음 날 새벽 일찍, 수단 남부 에티오피아 국경 마을 갈라밧으로 가는 버스를 탔다. 역시나 두 시간 늦게 출발한 버스는 추적추적 비 내리는 밤 국경의 작은 마을에 도착했다. 버스에 실린 짐을 꺼내지도 않고, 모든 승객이 휴대폰 불빛에 의지해 종종걸음으로 진흙탕을 지나 천막 숙소를 찾아갔다. 북부의 와디할파 국경보다 10파운드가 비싼 50파운드(900원) 숙소였지만 전등도 수도도 화장실도 없었다. 항아리에 떨어진 빗물로 겨우 양치를 했다. 울타리 옆에서 엉거주춤 오줌을 누고, 분명 빈대가 살고 있을 듯한 낡은 나무 침대에 젖은 몸을 뉘었다. 어둠 속에서, 먼저 도착해 잠든 사람들의 기침 소리가 들렸다. 후두둑후두둑 천막에 떨어지는 빗소리가 처량했다.

수단 파운드와 에티오피아 비르를 바꿔주는 국경 환전상이 천막 아래 잠든 사람들을 깨웠다. 다행히 환전 수수료는 크지 않았다. 다른 승객들의 도움 덕에 밤사이 버스 짐칸에 실려 있던 배낭을 무사히 찾을 수 있었다. 이른 시간인데도 국경은 바삐 오가는 수단과 에티오피아 사람들로 분주했다. 질퍽질퍽 진흙탕을 맨발로 걷는 사람들이 많아 마음이 아팠다.

이집트에서 수단으로 오는 페리의 비자 담당관이 카르툼에 가냐고 묻더니 아무런 망설임도 없이 'Three days'라고 적힌 도장을 찍어주었는데, 설마 150달러나 하는 수단 비자가 그 도장 하나 때문에 3일짜리가 되었을 줄이야. 수단에서 에티오피아 비자를 받느라 출국 시간을 놓쳐 나는 이집트에 이어 또다시 불법체류자, '미등록 체류자'가 되었다. 수단 갈라밧 국경에도 이집트 아스완 국경처럼 여권을 전자 처리하는 컴퓨터가 없었지만, 경찰은 도장을 꼼꼼히 확인하고 벌금 640파운드(12000원)를 요구했다. 도시의 관공서에 돌아가서 서류를 떼 오라고 하거나, 유치장에 가두지 않는 게 그나마 다행이라고 여기며 시무룩, 울상을 지은 채 벌금을 물고 서둘러 에티오피아로 가는 '우정의 다리'를 건넜다.

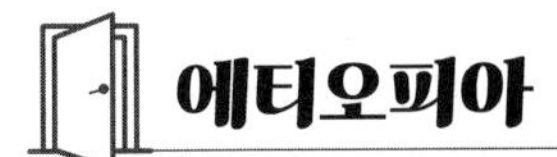

# 에티오피아

## 다시는 타고 싶지 않습니다, 초고밀도 미니버스

"이 기계에 지문 안 찍어도 되나요?"

"지금 컴퓨터를 켤 수가 없어. 또 정전이거든. 언제 전기가 들어올지 몰라.

그냥 지나가."

국경 출입국 통제소의 정전 덕에 간단히 도장만 받고 에티오피아에 들어섰다. 이곳에는 식용유가 귀한 걸까, 에티오피아 사람들은 감자나 토마토로 가득 찬 자루를 메고 수단에 가더니 커다란 식용유통을 가져왔다. 수단 국경에서부터 반갑게 나를 맞이하며 이것저 것 필요 없는 조언을 하며 에티오피아 국경 마을까지 따라붙은 사람은 염려했던 대로 호객꾼이었다. 정류장의 미니버스에 오르자 친절했던 표정을 싹 바꾸며 200비르(한화 8000원)를 요구했다. 미안하지만 필요 없다고 몇 번이나 말했는데 계속 따라와 놓고 결국 돈을 달라니, 나라별 국경별로 사기 수법은 참 다양하다. 어쩔 수 없이 남은 수단 돈과 에티오피아 돈 25비르(1000원)를 줬는데, 너무 적다며 수단 지폐를 찢어 버렸다.

거대한 아프리카 땅에서 제국주의 식민지를 겪지 않은 유일한 나라, '동아프리카의 뿔'이라는 별명으로도 불리는 나라, 에티오피아에 도착한 설렘이 순식간에 사그라들었다.

붉은 바다 홍해 건너 예맨에서 온 사업가 아흐메드Ahmed 씨와 함께, 에티오피아의 수도 아디스아바바로 가는 중간 지점, 호수의 도시 바히르다르로 가는 미니버스를 탔다. 짐칸을 없애고 좌석을 최대로 늘린 승합차에 세 명이 앉을 좌석에 네 명을 태우고 다섯 명까지 밀어넣어도, 어느 누구 하나 싫은 소리 한마디 하지 않았다. 꼼짝달싹 못한 채로 열두 시간을 이동했다. 허리와 무릎을 펼 수 없어 온몸이 저릿저릿했다. 컴컴한 시루 속에 다닥다닥 붙은 콩나물이 된 기분, 움직일 수 없는 고문을 당하는 느낌이었다.

에티오피아 장거리 미니버스에 비하면 과테말라의 치킨버스는 널찍한 편이었고, 브라질과 터키에서의 스물일곱 시간, 서른여섯 시간 거리 대형버스도 그럭저럭 탈 만했다는 생각이 들었다. 격렬한 고통도 까마득히 시간이 지나고 나면 추억이 되곤 하는 것일까.

▲Bahir Dar
세 명이 앉을 좌석에 네 명을 태우고 다섯 명까지 밀어넣는, 초고밀도 미니버스를 타고 열두 시간.
▼Danakil Salt Lake
해수면으로부터 102미터 아래에 위치한 다나킬 아프레라 소금 호수.
작열하는 태양 아래 소금을 캐는 사람들.

아흐메드 씨는 아픔을 잊기 위해서인지 끊임없이 '까트Khat'라는 토종 식물을 씹었다. 까트는 에티오피아와 예맨 등지에서 널리 즐기는 식물로, 남미 페루와 볼리비아에서 흔히 먹는 코카잎처럼 환각 효과가 있다고 한다. 질겅질겅, 그는 끊임없이 옆자리 승객들에게도 까트를 권했지만, 나에게 까트 잎사귀는 아무런 치유와 안정의 효과가 없었다.

아프리카 대륙은 크게 지리적, 문화적으로 사하라 사막 이북과 이남으로 나뉜다. 이집트, 수단의 기나긴 사막지대가 끝나고 드디어 에티오피아의 고산지대가 펼쳐졌다. '아마도' 세계 최고 밀도의 승합차가 오르락내리락 산길을 빙빙 도니 엎친 데 덮친 격으로 멀미까지 왔다. 한 사람 두 사람, 차장에게 봉지를 받아 토하기 시작했다. 우기답게 종일 폭우도 쏟아져, 버스 지붕에 묶어둔 배낭이 쫄딱 다 젖었다.

일 년 넘게 여행하며 '집에 돌아가고 싶다'는 생각을 한 적이 별로 없었는데, 불현듯 고국의 정겹고 편안한 집이, 따듯한 가족과 친구들이, 못내 그리웠다. 하지만 곧, 나에게는 돌아갈 옥탑방이 사라졌고 친지들이 늘 따듯한 건 아니라는, 조금은 슬프고 아릿한 사실이 느껴졌다.

그 와중에 에티오피아 사람들 대부분은 평생 이런 힘겨운 버스를 타고 다닐 것이며, 불편함의 기준도 나와는 다르겠다는 생각이 떠올랐다. 이런 색다른 고통 또한 '여행의 맛'이며 세계 곳곳, 다양한 사회 문화의 경험이라고 할 수 있겠다. 그렇지만 공포의 에티오피아

초고밀도 미니버스는 하루에 두어 시간 이상은 절대 다시 타고 싶지 않다. 적어도 지금은 그렇다.

###  아프리카 여행은 왠지 아플 것 같아요. 몸이든 마음이든

"여행이 끝나고 일상으로 돌아오니 여행자일 때가 좋았던 듯해요. 하지만 아프리카는 아직 갈 생각이 없어요. 왠지 아플 것 같아서요. 몸이든 마음이든…"

페루 티티카카 호수에서 만난 여행자 이동지 씨의 얘기처럼, 에티오피아 북서부를 지나오는 동안 몸도 힘들었지만 마음도 아팠다. 몸의 피곤은 자고 나면 슬며시 사라지는데, 마음의 아픔은 조금 더 오래 기억 속에 자리 잡곤 한다. 듬성듬성 나뭇가지와 흙으로 벽을 세우고 짚으로 덮은 집들은 폭우 속에 쓰러질 듯했고, 전기도 수도도 신발도 없는지 맨발의 아이들이 우물에서 물을 길었다. 처마 밑에 가만히 선 가족들은 젖은 몸을 움츠린 채, 아스팔트 도로 위로 드문드문 지나가는 차들을 바라보았다.

국제통화기금(IMF)이 조사해 발표하는 나라별 1인당 GDP는 흔히 국가와 국민의 부를 판단하는 주요 기준이 된다. 1인당 GDP가 가장 많은 룩셈부르크는 112,850달러, 29위인 남한은 31,940달러, 168위인 에티오피아는 853달러다. 약 196개 국가 중 경제적으로 가장 가난한 나라들 상당수가 아프리카 대륙에 자리하고 있다. 수만 달러, 몇백 달러라는 돈의 수치로 사회와 사람의 삶을 다 가늠할 수는 없지만, 너무나 커다란 차이와 불평등의 모습을 마주하니 먹먹함이 몰려왔다.

수단과의 국경에서 멀어져 도시에 들어서자 커다란 시멘트 건물이 보이기 시작했고 집집마다 위성 안테나가 설치되어 있었다. 에티오피아 안에서도 지역에 따라 생활의 격차는 커 보였다.

에티오피아 횡단 정보를 찾다가 '에티오피아는 베드버그(빈대)로 유명하다'는 블로그를 읽었다. '빈대 주의' 소문이 도는 많은 나라들을 여행하는 동안 딱히 빈대에 시달린 적이 없어서 별로 걱정하지 않았다. 천만다행히도 내 몸은 빈대의 공격에 강한 것이 아닐까. 그러나 에티오피아에서 첫날 밤을 보내고 깨어난 새벽, 그동안은 내가 운이 좋아서 빈대에 제대로 물리지 않았을 뿐이라는 사실을 깨달았다. 엉덩이에 오리온 별자리 모양으로 물린 빈대 자국은 일주일이 지나도록 엄청나게 가려웠다. 너무 긁어서 살이 부르트고 쓰라린데 또 너무 가려워서 긁지 않을 수가 없었다.

빈대는 낮에는 나오지 않고 침대나 옷의 솔기에 꼭꼭 숨어 있다가 새벽에 숙주의 피를 빨아 먹으며, 증식 속도가 빠르고 퇴치도 어렵다고 한다. 그야말로 보이지 않는 적의 치명적인 공격이다. 수도 아디스아바바의 다인실 숙소(도미토리)에 도착해 뜨거운 물로 모든 옷가지를 세탁했다. 프랑스에서 온 NGO 활동가, 룸메이트 프랑 씨는 1년 동안 에티오피아 시골 마을에서 우물을 팠다고 한다. 시골에 빈대가 많지 않냐고 조심스럽게 물었더니, 바지를 내리고 셔츠를 들어

온몸에 가득한 빈대 물린 자국을 보여주며 멋쩍은 웃음을 지었다.

"에티오피아에 베드버그가 있냐고? 나는 빈대랑 같이 살아."

세상에는 참 대단한 사람들이 많다. 온몸이 빈대 자국투성이면서도 천진난만한 미소를 짓는 프람을 보니 '구더기 무서워 장 못 담그랴'는 옛말이 떠올랐다. '빈대 따위가 무서워 여행을 못 할쏘냐'라고 용기를 내고 싶었지만, 나는 정녕 빈대가 무섭다. 숙소를 옮길 때마다 또 빈대에 물리면 어쩌나, 불안해하며 잠자리에 들었다. 내내 침대와 이불과 옷을 탈탈 뒤져도 빈대의 모습을 찾을 수 없었으나, 에티오피아에서 물린 수십 개의 빈대 흉터는 아직도 내 엉덩이 곳곳에 남아있다.

###  흉기 꺼내든 청년… 공원에서 벌어진 날벼락 같은 일

에티오피아 북동부, 세계에서 가장 오래된 활화산 에르타 알레와 형형색색의 유황지대 댈롤, 해수면으로부터 102미터 아래에 위치한 아프레라 소금 호수가 있는 다나킬 저지대에서 2박 3일을 머물렀다. 대중교통이 없는 곳이라 여행사의 투어를 이용해야만 했다. 마실 물 한 방울 나오지 않을 듯한 땅은 마치 영화에서 본 외계의 행성같이 기이했다. 그 무덥고 황량한 곳에서도 광부들과 원주민 아파르인들은 소금을 채굴하고 염소를 기르며 살아가고 있었다.

남한에 사는 누이 신은실 씨가 외교부의 해외 안전여행 소식을 전해 주었다. 7월 25일 공지된 에티오피아 '남부국가민족주(SNNPR)' 치안 유의 안내문은, 자치정부 수립을 요구하는 시다마족(族)의 시위 진압 과정에서 수십 명이 목숨을 잃었고 아와사 주정부가 연방정부에 치안관리를 요청했다는 내용이었다.

에티오피아 수도 아디스아바바에서 케냐 국경 모얄레까지는 약 800킬로미터. 직행버스는 없고, 아와사, 딜라, 이르가체페(예가체프), 야벨로 등을 지나 2박 3일을 가야 하는 거리다. 가능하면 육로로 아프리카를 종단하고 싶었고 비행기는 너무 비쌌기에, 며칠을 고민하다 버스를 타기로 결정했다. 터미널 주변의 사람이 많은 곳에서만 머물며 최대한 조심해서 이동해야겠다고 다짐했다. 마침 나처럼 육로로 이동하는 한국인 여행자 정대호 씨를 만나, 케냐 나이로비까지 동행하기로 했다.

수도 아디스아바바에서 멀어질수록 도로를 오가는 승용차는 줄어들고 군인과 경찰의 검문이 잦아졌지만 별다른 위험은 없었다. 남부국가민족주의 주도(主都) 아와사에서 하루를 머물기로 한 우리는 숙소에 가방을 놓고 호수를 구경하러 나섰다. 저렴한 에티오피아 인기 음료 아보카도 주스로 배를 든든하게 하고 호수와 도시 전경을 보기 위해 타보르Tabor 언덕 공원을 향해 걸었다. 모처럼 파란 하늘이 선명한 날씨여서 기분이 좋았다. 언덕 곳곳에 산책하는 사람들이 보였고, 나무 아래 앉아 이야기를 나누는 연인도 있었다. 한없이 평화로운 대낮이었다.

공원 오르막길에 들어서는데 한 청년이 따라오길래 길을 비켜 주었다. 또 다른 청년이 따라와서 길을 비켜주며, '현지 청년들은 걸음이 빠르네' 하고 생각했다. 앞서 걷던 청년이 바지 밑단에서 뭔가를 꺼내기에, 주머니가 터져 흘러내린 핸드폰인 줄 알았다. 그 순간, 뒤따라 온 또 다른 청년 두 명이 내 백팩과 크로스백을 거칠게 잡아챘다. 눈 깜짝할 새였다. 바지 밑단에서 꺼낸 것은 흘러내린 핸드폰이 아니라 커다란 칼이었고, 네 명의 건장한 청년들은 우리를 표적으로 삼고 따라붙은 무장 강도였다.

차와 행인이 오가는 도로로부터 불과 40미터 거리, 나는 도움을 구하기 위해 "노! 노!"라고 고함을 지르며 도로 쪽으로 몸을 던졌지만 두 강도가 가방끈을 부여잡고는 사람들이 보이지 않는 풀숲으로 잡아당겼다. 백팩 지퍼가 찢어지고, 물건들이 내 몸과 함께 흙바닥을 뒹굴었다. 한 명은 등 뒤에서 가방과 팔을 잡고 한 명은 눈앞에 날 선 칼을 들이밀며 "머니! 핸드폰!"이라고 속삭이며 협박했다. 그야말로 죽을 고비, 인생 최대의 공포였다.

'아오, 또 스마트폰을 뺏기면 이 아프리카 어디에서 다시 사고, 익숙하게 사용하는데 얼마나 오래 걸릴까. 폰 속에 저장된 사진과 자료들은 어쩌나. 그래도 스마트폰이랑 돈 때문에 칼에 찔려 죽을 수는 없지…'

몇 초 만에 온갖 판단과 욕설이 뇌리를 스쳤다. 뿌리치고 도망가기에는 강도들의 완력이 너무 강했다. 돈이 적게 든 지갑부터 내줘야겠다고 생각하던 찰나, 다른 두 명의 강도를 어떻게 뿌리쳤는지 대호 형이 고함을 지르며 뛰어왔다. 얼굴에는 피가 흐르고, 손에는 강도에게 뺏은 칼이 들려있었다. 나에게 붙은 강도들도 놀랐는지 도망을 갔다. 서둘러 떨어진 물건을 챙겨 도로로 내려왔다.

##  무기를 녹여 악기를, 폭력이 아닌 평화를

동행 대호 형을 노린 두 강도는 나를 담당한 두 강도와 달리 협박의 말도 없이 다짜고짜 칼을 들이밀었다고 한다. 등 뒤의 강도가 고가의 노트북이 든 가방을 뺏으려는 찰나, 대호 형은 손으로 칼날을 잡고 눈앞의 강도를 발로 밀쳐냈다.

주민의 신고를 받고 온 경찰차를 타고 경찰서에 가서 피해 사건을 설명하고 상처 치료를 부탁했다. 안내에 따라 한 시간을 기다렸는데 오가는 경찰마다 질문만 되풀이할 뿐 병원에 데려다주지 않았다. 눈꺼풀과 손이 찢어진 대호 형은 참다못해 경찰서를 뛰쳐나가 병원을 향해 걸었다. 뒤따라온 경찰들은 병원비 지원이 불가능하며, 우리가 부자가 아니라면 병원비가 싼 공립 병원으로 가야 한다며 그제서야 우리를 실어다 주었다.

병원 응급실은 '응급실'임에도 경찰서와 마찬가지로 업무 처리가 무척 느렸다. 게다가 응급실에는 위급 환자가 너무 많았다. 강도의 녹슨 칼에 찔린 작은 상처 정도는 어느 누구도 대수롭게 여기지 않았다. 주사기 하나, 바늘 하나도 의사의 처방전을 받은 뒤에, 옆 건물 창구에 줄을 서서 구입한 다음에야 치료가 가능했다. 천만다행히 눈꺼풀의 상처는 심하지 않았다.

젊은 의사는 마취도 하지 않은 손에 커다란 바늘을 몇 번이나 찔러 넣더니만, 마무리 매듭을 짓지 않고 그대로 쭉 실을 빼냈다. 상처를 꿰매 본 적이 없는 건 물론이고, 찢어진 옷가지의 바느질 한 번 해본 적이 없었음이 너무나 분명하다. 낚싯바늘로 생살을 뚫는 끔찍한 고통을 준 뒤, 다시 새 바늘과 실을 사오라고 처방전을 써 주며, 이런, 그는 겸연쩍게 웃었다. 대호 형이 고통에 찬 표정으로 분노를 전하자 돌팔이 의사는 그제서야 선배 의사 셰히드 씨를 불렀고, 다행히 그는 능숙하게 꿰맨 상처에 매듭을 지었다.

여행자들이 잘 가지 않는 곳에서 사고가 난 경우 많은 사람들, 특히 인터넷 댓글을 쓰는 익명의 사람들은 쉽게 여행자를 비판하곤 한다. 내 여행기는 보는 사람이 많지 않고 낯선 독자의 댓글은 매우 드물다. 헝가리와 세르비아 국경에서 마주친 경찰에게 당한 폭력에 대한 이야기를 썼을 때, 그 희소한 댓글이 몇 개 달렸다. '오지랖도 넓지, 관광지도 아닌 남의 나라 국경에 왜 가서 당하냐', '나라 망신이다. 애꿎은 경찰력을 낭비시키지 말라'는 뼈 때리는 의견이었다.

길 위에서 만난 여행자들은 종종 다른 이야기를 한다. '정부에서 위험하다는 것, 남들이 하지 말라는 것들 다 신경 쓰면 어떻게 여행을 해', '정부나 미디어에서 말하는 위험과 경고 정보를 다 믿지는 않아'.

여행의 자유와 여행의 안전에 대해서, 정답 없는 고민을 계속하며 내가 세운 나름의 기준은 '입국이 금지된 지역에는 들어가지 않고,

경보 지역에서는 최선을 다해 조심하는 것'이다.

외교부의 경고대로 우리는 육로 이동을 포기하고 비싼 비행기를 탔어야 할까. 자치정부 수립을 위한 시다마족의 시위 때문에 대낮의 공원에도 강도가 설치는 것일까. 주머니 가벼운 장기 배낭여행자인 우리는 선택의 여지가 적었다. 강도 사건은 세계 어디에서나 일어나는 일이지만, 위험 지역은 되도록 가지 않고, 어쩔 수 없이 가더라도 더욱 조심해야겠다.

콜롬비아 버스 수면 마취제 강도 사건, 헝가리 폭력 경찰 사건에 이어, 지구를 한 바퀴 도는 동안 또 한 번 죽을 고비를 넘겼다. 눈앞에서 목숨을 위협하는 칼이 번뜩였던, 평생 겪지 않아야 할 아픈 경험이다. 동행이 칼를 뺏지 못했다면, 조금 더 어둡고 한적한 장소였다면, 그 청년들은 단지 수십만 원의 돈과 핸드폰을 얻기 위해, 우리를 죽였을 것이다. 그 강도 청년들의 삶은 얼마나 처참하기에, 약간의 돈을 얻기 위해 다른 사람의 목숨을 위협하고 피를 내는 것일까.

후유증은 깊다. 나는 케냐 다음으로 예정했던 우간다와 르완다행(行)을 포기하고, 남쪽의 탄자니아로 방향을 돌렸다. 인적이 드물고 어두운 곳은 물론, 대낮의 북적이는 도시에서도 뒤따라오는 사람을 경계하고 무서워하게 됐다. 여행길에서 수많은 도움을 받았고, 그 사람들의 도움 덕분에 여행과 삶을 이어올 수 있었다고 생각하지만, 세계 곳곳에는 커다란 부조리와 불평등, 폭력과 위험이 있다는 것을 느꼈다.

강도 사건 이후 한 달, 아직도 내 몸 곳곳에는 그날의 상처가 남아

있다. 칼에 찔린 대호 형의 치료가 시급했으므로 나는 소독조차 하지 않았지만, 강도들과 흙바닥을 뒹굴다가 팔꿈치며 발목에 생채기가 많이도 나 있었다. 흉터는 서서히 옅어지겠지만, 칼을 겨누고 위협하던 강도 청년의 형형한 눈동자, 그 폭력의 충격과 슬픔, 한없이 처참한 무력감은 못내 잊지 못할 것 같다.

그럼에도 나는 여전히, 지구별 대다수 사람들의 선의와 친절을 믿는다. 무기가 아닌 악기를, 차별과 욕설이 아닌 노래를, 폭력이 아닌 평화를, 꿈꾸고, 믿는다.

# 케냐

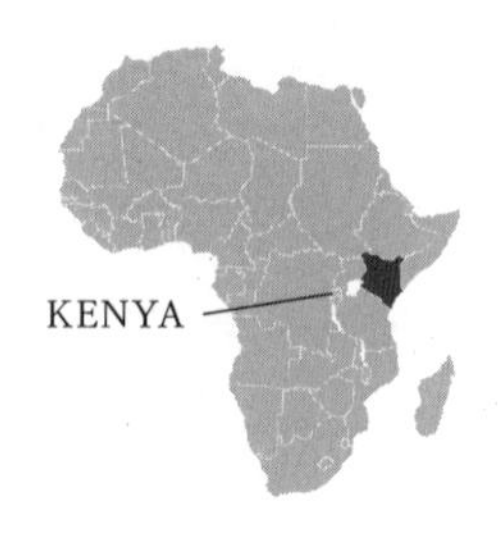


## 주머니 탈탈 털어서 보았네, 창살 없는 동물원을

아프리카의 뿔, 에티오피아에서 칼 든 강도를 만난 건 순간이었지만 몸과 마음에 남은 상처는 오래도록 사라지지 않는다. 우간다와 르완다로 향하던 발길을 돌려, 케냐 국경에서 버스를 타고 곧장 나이로비로 향했다. 남쪽으로 남쪽으로, 조금씩 가다 보면 언젠가 거대한 아프리카 종단도 끝나리라.

스마트폰도 인터넷도 없던 소년 시절, 유명했던 텔레비전 프로그램 〈동물의 왕국〉 촬영지는 언제나 '세렝게티 초원'이었던 것만 같다. 도저히 가늠할 수 없을 정도로 머나먼 미지의 세계였던 그 '동물의 왕국'에 어른이 된 내가 발을 디딜 줄이야. 아프리카에 오기 전에는 상상도 하지 못한 일이다.

스와힐리어로 '거대한 초원'을 뜻하는 세렝게티는 케냐 남부와 탄자니아 북부에 걸쳐 있는 약 3만 제곱킬로미터의 사바나(열대 초원) 지대다. 3백만 마리의 야생 동물들이 살고 있고, 물과 풀을 찾아 멀게는 2500킬로미터를 이동하는 초식동물들의 규모는 세계 최대라고 한다.

'사파리Safari'는 스와힐리어로 '여행'이란 말인데, 외국인들에게는 흔히 트럭을 타고 동물들을 찾아다니는 '게임 드라이브'의 의미로 사용된다. 온 세계의 수많은 사람들이, 텔레비전에서 보던 동물의 왕국을 직접 보고 확인하기 위해 아프리카의 중동부, 케냐와 탄자니아를 찾는다.

세렝게티 지역의 75퍼센트가 탄자니아에 있지만, 탄자니아는 사파리 참가 비용이 케냐 보다 몇 배 비싸다. 저가 배낭여행자들은 탄자니아 세렝게티를 포기하고, 흔히 '마사이 마라Masai Mara, 마사이의 땅'으로 불리는 케냐 쪽 세렝게티를 여행한다. 나이로비 도심의 여러 여행사를 만나 본 뒤 가장 저렴한 곳을 선택했다. 2박 3일 동안의 안내자와 차량, 국립공원 입장료와 숙식이 포함된 가격은 250달러였다. 그 또한 적지 않은 금액이지만 세렝게티라니, 평생 한 번 할까 말까 한 경험이 아닐까, 기대하며 주머니의 달러를 탈탈 긁어모았다.

가이드이자 운전사인 케냐인 새미, 다정한 인도인 가라시, 멋쟁이 미국인 유튜버 쇼비, 쿨한 캐나다인 부부 이브와 댄과 함께, 뚜껑이

활짝 열리는 사파리 전용 트럭에 탑승했다. 한때 유행하고 지나간 게임 '포켓 몬스터'의 희귀 생명체를 찾듯, 열대 초원 사바나의 동물들을 찾아 나선 다국적 다인종 여행자 원정대의 트럭들이 줄을 지어 세렝게티를 향해 출발했다.

대지를 뒤흔들며 이동하는 누(Gnu 뿔말)떼와 얼룩말 무리, 초식동물을 잡아먹는 사자들, 갓 난 새끼를 돌보는 하이에나 가족, '라이언 킹' 심바의 친구 멧돼지 품바들(심바와 품바는 스와힐리어로 사자와 멧돼지를 뜻한다), 서벌캣을 뒤쫓아 연못을 뛰어넘는 표범, 느릿느릿 코끼리 무리와 성큼성큼 기린들, 나무 꼭대기에 앉아 벌판을 바라보는 원숭이와 굶주린 대머리독수리들.

과연 세렝게티는 텔레비전에서 보던 바로 그 동물의 왕국이었고, 보랏빛으로 물든 사바나의 노을은 시리도록 아름다웠다.

하지만 동물의 왕국 세렝게티는 온전히 동물들의 세상은 아니었다. 매일 매일 수백 대의 트럭에 탄 수천 명의 관광객들이 말 그대로 게임을 하듯, 사냥감을 쫓듯 쉴 새 없이 동물들을 따라다녔다. 특히 '빅 파이브Big 5'라고 순위를 매겨 부르는 사자, 코끼리, 표범, 버팔로, 코뿔소는 사람들의 집요한 미행에 시달리고 있었다.

"마사이 강 하류 우거진 나무 위에 사자 가족이 있어!"

"표범 두 마리가 가젤 무리를 쫓아가는 중이야!"

게임 드라이브 안내자들은 서로 무전을 통해 동물들의 위치를 파

▲Masai Mara
서벌캣을 쫓는 표범, 표범을 쫓는 사람들.
주머니 탈탈 털어서 보았네, 창살 없는 동물원을.

악했고, 사파리 투어 고객들이 만족할 만큼 많은 종류의 동물들을 보고 선명한 사진을 찍을 수 있도록 최대한 빠르게, 최대한 동물들 가까이로 차를 몰았다. 좋은 위치를 차지하기 위한 경쟁도 치열해서 때로는 트럭들이 부딪칠 것 같았다.

초원의 맹수들은 동물원 창살에 갇힌 동물들처럼, 온갖 인종들의 파파라치 같은 카메라 세례 때문에 피곤해하는 모습이 역력했다.

이곳은 야생이지만 수많은 관광객들로 인해서, 이미 완전한 야생은 아니었다. 맹수들은 야생 먹이사슬의 최강자들이고 세렝게티 초원은 끝이 없이 넓다지만, 무지막지하게 달리는 사륜구동 트럭을 타고 종일 쫓아다니는 사람들을 피할 방법이 있을까.

사람들은 흔히 동물원 우리에 갇힌 동물들을 불쌍하다고 말한다. 세렝게티 어디에도 창살은 없지만, 세렝게티는 동물원과 무척 닮아 있다. 나 역시 인간 세상의 소문을 따라 세계 최대 규모 세렝게티 동물원에 찾아든 관광객이었다. 사자와 표범이 달아날까 봐 다른 사람들처럼 연신 카메라 셔터를 누르면서도, 야생에 결코 좋지 않은 영향을 미치고 있다는 생각에 마음 한구석이 씁쓸했다.

동틀 녘부터 온종일, 수만 마리의 야생 동물을 보고 수백 수천 장의 사진을 찍은 사람들은 해 질 녘이 되어서야 천막 숙소로 돌아왔다. 푸짐하게 차려진 저녁밥을 먹고 샤워를 하고 푹신한 침대에 누워서, 우리들은 종일 찍은 야생 동물 사진을 고르고 골라 SNS에 올리고는 잠이 들었다.

유발 하라리의 『사피엔스』는 우리 인간이라는 종(種)이 얼마나 많은 다른 동물들을 멸종시켰는지, 인류가 다른 땅보다 비교적 늦게 도달한 마다가스카르와 오스트레일리아의 대량 동물 멸종 사례를 통해 설명한다. '동물의 왕국' 세렝게티가 이러한 모습인데, 지구의 어느 한자리 인간의 손길이 닿지 않은 곳이 있을까.

생물 종 다양성을 파괴하는 지구의 권력자 호모 사피엔스는 어떤 지구를 만들어 가고 있는 것일까. 또는 어떤 세계를 만들어 갈 수 있을까. 나는 주변 사람들, 다른 생명들과 어떤 영향을 주고받으며 살 수 있을까.

# 탄자니아

## 아프리카 여행은 비싸다?

마사이 마라 사파리를 마치고 나이로비에서 버스를 타고 나망가 국경을 넘어 탄자니아에 도착했다. 탄자니아 북부에는 세렝게티, 빅토리아 호수 옆으로 아프리카에서 제일 높은 산, 5,895미터 높이의 킬리만자로산이 있다. 정확한 거리를 확인한 건 아니지만 지도에서 볼 때 킬리만자로는 동아프리카의 중간에 위치하고 있다. 이집트에서부터 시작한 아프리카 육로 종단 여정의 절반이 지났다고 생각하니 괜히 심장이 두근거렸다.

아프리카 종단을 시작하기 전, 터키 괴레메에서 만난 사진가 구준호 씨에게 아프리카 여행 이야기를 청해 들었다. 준호 씨가 했다는 아프리카 남부 트럭킹Trucking 여행은 몇 주 동안 수백만 원 가격이라 나는 엄두가 나지 않았고, 아시아에서 온 황인종에게 고래고래 소리를 지르고 돌을 던지는 아프리카 사람들을 만났다기에 조금 무섭기도 했다.

나보다 먼저 아프리카를 가로지른 다른 여행자들에게도 종종 '아프리카 여행은 물가 비싼 유럽보다 더 비싸다'는 얘기를 듣고 걱정했는데, 아프리카 절반을 육로로 종단해 보니 나에게 아프리카 여행은 다행히 비싸지 않았다. 다른 대륙에는 거의 없는 나라별 비자비와 개인적으로 갈 수 없는 화산 지역이나 동물 사파리 같은 여행사의 단체 투어를 제외하면, 이동비와 숙박비, 식비는 저렴한 편이었다.

킬리만자로 입장료와 숙박비는 2박 3일에 무려 1,000달러 이상. 남미 파타고니아에서 남극으로 가는 뱃삯만큼이나 값비쌌다. 산으로 장사를 하다니. 100만 원이면 내가 두세 달을 여행할 수 있는 금액이다. 킬리만자로는 멀리서 보는 것으로 만족하기로 마음먹었다. '그렇게 유명한 장소를 돈 때문에 포기할 거면 세계 일주를 왜 하냐'는 얘기도 종종 들었지만 별로 개의치 않는다. 멀리서라도 그 모습이 보이니 행복하다고 생각한다. 유명 관광지보다는, 아프리카 대륙을 가로지르며 만나는 숱한 사람들과 풍경을 더욱 오래 기억하고 싶다.

"구름인가 눈인가 저 높은 곳 킬리만자로, 오늘도 나는 가리 배낭을 메고 산에서 만나는 고독과 악수하면, 그대로 산이 된들 또 어떠리."

▲Kikuletwa Springs, Moshi, Kilimanjaro
"Safari njema 사파리 은제마! 좋은 여행 되세요!" 킬리만자로 모시 온천에서의 휴식.

복작복작 완행버스를 타고 킬리만자로 아랫마을 모시Moshi로 가는 길, 마침내 킬리만자로가 모습을 드러냈다. 가수 조용필의 노랫말처럼, 처음엔 구름인 줄 알았는데 자세히 보니 눈 덮힌 킬리만자로였다. '구름인가 눈인가'라니, 얼마나 정확한 표현인지, '킬리만자로의 표범'을 부른 조용필이나 『킬리만자로의 눈』을 쓴 헤밍웨이는, 이곳에 와본 것이 틀림없으리. 킬리만자로는 스와힐리어로 '빛나는 산'을 뜻한다.

이상하게도 케냐나 잠비아, 보츠와나나 말라위에서 남한으로 가는 비행기보다, 거리가 더 먼 아프리카의 남쪽 끝 남아프리카공화국에서 남한으로 가는 비행기 가격이 더 저렴했다. 지난해 콜롬비아

수면제 강도에 이은 에티오피아 노상강도 사건으로 세계 일주의 의지가 다시 한 번 크게 주춤했으나, 이곳 아프리카의 중간에서 남한으로 돌아갈 수도 없었다. 남아공까지, 아프리카의 끝까지, 강도에게 입은 상처를 치유하며, 나머지 여정의 절반도 걸어가리라.

아메리카의 끝, '세상의 끝'이라 불리는 아르헨티나 우수아이아에서 이미 확인했듯이, 아프리카의 끝에 마침내 도착해도, 무언가 특별한 보물을 발견하지는 못할 것을 알고 있다. 마음먹은 만큼만 산다고 하던가. 이 길의 끝에 아무런 특별한 것이 없을지라도, 내가 마음먹은 아프리카 종단을, 나의 세계 일주를 끝까지 마치고 싶다.

"사파리 은제마 Safari njema! 좋은 여행 되세요!"

##  화장실도 전기도 없는 삶, 마사이족의 오래된 미래

길에서 만난 세계 일주 여행자들은 보통 1년에서 2년 정도의 시간을 들여 각자의 지구 한 바퀴를 돌고 있었다. 아프리카 종단 여행자들은 가는 곳이 비슷해서 앞서거니 뒤서거니 하다 길 위에서 다시 마주치곤 한다. 이집트 다합에서 스쿠버 다이빙을 배울 때 만난 여행자 주원, 주하, 양승희, 김원석 씨 가족이 탄자니아 다르에스살람에 구한 널찍한 숙소에 나를 초대했다.

킬리만자로 아랫마을 모시에서 이른 새벽 만원 버스를 타고 열 시간을 달려, 아랍어로 '평화의 땅'이라는 뜻을 가진 탄자니아 최대 도시 다르에스살람에 도착했다. 동료 여행자들의 환대 덕분에 숙소비도 아끼고, 탄자니아 한인 사회를 만날 수 있었으며, 도시 외곽 빈민촌에 사는 아이들에게 음식을 나누는 활동에도 참여할 수 있었다.

나이지리아에서 추장 작위(爵位)를 받고 탄자니아에서 사업 중인 김태균 추장과 한인교회 이종례, 최병택 목사 부부의 소개로 만난 마사이 청년 루카스 모렐리 카이카Lucas Moreli Caica 씨는 탄자니아 북부 아루샤 지역의 고향 마을로 나를 안내했다. 가는 곳마다 새로운 여행길이지만, 관광 산업이나 현대화의 영향을 거의 받지 않은 야생의 마사이 마을은 유난히 낯설고 놀라웠다. 마사이 가족의 흙집 바로 옆에 텐트를 치고 며칠 동안 그들과 함께 생활했다. 일부다처제를 비롯해 마사이 사회의 여성 차별을 느낄 때 마음이 매우 불편하고 슬펐지만, 이렇다 할 음식도 화장실도 전기도 없이 오로지 '가축과 자연과 서로'에 의지해 살아가는 그들의 삶을 통해, 수만 년 이어져 온 인류 역사의 원형을 마주할 수 있었다. 마사이족(族)은 동아프리카 유목민으로 케냐와 탄자니아에 약 200만 명이 살고 있다. 킬리만자로, 세렝게티, 나일강의 원천인 빅토리아 호수 근처가 마사이인들의 주거지다.

신화에 따르면, 태곳적 마사이는 하늘나라에 살았는데 어느 날 몇 명의 아이들이 지상을 구경하고 싶어 그들의 신(神) '은가이Ngai'에게 허락을 얻었다. 은가이는 지상에서 다른 동물을 죽여서는 안 된다고 경고하며, 소와 염소를 함께 내려보내 그 젖을 먹고 살게 한다. 아이들은 신의 말을 어기고 사슴 한 마리를 잡아먹었고, 은가이는 아이들이 하늘에서 타고 내려간 밧줄을 잘라버렸다. 소와 염소를 열심히 길러 신이 만족할 만큼 그 수가 늘었을 때, 하늘나라로 돌아갈 밧줄이 내려오리라.

케냐와 탄자니아 정부에서는 마사이족의 정착과 농업을 지원하고 있지만 지금까지도 마사이족에게 소와 염소는 가장 소중한 재산이며, 대다수의 마사이족이 원시의 방식 그대로 가축을 기르며 생활하고 있다. 그들은 국가의 국민이라는 정체성보다는 마사이인이라는 종족의 정체성을 유지하고 살아간다.

마사이 청년 루카스 씨의 목소리로, 현대 속에서 과거를 살아가는 마사이의 이야기를 전한다.

## 하늘과 별과 염소와 마사이

내 이름은 루카스 모렐리 카이카입니다. 1988년, 탄자니아 북부 아루샤주(州) 론기도 지역의 론돌로 마을에서 태어났습니다. 서쪽으로는 세렝게티와 응고롱고로 국립공원, 동쪽으로는 킬리만자로가 있고, 북쪽으로는 케냐와 국경을 맞댄 땅입니다. 저는 부모님과 형제, 두 부인과 네 아이와 함께 살고 있습니다. 마사이족 결혼제도는 일부다처제로, 남성은 여러 여성과 같이 살 수 있지만, 여성은 다수 남성과 같이 살 수 없습니다. 결혼 지참금으로 보통 소 다섯 마리가 필요하지요. 가축을 많이 기르려면 일손이 중요하기 때문에 되도록 아이를 많이 낳습니다.

론기도 지역 마사이들은 가족 단위로 네다섯 채의 흙집과 울타리를 지어 생활합니다. 마사이 여성들은 주로 집에서 아이들을 돌보며 물을 긷고 요리를 합니다. 마사이의 주식은 우유입니다. 마사이 남성들은 소와 염소를 몰고 종일 초원을 걷습니다. 우리 가족은 소 세 마리와 염소 백여 마리를 기르고 있어요.

"비가 오는 계절에는 초원에 풀이 많습니다. 그래서 우리는 행복합니다. 하지만 풀이 없어서 염소가 배고픈 계절에는 우리도 염소처럼 슬픕니다."

마사이는 마사이 말을 씁니다. 하지만 학교에서는 케냐와 탄자니아의 공용어인 스와힐리어를 배웁니다. 많은 마사이 남성들이 돈을 벌기 위해 도시로 떠납니다. 저는 2014년에 처음 도시에 나갔어요. 대도시 므완자와 다르에스살람에서 건물 경비원으로 일했습니다. 도시의 마사이들은 주로 경비원이나 노점상으로 일하는데요. 교육을 많이 받지 못한 마사이들이 도시에서 할 수 있는 일은 많지 않습니다.

도시에서, 저는 처음 바다를 보았습니다. 저의 꿈은 아이들을 학교에 보내고, 튼튼한 집을 짓고 염소와 소를 많이 기르는 겁니다. 도시에서 번 돈으로 마사이는 소를 삽니다. 도시에서는 돈을 벌 수 있습니다. 하지만 도시의 삶은 너무 복잡하고 시끄럽습니다. 도시에 온 마사이는 대부분 돈을 벌면 초원으로 돌아갑니다.

▲Arusha, Lucas Moreli Caica & Family
"초원은 고요합니다. 물과 먹거리가 부족하고, 모래바람이 불고, 전기도 없지만, 소와 염소만 있으면 우리는 계속 살아갈 수 있습니다."

"초원은 고요합니다. 물과 먹거리가 부족하고, 모래바람이 불고, 전기도 없지만, 소와 염소만 있으면 우리는 계속 살아갈 수 있습니다."

매일 새벽 해가 뜨면 우리는 소와 염소를 몰고 물과 풀을 찾아 초원으로 나섭니다. 아기 염소들은 하루종일 집에서 어미 염소를 기다리지요. 해 질 녘이 되면, 하나둘, 딸랑딸랑 방울 소리가 들리고, 초원으로 나갔던 염소들이 줄을 지어 집으로 돌아옵니다. 집에 있던 여성들, 아이들과 아기 염소들도 모두 다 반갑게 마중을 나옵니다. 사람들도 동물들도 이웃을 만나 서로서로 안부를 묻습니다. 주말도 공휴일도 없이, 수천, 수만 년 동안 매일 매일 한결같이 반복되어 온 마사이의 하루가 오늘도 저물어 갑니다.

밤이 오고 별이 뜨면 마사이 가족은 마당에 모여 앉아 저녁을 먹습니다. 말린 쇠똥을 태워 끓인 우유는 참 따뜻합니다. 어머니의 어머니의 어머니로부터 전해 내려오는 마사이의 자장가를 부르다가 어느덧 잠이 찾아오면, 좁지만 아늑한 흙집에 들어가 지친 몸을 누입니다. 깜깜한 하늘에는 언제나, 수천 년 동안 그랬던 것처럼 초롱초롱, 별이 빛납니다.

### 아싼떼 싸나 탄자니아

탄자니아 외딴 초원 마사이들의 삶은 현대 문명으로부터 멀리 떨

▲Kapiri Mposhi
오늘보다 공평하고 평화로운 세계의 내일을 향해서, 우리는 어떤 희망을 품을 수 있을까.

어진 채, 간소하고 고요하며 감동적이었다. 하지만 문명의 편리함과 자원의 풍족함을 누리던 내가 갑자기 마사이의 생활에 적응하기는 어려웠다. 오지(奧地) 마을로 들어가며 준비한 식빵과 식수는 떨어져 가고, 씻지 못한 몸은 찝찝해지고, 잦은 돌풍에 텐트는 모래로 가득해졌다. 배고픔과 모래, 우글우글 바퀴벌레는 자연 친화적인 마사이 삶의 일부라고 받아들일 수 있었지만 스멀스멀 온몸으로 퍼져가는 빈대의 가려움은 견디기 힘겨웠다. 사흘을 지내고, 텐트를 접었다. 소중한 우유와 차를 나누어준 마사이 가족에게 깊은 감사의 인사를 전하고, 물과 화장실, 전기와 오만 가지 음식이 있는 문명사회를 향해 초원을 떠났다. 두발 오토바이 '보다보다', 세발 오토바이 '바자지', 네발 버스 '달라달라'를 타고 오지에서 벗어나 도시 다르에스살람에 도착했다.

결혼 직후 세계 여행을 떠나 가난한 지역의 아이들을 찾아가 영어와 레크리에이션 수업 봉사 활동을 하는 두잇부부Do It Bubu, 그림을 그리고 드론 촬영을 하며 여행 유튜브 영상을 만드는 큐리어뜨CuriEarth커플, 배낭여행자들의 후원자 김태균 추장과 함께, 쿤두치 빈민촌 아이들의 재활용품 장난감 만들기 축제를 열고, 마사이족 다큐멘터리를 만들었다. 국제협력, 사업, 선교, 교육을 위해 아프리카에 거주하는 한인(韓人)들에게 환영의 쌀밥과 응원의 고깃국을 한참 얻어먹으며 기운을 차린 뒤 여행자들은 남쪽으로 북쪽으로, 각자의 길을 이어갔다.

# 잠비아

## 빅토리아 폭포, 오만한 너의 이름은

탄자니아와 잠비아를 잇는 '타자라TAZARA' 기차는 '평화의 항구' 다르에스살람에서 '피난의 언덕' 카피리음포시까지 1,860킬로미터를 달린다. 타자라 철도는 소수 백인들의 정권이었던 남로디지아(짐바브웨)와 남아프리카공화국을 통과하지 않고 잠비아 광산의 구리를 항구로 보내기 위해 계획되었다. 식민주의와 인종 차별 정책에 반대하는 잠비아와 탄자니아 정부의 범아프리카주의적 협력과, 미국, 소련의 영향력을 견제하려는 중국의 지원에 의해서 1975년 개통됐다.

아프리카를 종단하며 기차로 국경을 넘는 건 처음이었다. 기차는 일주일에 딱 두 번 오가는데 완행은 3박 4일, 급행은 2박 3일이 걸린다. 다르에스살람에서 금요일에 출발하는 2박 3일 급행열차는 출발부터 다섯 시간이 연착됐다. 사흗날 밤늦게 도착한 종착지 카피리음포시 역에서 쪽잠을 자야 했으니 3박 4일 같은 2박 3일의 기차 여행이었다. 기차의 속도는 느렸지만, 그래서 천천히, 잠비아와 탄자니아의 마을과 사람들, 광활한 아프리카 초원을 만날 수 있었다.

잠비아 수도 루사카를 거쳐, 아프리카에서 세렝게티만큼 대표적인 관광지, 이구아수, 나이아가라와 함께 세계 3대 폭포라 불리는 빅토리아 폭포의 도시 리빙스턴에 닿았다. 의료선교사이자 탐험가인 영국인 데이비드 리빙스턴은 1855년 이 폭포를 '발견'하여 서구 사회에 알리며 당시 영국 여왕 빅토리아의 이름을 붙였다. 원주민 콜로로족이 이 폭포를 부르던 원래 이름은 '모시 오아 툰야 Mosi-oa-Tunya, 천둥소리가 나는 연기' 이다. 빅토리아 폭포가 원래 이름을 찾기까지는 얼마나 긴 세월이 필요할까. 폭포 이름에서도 도시 이름에서도, 스스로를 '해가 지지 않는 나라'라고 불렀던 식민주의 침략국 영국의 폭력과 오만이 느껴졌다.

남미 이구아수 폭포에서 거대한 놀라움을 느꼈기에, 아프리카에 들어설 때부터 모시오아툰야 폭포를 내심 기대했다. 2019년 잠베지강의 건기가 유독 심했던 걸까. 마침내 내가 그곳에 도착했을 때, 폭포는 완전히 말라붙어 있었고 천둥소리가 난다는 연기는 온데간데없었다. 계획이 어긋나고 기대와 환상이 깨지는 것도 여행의 과정이지만, 기나긴 세계 일주 여정의 막바지에 마주한 실망이라 아쉬움이 더 깊었다.

잠비아, 짐바브웨, 보츠와나, 나미비아, 네 나라가 국경을 마주하는 카중굴라Kazungula에서 바지선barge을 타고 잠베지 강을 건넜다. 유유히 흐르는 황톳빛 강물 위로 먼지를 날리며 잠비아와 보츠와나를 잇는 다리 공사가 한창이었다. 남부 아프리카까지 진출한 한국 대기업 대우건설이 공사를 진행하고 있었다. 이집트부터 잠비아까지 아프리카를 종단하는 동안, 국경을 가로지를 때마다 25달러에서 150달러까지 꽤 부담스러운 비자 비용을 내야 했는데 보츠와나와 남아프리카공화국은 무비자 입국이 가능했다.

남아프리카 나라들이 다른 아프리카 나라들보다 좀더 외부 세계와 여행자에게 개방적인 걸까. 2019년 IMF에서 발표한 세계 190개 나라의 1인당 GDP 자료를 살펴보니, 잠비아(1307달러, 158위), 에티오피아(953달러, 165위), 남수단(714달러, 190위) 등 다른 아프리카 나라들에 비해 보츠와나(7860달러, 80위)와 남아프리카공화국(6100달러, 91위)은 경제력이 훨씬 높은 편이었다. 주민 구성도 확연히 다른데, 탄자니아의 경우 비아프리칸 인구를 모두 합쳐도 1퍼센트에 불과한 반면 남아프리카공화국은 인구의 약 20퍼센트가 백인이었다.

에티오피아를 제외하고 아프리카의 모든 나라, 모든 지역이 식민지배를 겪었지만 그 영향은 지역마다 달랐다. 보츠와나의 프랜시스타운, 남아프리카공화국의 포트엘리자베스, 이스트런넌 등의 지명에서, 중부, 북부 아프리카와는 또 다른 식민지의 흔적과 백인 문화의 혼합을 혼합을 느낄 수 있었다.

# 보츠와나

## 칼라하리 사막을 횡단하는 히치하이커들

적도에서 멀어져 남반구의 남쪽으로 이동하면 날씨가 점점 서늘해지리라 기대했는데, 보츠와나의 전 국토, 칼라하리Kalahari 사막 전역의 기온이 40도를 훌쩍 넘었다. 보츠와나는 대한민국 보다 여섯 배쯤 넓은 땅(582,000㎢)에 이백만 명이 사는 한적한 나라인데, 그래서인지 내가 입국한 북부 지역에는 공공 버스가 다니지 않았다. 국경 인근 길가 정거장에서 버스를 기다리는데, 주민들은 모두 길가에 서서 엄지를 들고 히치하이킹을 했다. 보츠와나 북부의 공공 교통 수단은 버스가 아닌 히치하이킹이었다.

위험하다는 이유로 히치하이킹을 불법으로 규정한 나라도 있는

데, 대부분의 주민이 히치하이킹을 하고 또 대부분의 운전자가 거리낌 없이 그들을 태워 주다니, 이곳은 천국인가. 서로에 대한 신뢰가 없다면 불가능한 일이다. 사건 사고가 많고, 타인에 대한 의심과 조심이 강조되는 '위험 사회'에 살던 사람으로서 보츠와나의 히치하이킹은 무척 낯설고, 조금은 부럽기도 했다.

아무리 기다려도 버스가 오지 않아 나도 길가에 서서 차를 잡았다. 멈춰 선 차에 뛰어가 자리를 잡지 않으면 또 다음 차가 설 때까지 기다려야하므로 모든 사람들이 재빠르게 움직였다. 몇 번의 기회를 놓치고 가까스로 탑승에 성공했다. 버스도 택시도 아닌 자가용이고 차의 종류도 상태도 제각각이지만, 차비는 잔돈 단위까지 깔끔하게 정해져 있었다. 차를 잡은 사람도 태워 준 사람도 거리에 따른 금액을 택시처럼 정확히 알고 있어서 다투는 일도 없었다. 카중굴라에서 프랜시스타운까지 500킬로미터의 거리를, 어느 나라에서보다 수월한 히치하이킹으로 이동했다.

보츠와나는 길가에서 타조와 기린과 코끼리를 심심찮게 볼 수 있는 광활하고 아름다운 나라지만, 여름이 다가와 너무 무더웠고, 아프리카 대륙에서 GDP가 부쩍 높은 나라답게 숙박비가 무척 비싸 오래 여행할 엄두가 나지 않았다. 프랜시스타운에서 수도 가보로네로 이동해 호스텔 주차장에 텐트를 치고 하룻밤을 보낸 뒤, 기나긴 세계 일주 여행의 마지막 나라 남아프리카공화국으로 가는 국경 버스에 올랐다.

# 남아프리카공화국

## 콩알만큼 작아진 간으로 요하네스버그를 지나

공공 버스가 드물어 히치하이킹이 대중교통 수단인 북부와 달리, 보츠와나 수도 가보로네에는 크고 깨끗한 대형 버스 회사가 몇 곳 있었다. 아프리카 남쪽 나라들, 짐바브웨, 나미비아, 보츠와나, 모잠비크와 남아프리카공화국을 연결하는 인터케이프 버스는 아프리카 다른 지역에서 보기 힘든 국제적인 교통망과 깨끗한 서비스로 여행자들에게 유명했다. 2019년 국가별 GDP 자료에 따르면 남아프리카공화국의 경제 규모는 세계 36위로, 100위권 밖의 인근 국가들보다 훨씬 크다. 경제적 격차 때문인지 남아프리카 지역 대부분의 길은 남아프리카공화국으로 통한다.

1488년, 포르투갈의 탐험가 바르톨로뮤 디아스가 아프리카 최남단 '희망봉'에 도착한 이후 수백 년에 걸쳐 유럽의 백인들이 남아프리카로 이주했다. 지리상으로는 아프리카에서 유럽과 가장 멀지만 다른 지역보다 백인 인구의 비율이 높고 그래서인지 유럽과 비슷한 사회 시설이 많았다. 조금 더 비싸더라도, 아프리카에 대한 고정관념에 비추어 '아프리카스럽지 않다'고 얘기되는 남아공 고급 버스를 경험해보려 했는데, 유명세 때문인지 새벽부터 버스 회사 앞으로 몰려든 사람들이 많아 당일 티켓은 도저히 구할 수가 없었다. 급히 공공 터미널로 이동해, 정해진 출발 시간 없이 사람이 꽉꽉 차야 출발하는 아프리카식(式) 미니버스에 올랐다. 350킬로미터를 이동해, 소매치기와 강도 위험으로 악명 높은 도시, '요하네스의 마을' 요하네스버그에 도착했다.

브라질 리우데자네이루에서는 언덕에 자리한 빈민가가 위험하다 했고, 케냐 나이로비와 탄자니아 다르에스살람에서는 오토바이 소매치기를 조심하라 했는데, 요하네스버그는 중앙 터미널과 기차역 주변에서도 사고가 잦다는 얘기를 들었다. 소문과 고정관념을 곧이곧대로 믿지 않고 최대한 조심조심 몸소 부딪혀 보는 여행을 해 왔지만, 몇 차례 생사를 넘나들며 세계 일주의 막바지에 다다른 내 간은 뜻밖에도 콩알만큼 작아져 있었다. 에티오피아에서 강도의 칼에 찔릴 뻔한 다음부터는, '군대 제대 같은 큰 일 마무리 앞두고는 떨어지는 낙엽도 조심하라'는 고국의 격언이 종종 떠올랐다. 게다가 요하네스버그는 숙소비마저 비쌌다. 보츠와나 미니버스에서 만난 남

▲Johannesburg, Peter & Friend
"여기는 소매치기랑 강도가 많지. 여행자들이 많이 털리니까 조심해야 해.
가난해서 그렇지 뭐. 빈부격차랑 인종 차별이 심해서 노숙인이 너무 많아…"

아공 사람 피터Peter 씨가 요하네스버그 거리가 위험하다며 친절하게 보디가드를 자청했다.

"요하네스버그랑 남아공 대도시들이 정말로 위험해요?"
"소매치기랑 강도가 많지. 여행자들이 많이 털리니까 조심해야 해."
"남아공은 주변 나라들보다 훨씬 잘 산다는데 왜 그럴까요?"
"가난해서 그렇지 뭐. 빈부격차랑 인종 차별이 심해서 노숙인이 너무 많아…"

덕분에 탈 없이 악명 높은 거리를 가로질러 남아공 돈을 환전하고 야간 버스 티켓을 샀다. 남아공의 남쪽 끝이자 아프리카의 최남단, 케이프타운까지는 1,400킬로미터. 세계 일주의 마지막 장거리 버스 치고는 그리 멀지 않은 거리다.

###  희망 없는 희망봉, 케이프타운

'아프리카 종단 여행은 북쪽 끝과 남쪽 끝이 천국'이라고 쓴 여행 블로그를 읽었다. 아프리카 여행이 다른 대륙보다 비싸고 불편하고 어려울 수도 있는데, 북쪽 끝 이집트 다합과 남쪽 끝 케이프타운이 여행자가 머물기 편하고 독특한 매력이 있다는 이야기였다. 나 역시 다합의 푸른 바다에 푹 빠졌었고, 그곳으로부터 육로로 13,595킬로미터를 지나 마침내 케이프타운에 닿았다. 193일 동안 아프리카를 여행했지만 모로코, 이집트, 수단, 에티오피아, 케냐, 탄자니아, 잠비아, 보츠와나, 남아프리카공화국, 이렇게 아홉 나라밖에 가보지 못했다. 아프리카에는 54개의 공식 국가와 9개의 비공식 국가가 있다. 이 거대하고 복잡다단한 대륙에서 내가 만난 아프리카는 고작 일부분일 뿐이다. 언젠가 아프리카의 서쪽도 안전하고 자유롭게 여행할 수 있는 날이 올까.

요하네스버그의 악명과 달리 케이프타운은 아름답다는 소문이 자자했다. 칼라하리 사막의 더위가 물러나니 서늘한 남반구의 바람이 불어왔고 광활한 포도밭이 펼쳐졌다. 기이한 모양의 산봉우리와 새파란 바다, 도시와 마을이 아름답게 어우러져 있었다. 자자한 소문에 동

▲Cape of Good Hope
인도양과 대서양, 남극해가 만나는 특별한 장소이기 때문일까, 케이프타운에 불어오는 바람은 몸이 시리게 아름다웠지만 그 곁에는 먹먹한 슬픔이 감돌았다.
▼Simon's Town, Linathi & Linamandla Qubathi
"내 생각에 남아프리카공화국은, 물론 안 좋은 점도 있지만 무척 아름다운 나라야.
나보다 어린 아이들의 삶을 내 삶보다 나아지게 만들고 싶어. 안 좋은 점들을 변화시키고 싶어."

감하기까지 채 며칠이 걸리지 않았다. 하지만 인도양과 대서양, 남극해가 만나는 특별한 장소이기 때문일까, 전 세계를 제패한 유럽 식민주의의 시작을 알린 곳이기 때문일까, 혹은 4,000킬로미터 떨어진 남극에서 떠내려왔을지도 모른다는 아프리카 펭귄들의 향수 때문일까, 케이프타운에 불어오는 바람은 몸이 시리게 아름다웠지만 그 곁에는 먹먹한 슬픔이 감돌았다.

테이블마운틴에서 케이프타운의 끄트머리, 희망봉을 바라보았다. 531년 전 유럽인들에게는 인도와 아시아로 향하는 '희망'의 장소였겠지만, 그 이후 오랜 세월 침략과 지배를 받게 된 아프리카와 아시아 사람들에게는 희망이 아니라 '아픔과 절망'이 시작된 장소가 아닐까. 그 '희망'의 내용은 500년 동안 얼마나 바뀌어 왔을까. 도시 앞바다에는 길이 4.5킬로미터의 아름다운 로벤섬이 떠있다. 아름다움이 무색하게, 17세기부터 500여 년 동안 흑인 노예와 정치범들의 감옥이었던 섬이다. 백인우월주의 정권에 항거한 넬슨 만델라도 18년간 이 섬에 수감되었다.

흔히 케이프타운을 '아프리카의 유럽', '지중해풍(風) 도시'라 한다. 아프리카 여느 지역보다 세련되고 편안하게 개발된 곳이고, 백인 인구와 여행자가 많으니 일면 타당한 설명이지만 마음 한편은 도저히 편안하지 않다. 카리브해의 프랑스 식민지 마르티니크에서 태어난 정신분석학자 프란츠 파농은 식민지 역사 아래 서구화되고 분열된 흑인의 심리를 '검은 피부, 하얀 가면'이라고 표현했다. 내 고향 통영은 '동양의 나폴리'라 불린다. 나와 우리, 한국인을 비롯한 비(非)서구인의 시각은 얼마나 서구화되어 있는 것일까. 잘못된 이름과 식민화된 생각을 바꿀 줄 아는 사람이 되고 싶다.

케이프타운의 겉모습은 아름답지만 변두리에는 노숙인과 빈민들이 사는 천막이 줄을 이었다. 빈부격차가 심한 나라들에는 대부분 술과 약에 취한 걸인이 많지만 남아공의 걸인들은 유난히 집요하고 때로는 공격적이었다. 옷자락을 잡아당기며 따라오는 사람들을 떼어 내야 했고, 배낭 지퍼를 열어 물건을 빼가는 사람을 잡아 실랑이를 벌이기도 했다. 경찰이 부족한지, 여행자 거리에는 대낮에도 사설 경비원들이 순찰을 돌았다. 아름다운 자연과 화려한 도시의 밑바닥에는 가난과 절망이 넘실거렸다.

###  백인 전용, 비백인 전용… 어느 쪽에도 앉을 수 없었다

케이프타운은 1488년 유럽인들에게 '발견'된 뒤 남아프리카 백인 이주와 침략이 시작된 땅이다. 1652년 네덜란드 동인도회사가 정착촌 케이프식민지를 건설했고 1814년 영국이 식민 지배를 이어갔다. 백인의 비(非)백인 차별은 500년간 줄곧 이어져 왔다. 아프리칸스어(남아프리카 네덜란드어)로 '분리'를 뜻하는 '아파르트헤이트'는 1948년 시행된 차별 정책이다. 모든 사람을 백인, 흑인, 혼혈, 인도인 등으로 분류했으며, 거주지를 분리하고 인종 간 결혼을 금지했다. '차별이 아닌 분리에 의한 발전' 이라는 미명하에 백인우월주의를 지향한 이 정책은 민주 선거에 의해 당선된 첫 흑인 대통령 넬슨 만델라가

1994년 폐지를 선언할 때까지 지속됐다.

고등법원 앞에는 벤치 두 개가 놓여 있다. 벤치는 텅 비어 있었지만 나는 둘 중 어느 곳에도 앉을 수 없었다. 왼쪽에는 'White Only 백인 전용', 오른쪽에는 'Non-White Only 비백인 전용'이라고 쓰여있다. 나는 백인이 아니니 백인 전용 벤치에 앉을 수 없었다. 길을 지나는 시민들이 '웬 황인종이 백인 벤치에 앉아 있지?' 하며 쳐다볼 것만 같아 부끄러웠다. 비백인 전용 벤치에 앉자니, 왜 이따위 차별적인 명령을 따라야 하는지, 모욕감과 분노가 차올랐다. 나는 어느 쪽에도 앉지 못하고 눈물이 핑 돌았다. 불과 25년 전의 정책이다. 정책은 폐지되었지만 여전히 남아프리카공화국 80퍼센트의 땅과 부는 20퍼센트의 백인이 소유하고 있다. 지구촌 방방곡곡에 사는 우리는 모두 같은 사람이지만 모두 같은 사람이 아니며, 인종 차별과 식민주의는 끝난 것 같지만 끝나지 않았다.

환경운동가 헬레나 노르베리 호지는 『로컬의 미래』에서 '근본적으로 오늘날의 세계화는 500년 전에 시작한 정복과 식민주의에 새로운 탈을 씌우고 계속 이어가는 착취에 불과하다'라고 썼다.

오늘보다 공평하고 평화로운 세계의 내일을 향해서, 우리는 어떤 희망을 품을 수 있을까.

# 에필로그

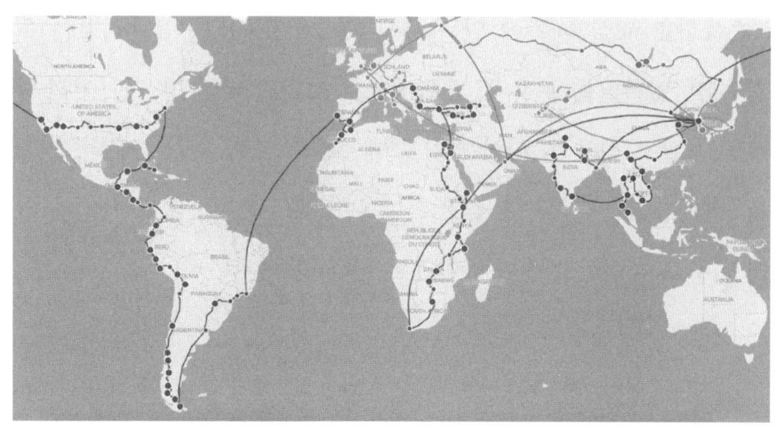

그동안의 세계 일주 여정 전체를 표시한 지도

##  하루 18,400원, 827일. 세계 일주의 종착지, 일상

2019년 11월 6일 수요일 인천공항, 여행을 마치고 한국으로 돌아왔다. 1년 6개월 동안 85,899킬로미터. 아메리카, 아라비아, 아프리카 방향으로 34개 나라를 여행했다. 2011년의 한국 여행, 2012년의 아시아 여행까지 합치면 43개국, 827일, 109,980킬로미터. 지구 두 바퀴 반 거리를 떠돌았다.

그 외 짧은 여행들까지 더해 보면 58개국, 지구에 있는 200여 개 나라 중 3분의 1이 채 안 되는 숫자지만 내 인생, 내 나름의 세계 일주는 이걸로 충분하다고 마음먹었다. 집을 떠나 진리를 찾아 평생 길을 걸어간 싯다르타나 예수 같은 독한 방랑자들도 있었다는데, 어설픈 방랑자인 나는 더 나아갈 길을 찾지 못하고 고국으로 돌아왔다.

초등학교 교실 한쪽에 있는 세계지도와 지구본을 들여다보던 어린 시절, 알록달록 분홍색, 초록색으로 그려진 낯선 땅에는 어떤 사람들이 살고 있을까, 상상했다. 그때로부터 오랜 세월이 흘러, 기어이 지구별 한 바퀴를 다 돌았다. 돈이 없고 시간이 없고 용기가 없어 미루고 늦췄던 여정이 굽이굽이 끝났다.

"안 죽고 돌아와서 고맙다. 앞으로 남은 인생 덤으로 산다, 생각하고 살아라."

강도를 만나고 전 재산을 털리며 몇 번 죽을 고비를 넘겼다는 소식을 들은 지인이 말했다. 내 몸에는 아직도 여행의 상처가 남아있다. 왼쪽 관자놀이에는 콜롬비아에서 앓은 대상포진 자욱이, 오른쪽 복숭아뼈와 팔꿈치에는 에티오피아 강도가 남긴 흉터가 아릿하다. 친지들의 속을 꽤나 썩이며 때로 목숨을 걸어야 했던 기나긴 여정에서 나는 무엇을 얻고 무엇을 잃었나.

## 이것은 여행인가 고행인가

2018년 5월, 사직서를 던지고 만리동 옥탑방을 떠났다. 미국, 쿠바, 멕시코, 과테말라, 엘살바도르, 온두라스, 니카라과, 코스타리카, 파나마, 콜롬비아, 에콰도르, 페루, 볼리비아, 칠레, 아르헨티나, 브라질, 포르투갈, 스페인, 모로코, 헝가리, 세르비아, 코소보, 마케도니아, 그리스, 터키, 조지아, 이집트, 수단, 에티오피아, 케냐, 탄자니아, 잠비아, 보츠와나, 남아프리카공화국.

지도에 나오지 않고 이름도 없는 길들이 속세에 알려진 관광지보다 더 특별할 거라고 기대했기에, 비행기보다는 육로를 통해 이동했고 그러다 보니 여행자들이 잘 가지 않는 나라나 지역도 여행할 수 있었다.

주머니는 가벼운데 가고 싶은 곳은 많아서 여비를 아끼고 아꼈다. 누군가는 궁상맞다고 여길지도 모르지만, 남들만큼 돈을 벌기 위해 애쓰기보다는 적게 벌고 적게 쓰며 좀 더 많은 자유를 찾겠다는 마음으로 살아왔기에, 가난한 여행은 그리 어렵지 않았다. 535일, 귀국행 비행깃값까지 포함해 12,113,000원을 썼다. 월급 80만 원을 받던 시절부터 반지하와 옥탑방에 살며 아등바등 모은 돈이고, 인생에서 가장 큰 지출이었다. 한 달 평균 68만 원, 하루 평균 22,600원. 10개월 동안 아시아 23,000킬로미터를 여행할 때는 한 달에 30만 원이 들었는데, 아메리카, 아라비아, 아프리카는 이동량이 세 배 이상 많고 아시아 여행보다 물가가 비쌌다. 2011년부터 2019년까지 827일

여정의 전체 평균을 내어 보니 하루 평균 약 18,400원이다.

코비드19 팬데믹 직전, 대한민국은 5천만 인구 중 연간 2,800만 명이 출국하는 나라였다. 세상 모든 여행지가 인스타그램에 넘쳐나는 대한민국의 여행 문화와 조금 걸맞지 않게, 나는 '거지 배낭여행자'라거나 '나그네', '방랑자'라는 이름이 꽤 어울리는 모습으로 지구를 떠돌았다. 한 장 있던 청바지는 1년 6개월을 입어도 쉬이 찢어지지 않았다. 반바지 두 장, 셔츠 세 장, 팬티 두 장. 20달러짜리 텐트와 침낭, 카메라와 삼각대, 손톱깎이와 빨랫줄 따위 사잘한 생활용품까지 모두 담은 배낭은 줄이고 줄여도 9킬로그램. 장기 배낭여행자치고는 가벼운 편이지만, 땡볕 아래 십 리만 걸어도 인생의 무게 마냥 무거웠다.

대상포진에 걸린 채 수면 마취제 강도를 당한 다음부턴 무엇보다 먼저 스스로를 돌보자고 되뇌었지만, 웬만해선 어딜 가든 가장 저렴하고 낡은 교통수단과 숙소와 식당을 이용했다. 넉넉한 삶이 항상 좋은 삶은 아니듯, 가난한 여행이 항상 나쁜 여행은 아니다. 무모하다고 할 만큼 아무 곳에서나 텐트를 쳤고 터미널 바닥에 드러누워도 쉬이 잠들었다. 걷기 좋은 길을 만나면 활개치며 걷다가, 지치면 번쩍 엄지손가락을 들었다. 애리조나 사막, 니카라과 국경, 페루 해안, 파타고니아 골짜기, 보츠와나 등지에서 승용차와 덤프트럭, 오토바이와 나룻배까지 히치하이킹을 했고, 종종 호스텔 청소와 베이비시터, 영상 편집과 농장 일을 하며 숙식을 지원받았다.

"여행 다니는 게 아니라 고행을 다니는 것처럼 보이네요."

동료 여행자가 염려해 주었지만, 몇 차례 사고를 당했을 때 말고는 그리 고통스럽지 않았다. 한 걸음 한 걸음 세계에서 가장 아름다운 장소들을 걸었고, 하루 하루 지구에서 살아가는 별별 사람들의 미소와 슬픔을 마주했다. 나는 스와힐리어나 아랍어도 못하지만 영어도 잘 못한다. 가난하고 말도 못하는 내가 살아서 여행을 마칠 수 있었던 건 길 위에서 만난 숱한 사람들의 가없는 도움 덕분이다. 낯선 곳은 두렵고 여행자는 때로 위험에 처하지만, 세계 어느 곳에나 나쁜 사람보다는 좋은 사람이 훨씬 더 많다는 걸 깨달았다. 세상이 아무리 각박하고 험해진대도 의심과 경계보다는 감사와 사랑의 마음으로 살고 싶다.

"남자니까 그렇게 여행할 수 있지"라는 말을 들을 때면 마음이 시렸다. 여성과 남성은 같은 사람이지만 같은 사람이 아니다. 여성에게는 남성에게 없는 위험이, 세계의 모든 곳에 매일 매일 존재한다. 일상의 여성 차별을 세세히 인식하고 저항하는 남성으로 살고 싶다.

대문도 열쇠도 없는 시골집에 사는 어머니 귀자 씨는 머나먼 나라를 여행 중인 자식의 무탈을 기도하는 심정으로 오가는 손님들에게 밥을 대접했다고 한다. 돈도 잃고 건강도 잃고 꿈마저 잃었을 때, 동료와 친구, 여행기를 읽은 독자들이 든든한 밥값과 뜨거운 응원을 보내 주었다. 돌아보면 고통이 아니라 사랑이 넘치는 여정이었다.

## 세계 일주의 끝, 눈물 젖은 광천김

마침내 여행이 끝났다. 배낭 하나 메고 온 세상을 쏘다니던 여행자는, 순식간에 집도 직업도 없는 대한민국의 백수가 됐다. 전에 살던 서울 달동네 옥탑방은 사라졌고 비슷한 조건의 집을 구하기도 어려워서 13년 만에 고향 통영으로 거처를 옮겼다. 동생 집에 얹혀살며 동네 도서관에 다니고 밥벌이를 위해 일자리를 찾는다. 석 달 동안 일곱 군데 이력서를 썼다. 몇 군데는 서류 전형에서 광속 탈락, 몇 군데는 면접을 봤지만 똑 떨어졌다. 지구별을 통째로 품었던 마음이 금세 좀스럽게 쪼그라들었다. 돌아온 일상에 적응하는 과정도 여행의 일부일까. 도시가스가 들어오지 않아 보일러를 잘 켜지 않는 추운 집. 겹겹이 옷을 껴입고, 나와 마찬가지로 구직 중인 동생과 마주 앉아 인터넷으로 싸게 주문한 광천김과 김치로 밥을 먹다가 괜스레 울컥 처량함이 몰려왔다. 여행 때는 없어서 못 먹던 김과 김치인데.

서른일곱 살, 많은 친구들이 사회에서 자리를 잡고 아이를 키우는 나이. 매우 매우 쓸데없는 줄 알면서도 비교하게 되고 의기소침, 불안하고 막막해졌다. 인구 13만 명의 지방 소도시에는 친구도 또래도 없고, 상용직은 물론 아르바이트 자리도 드물다. 수입이 없으니 십 리 안팎은 걸어 다니고, 놀거리가 없으니 멧돼지와 노루를 따라 뒷산을 산책한다.

얼음이 녹고 쑥이 돋아나듯, 절망이 땅을 치고 나면 희망이 솟는 것은 자연과 생명의 힘일까. 조급해지는 마음을 다잡아 본다. 돈이야 무슨 일을 해서든 벌면 되고, 친구야 살다 보면 생기게 마련. 세계 일주의 경험과 사람들에 대한 감사함을 잃어버리지 않고, 마음이 쭈그러들면 쭉쭉, 몸을 움직여 춤을 춰야지. 먼 옛날 각설이의 노래처럼, 죽지도 않고 굽이 굽이 돌아와 덤으로 사는 인생, 앞으로도 끝내 자유와 사랑을 찾아, 나만의 속도와 발걸음으로, 하루 하루 주어진 길을 걸어가야겠다.

# 길의 노래

## ♪ 백수의 노래

회사를 그만두었어
사직서를 던지고
이제 월급은 없지만
시간 부자라네

지옥철 지옥버스야
안녕
늦잠을 자고
자전거를 타네

그동안 모은 월급 탈탈 털어서
세계 여행을 떠날 거야
아메리카 아프리카 아라비아로
지구 여행을 떠날 거야

가난해도 행복하게 살 순 없나요
돈 없어도 재미있게 살 순 없나요
가난해도 자유롭게 살고 싶어라
가난뱅이 백수의 행복의 노래

## ♪ 사랑의 요세미티

시에라 네바다 산맥 골짜기
만년설 녹아 흐르는 요세미티 계곡
긴 겨울 눈보라가 너무 차가워서
세쿼이아 나무들은 더 튼튼해졌을까

요호호 요세미티 비구름이 떠나면
요호호 요세미티 별들이 빛나지

돌이 되어 헤어진 인디오 연인들
눈물이 흘러 흘러 호수가 되었다네
닿을 수 없는 마음들 너무 슬퍼서
하루하루 서로를 더 많이 사랑했다네

요호호 요세미티 햇살이 비치면
요호호 요세미티 지구의 노랫소리

## ♪ 애리조나 히치하이커

베가스에서 캐니언까진 버스가 없다네
스포츠카 캠핑카는 많아도 버스는 없다네
시내버스가 멈추는 보더 씨티에서
나는야 사막으로 걸어갔다네

더우니까 소매 없는 나시를 입었는데
한 시간도 되지 않아 빨갛게 타버렸네
모하비 사막에선 썬크림도 소용없어
하지만 도로 위엔 그늘 한 점 없다네

애리조나 태양은 너무 뜨거워
걷다간 꼼짝없이 타 죽겠네
용기를 내어 엄지손가락을 번쩍 들고서
Please! Help me! Pick up for me!

스포츠카 캠핑카는 지나가고
낡은 트럭 한 대가 멈춰 섰네
텁수룩한 수염 난 목수 아저씨
당신이 내 목숨을 구해주었소

사막에서 걸을 땐 긴 소매를 입고
물을 가득 챙기게 이 친구야
아저씨는 애리조나의 털보 천사
나는야 애리조나 히치하이커

죽다 살아난 애리조나 히치하이커
그랜드 캐니언에서 노래합니다
랄라라 랄라라 랄라라라
나는야 애리조나 히치하이커

## ♪ 그레이하운드 블루스

LA에는 천사가 없다네
할리우드엔 꿈이 없다네
베가스에는 행운이 없다네
앨버커키엔 낭만이 없다네

우리는 버스터미널에서
오지 않는 완행버스를 기다리네
엔진이 고장 나고 운전사가 잠들어도
우리에겐 가야 할 길이 있다오

멤피스에는 엘비스가 없다네
내슈빌에는 노래가 없다네
워싱턴에는 정의가 없다네
뉴욕에는 슬픔이 없다네

우리는 그레이하운드 버스를 타고
머나먼 대륙을 가로지르네
배고프고 잠 못 자도 못 씻어서 냄새나도
우리에겐 가야 할 길이 있다오

우리에게는 밥이 없다네
우리에게는 돈이 없다네
우리에게는 집도 없다네
우리에게는 일이 없다네

우리에게는 꿈이 있다네
우리에게는 희망이 있다네
우리에게는 노래가 있다네
우리에게는 슬픔이 있다네

## ♪ 포브레 비아헤로 Pobre Viajeros

우리의 주머니는 가볍지만
갈 길은 끝이 없다네
우리의 배낭은 무겁지만
인생의 무게라네

지구를 걷고 걷고 싶어서
집을 떠나 떠나서
하루하루
한 걸음씩

포브레 비아헤로
로컬 버스 어디에 있나요
포브레 비아헤로
바나나 다섯 개에 얼마인가요

언젠가 이 길이 끝이 난다면
우린 영원한 잠이 들겠지

세상의 아름다운 것들을 모두 보기엔
한 번의 인생은 너무 짧다네
세상의 슬픔들을 모두 느끼기엔
우리의 인생은 너무 짧다네

포브레 비아헤로
로컬 맛집 어디에 있나요
포브레 비아헤로
우리의 사랑은 어디에 있나요

언젠가 이 길이 끝이 난다면
우린 영원한 잠이 들겠지

## ♪ 세계의 끝 파타고니아

작은 배를 타고 남쪽으로 항해한다네
지난밤엔 추위에 떨었지만 햇살은 따듯해
커피 한 잔과 아보카도 샌드위치 나눠 먹고서
아랫배를 둥 둥 두드리며 항해한다네
사랑도 슬픔도 모두 묻고서
내 마음은 파도 위로 날아간다네

비포장도로를 걸어가는 히치하이커
친절한 자동차가 멈춰 서면 그라시아스
목이 마를 땐 시냇물 한 모금 마시고
휘파람을 호 호 흥얼대며 걸어간다네
사랑도 슬픔도 모두 묻고서
내 마음은 강물 위로 흘러간다네

길은 거짓말을 하지 않아요
그냥 그 자리에 있을 뿐이죠
한 걸음씩 한 걸음씩 걷는 만큼만
한 걸음씩 한 걸음씩 지나갈 뿐이죠

그렇게 한 걸음씩걸어왔는데
어느새 세상 끝에 다가왔네요
그렇게 세상 끝에 도착했는데
끝은 또 다른 시작이에요

## ♪ 나는 아직도

집을 떠난 지 일 년이 넘었고
지구 한 바퀴를 거의 다 돌았는데
나는 아직도 해가 지면 무서워요

꿈도 잃고 사랑도 잃어버리고
배낭 하나밖에 가진 게 없는데
나는 아직도 별이 뜨면 슬퍼져요

해가 지고
별이 뜨면
나는 아직도 사랑이 그리워요

## ♪ 붉은바다 거북이들

바다에 바람이 불어와
우리는 노래를 부르네
살랑살랑 파도 위에
첨벙첨벙 둥둥둥

초록빛 해마 분홍 해파리
니모 도리와 함께
아기 오징어 대왕거북이
곰치 멸치와 함께

푸른 바다 저 멀리엔
사랑이 있을까
깊은 바다 저 멀리엔
평화가 있을까

이집트와 사우디아라비아 사이엔
홍해가 있다네
우리들은 대왕거북이에게
수영을 배웠다네
그대는 떠나고 나만 홀로 남아
별빛 속에 춤추네
사막의 끝 푸른 바다는 너무 아름다워서
나는 영영 그대를 잊을 수 없을 것만 같아요

푸른 바다 저 멀리엔
사랑이 있을까
깊은 바다 저 멀리엔
평화가 있을까

## ♪ 로켓 루사카

구름 버섯을 먹고 하늘을 날아요
망고나무 아래서 노래를 불러요
불꽃 사탕을 먹고 우주를 날아요
천둥 폭포 위에서 고함을 질러요

나는 천둥이고 그대는 안개라네
나는 풀잎이고 그대는 별이라네
나쿠펜다 아프리카
나쿠펜다 아프리카

슈크란 이브나헤즈
찌그렐리 아마사께날로
하쿠나 마타타 뽈레뽈레
하바리 사파리
은제마 우리샤니 지코모
나토텔라 예르가쩨뻬
자가지그 와디할파 킬리만자로
바가모요카피리음포시

나는 천둥이고 그대는 안개라네
나는 풀잎이고 그대는 별이라네
나쿠펜다 아프리카
나쿠펜다 아프리카

지구별 방랑자

**지옥고를 떠나 지구 한 바퀴**

**발행일** 1쇄 2022년 7월 30일

**지은이** 유최늘샘
**펴낸이** 여국동

**펴낸곳** 도서출판 인간사랑
**출판등록** 1983. 1. 26. 제일-3호
**주소** 경기도 고양시 일산동구 백석로 108번길 60-5 2층
**물류센타** 경기도 고양시 일산동구 문원길 13-34(문봉동)
**전화** 031)901-8144(대표) | 031)907-2003(영업부)
**팩스** 031)905-5815
**전자우편** igsr@naver.com
**페이스북** http://www.facebook.com/igsrpub
**블로그** http://blog.naver.com/igsr
**인쇄** 인성인쇄 **출력** 현대미디어 **종이** 세원지업사

**ISBN** 978-89-7418-865-8 03980